军事地质信息丛书

军事地质海岛礁环境遥感调查技术

王力哲 谌一夫 乐 源 编著
董玉森 张笑寒 张东方

科学出版社
北京

内 容 简 介

海岛礁环境与地质是海战场环境的重要组成部分，多源化的遥感数据与多模态的遥感技术，对构建多维度、高时效性、高精度的综合海战场环境信息系统具有重要的意义。本书首先介绍海岛礁环境与军事地质调查的相关概念，随后从光学遥感、激光雷达、双介质摄影测量、合成孔径雷达4个方面阐述相关要素调查的内容与机理，最后结合具体实例阐述不同遥感技术在军事地质海岛礁环境调查中的相关理论与方法，为军事地质海岛礁环境调查提供理论和技术支持。

本书可作为海洋测绘、海洋地质、军事海洋、军事地质、空间信息与数字技术、遥感信息工程等专业本科生、研究生的教材和参考书，也可作为海洋工程地质、岛礁军事地质、遥感信息工程等领域的研究学者和工程技术人员的参考书。

图书在版编目（CIP）数据

军事地质海岛礁环境遥感调查技术/王力哲等编著.—北京：科学出版社，2021.5
（军事地质信息丛书）
ISBN 978-7-03-068175-1

Ⅰ.①军… Ⅱ.①王… Ⅲ.①军事-岛-地质环境-遥感地面调查 Ⅳ.①E99

中国版本图书馆 CIP 数据核字（2021）第 052804 号

责任编辑：杨光华/责任校对：高 嵘
责任印制：张 伟/封面设计：苏 波

科学出版社 出版
北京东黄城根北街 16 号
邮政编码：100717
http://www.sciencep.com

北京凌奇印刷有限责任公司 印刷
科学出版社发行　各地新华书店经销

*

开本：787×1092　1/16
2021 年 5 月第 一 版　　印张：15 1/2
2022 年 6 月第二次印刷　字数：370 000

定价：108.00 元
（如有印装质量问题，我社负责调换）

"军事地质信息丛书"

编委会

主　编　王力哲　　秦绪文　　徐勇军

副主编　吴冲龙　　胡祥云　　牟　林

编　委（按姓氏拼音排序）

　　　　　陈　波　　陈　刚　　陈伟涛　　陈占龙

　　　　　戴光明　　丁雨琳　　董玉森　　杜　博

　　　　　方志祥　　冯如意　　何珍文　　姜　三

　　　　　李　晖　　李显巨　　刘　刚　　刘　鹏

　　　　　欧阳桂崇　邱　强　　王茂才　　王明威

　　　　　吴春明　　杨必胜　　张军强　　张志庭

　　　　　朱　军　　左博新

"军事地质信息丛书"序

进入 21 世纪,高新技术的迅猛发展和广泛应用,推动了武器装备的发展和作战方式的演变。战场环境信息的采集、存储、挖掘和分析能力,是打赢现代化战争的基本保障。近年来,随着全球军事大数据信息技术和应用的兴起,数据已经成为军事信息化的重要资源,以"数据"为核心的信息系统是赢得战争主动权的基础设施能力之一。随着世界各国的军队信息化建设的进行,信息保障工作逐渐贯穿了现代战争的全业务流程,"信息赋能"也日益成为军队信息化的重大标志之一。

自古以来,军事地质信息在战争中的重要地位已经得到国内外的高度认同。从第一次世界大战开始,地质学家就在地表水和地下水的管控与利用、军事作战计划制定等方面发挥着非常重要的作用。到第二次世界大战时,随着各种探测手段的提高,军事地质信息的作用更加受到重视。德国、美国和日本相继建立了自己的军事地质信息保障部队。海湾战争期间,军事地质信息在打赢现代化战争中的作用更加显著。美军借助可见光和红外卫星遥感感知平台,获取大量有关敌情的地质态势信息,利用信息基础设施加以传输、存储和处理。

与军事地理信息一样,军事地质信息是战场环境、战争态势存在和动态变化的重要场景。随着新型传感器和高分辨率遥感技术和地球物理探测技术的飞速发展,针对典型军事地质信息,从不同探测维度开展军事地质信息探测、管理与分析研究,对提升战场环境地质态势感知能力,推动现代战争信息化发展,具有非常重要的作用。目前,国内外尚没有一套专门研究军事地质信息的丛书。因此,为让国内从事军事科学研究和地球科学研究的本科生和研究生及相关工作者系统了解军事地质信息探测现状与能力,受科学出版社委托,我们组织中国地质大学(武汉)从事军事地质信息领域研究的人员,在系统梳理军事地质信息需求的基础上,开展了军事地质信息探测与分析研究,并编著了"军事地质信息丛书"。

本套丛书涵盖了从可见光高空间分辨率遥感、雷达遥感、激光雷达遥感、无人机遥感到地球物理勘察技术等不同的探测手段及数据管理技术。本套丛书内容全面、条理清晰、针对性强、实例丰富,是国内第一套系统总结军事地质信息的专业丛书。本套丛书可作为开展地质信息、遥感信息工程、军事地质等研究的工程技术人员的参考书和指导书,也可作为地质信息、空间信息与数字技术、军事地质、遥感信息工程等专业本科生、研究生的教材和参考书。

军事地质信息是一门年轻的学科,其发展是无止境的。我们期待广大读者对本套丛书进行批评与指正,协力为我国军事信息现代化发展贡献一份力量。

王力哲 秦绪文 徐勇军
2019 年 7 月 1 日于南望山麓

前　言

《孙子兵法》有云，"善守者，藏于九地之下，善攻者，动于九天之上""夫地形者，兵之助也"，强调必须对天气、地形、地质等有全面正确的了解，才能做到"知天知地，胜乃无穷"，充分说明地质在军事活动中的重要性。随着科学技术的发展和现代战争的深化，当代战争对区域性的地质环境提出多维度、高时效性、高精度的综合战场环境信息需求。

21世纪是海洋世纪，这一国际公认的结论，有着极其丰富和深刻的内涵。随着现代海洋军事活动日益增多，海军军事装备也在日新月异地更新，各类海上军事活动和武器装备的升级换代，以及新武器的研发，都与海洋环境息息相关。海岛礁和滩涂作为海洋边界的前哨，具有特殊的地理位置和资源环境，它们的地理与环境数据具有重要的经济与军事价值。研究海洋、开发海洋资源对国家实施可持续发展战略具有重要意义，备受各国和众多相关学者的高度关注。

当前，传统单一的遥感测量手段难以或无法快速高效和高精度地获取相关序列性探测结果数据，因此难以满足复杂条件下的海战场信息保障需求。为实现多源、多模态遥感探测融合，扩展军事地质海岛礁环境遥感调查手段与方法，提高遥感技术在军事地质海岛礁环境调查中的应用范畴，在前期工作的基础上，从现代战争对海岛礁战场环境的军事需求和特点出发，笔者撰写本书作为对传统遥感调查技术和手段的补充。

本书以军事地质发展历程为基础，总结海岛礁和滩涂在现代海上作战中的重要性；根据海战场信息保障需求，总结海岛礁相关区域的环境要素；介绍不同遥感技术在海岛礁环境调查中的应用；分析阐述光子计数激光雷达技术、多源遥感数据与技术的融合方法对不同海岛礁环境要素调查中的应用与潜力。这些内容可为从事军事地质调查、军事海洋学、海洋地质学及相关科研工作者提供参考。

全书共6章。第1章主要介绍海洋军事活动对海岛礁军事地质的需求，说明军事地质海岛礁环境要素组成，介绍海岛礁环境与军事地质调查的发展和现状，以及不同遥感技术在海岛礁环境与军事地质调查中的应用；第2章介绍光学遥感的理论基础，以及对不同海岛礁环境要素的反演和解译方法；第3章介绍激光雷达的理论基础，详细描述不同类型的激光雷达针对不同环境要素的探测方法；第4章介绍双介质摄影测量理论基础，以及结合立体多光谱影像的水下地形和水陆一体三维建模方法；第 5 章介绍合成孔径雷达的理论基础，及其对海洋环境要素的测量方法；第 6 章结合实例对军事地质海岛礁环境典型要素，如海浪、水深、水下地形，以及水陆一体三维模型等的获取方法进行介绍与成果展示。

本书各章执笔人：第 1 章，王力哲、谌一夫；第 2 章，乐源、王力哲、谌一夫；第 3 章，谌一夫、乐源；第 4 章，谌一夫、王力哲；第 5 章，董玉森、张东方；第 6 章，谌一夫、乐源、王力哲、张笑寒。

受作者水平和写作时间限制，书中难免存在不足之处，请读者批评指正。

作　者

2020 年 12 月

目　录

第1章　绪论 ·· 1

1.1　概述 ·· 1

1.1.1　军事地质相关概念及发展历史 ·· 1

1.1.2　海岛礁军事地质 ·· 4

1.1.3　海岛礁环境与军事地质调查需求 ·· 6

1.1.4　海岛礁环境与军事地质调查要素 ·· 8

1.2　海岛礁环境与军事地质遥感调查特点、历程及发展趋势 ·· 12

1.2.1　海岛礁环境与军事地质遥感调查特点 ·· 12

1.2.2　海岛礁环境与军事地质遥感调查历程 ·· 14

1.2.3　海岛礁环境与军事地质遥感调查发展趋势 ··· 16

1.3　海岛礁环境与军事地质遥感调查技术应用 ·· 19

1.3.1　光学遥感在海岛礁环境与军事地质调查中的应用 ··· 19

1.3.2　激光雷达在海岛礁环境与军事地质调查中的应用 ··· 20

1.3.3　摄影测量在海岛礁环境与军事地质调查中的应用 ··· 21

1.3.4　合成孔径雷达在海岛礁环境与军事地质调查中的应用 ··· 22

第2章　军事地质海岛礁环境光学遥感地质调查技术 ·· 24

2.1　光学遥感理论基础 ·· 24

2.1.1　电磁波与电磁波谱 ·· 24

2.1.2　太阳辐射及其在大气中的传输 ·· 25

2.1.3　地物的光谱特性 ··· 28

2.1.4　卫星平台与光学传感器 ··· 31

2.1.5　光学遥感影像处理 ·· 33

2.2　海岛礁遥感水深反演 ·· 37

2.2.1　海岛礁军事地质水深要素 ·· 37

2.2.2　浅海水深光学遥感反演机理与方法 ··· 38

2.2.3　浅海水深光学遥感调查 ··· 41

2.3　海岛礁水色要素光学遥感调查 ··· 44

2.3.1　海岛礁军事地质水色要素 ·· 44

2.3.2　水色要素光学遥感反演机理与方法 ··· 45

2.3.3　叶绿素浓度光学遥感调查 ·· 48

2.3.4 悬浮物浓度光学遥感调查·······49
　　2.3.5 黄色物质光学遥感调查·······52
2.4 海岛礁水体理化要素光学遥感调查·······53
　　2.4.1 海岛礁军事地质水体理化要素·······53
　　2.4.2 水体理化要素光学遥感反演机理与方法·······54
　　2.4.3 海表温度光学遥感调查·······57
　　2.4.4 海表盐度及密度光学遥感调查·······60
2.5 海岛礁底质光学遥感调查·······61
　　2.5.1 海岛礁军事地质底质要素·······61
　　2.5.2 底质要素光学遥感识别机理与方法·······62
　　2.5.3 底质要素光学遥感调查·······64
2.6 海岛礁地质灾害光学遥感调查·······66
　　2.6.1 海岛礁地质灾害要素·······66
　　2.6.2 地质灾害要素光学遥感监测机理与方法·······68
　　2.6.3 地质灾害要素光学遥感调查·······69

第3章 军事地质海岛礁环境激光雷达调查技术·······73

3.1 激光雷达理论基础·······73
　　3.1.1 激光的光学特性概述·······73
　　3.1.2 激光能量方程·······74
　　3.1.3 水体激光光学特性·······76
　　3.1.4 测深激光雷达种类与探测方式·······78
3.2 全波形激光雷达海岛礁浅海地形测量·······79
　　3.2.1 全波形激光雷达水深测量基本理论·······79
　　3.2.2 全波形激光雷达水深测量方法与流程·······83
　　3.2.3 海浪波与折射改正·······91
　　3.2.4 深度基准转换·······95
3.3 全波形激光雷达海岛礁环境要素测量·······98
　　3.3.1 海面风速测量·······98
　　3.3.2 海水温度及盐度测量·······100
　　3.3.3 荧光海洋污染监测·······102
3.4 光子计数激光雷达原理与探测方法·······108
　　3.4.1 光子计数激光雷达原理·······108
　　3.4.2 光子计数激光雷达测量模型·······111
　　3.4.3 光子数据特征与滤波预处理·······115
　　3.4.4 基于数据空间特征的密度滤波·······118
3.5 光子计数激光雷达海岛礁要素探测·······128

| | | 3.5.1 浅海水深与地形要素测量 | 128 |
| | | 3.5.2 植被冠层结构及生物量提取 | 132 |

第4章 军事地质海岛礁环境双介质摄影测量调查技术 ········137

4.1 摄影测量理论基础 ········137
4.1.1 严格成像模型 ········137
4.1.2 RPC 有理函数模型 ········139
4.1.3 核线影像构建 ········143
4.1.4 空间前方交会测量 ········145

4.2 双介质摄影测量浅海水深测量 ········147
4.2.1 多光谱影像的太阳剔除 ········147
4.2.2 影像增强 ········150
4.2.3 水陆分离 ········151
4.2.4 水边线与平均海平面提取 ········152
4.2.5 水深折射改正与相对水深获取 ········153
4.2.6 深度基准转换 ········156

4.3 双介质摄影测量水陆一体三维建模 ········161
4.3.1 影像稀疏与密集匹配 ········161
4.3.2 空间高精度 DEM 生成 ········163
4.3.3 水下 DEM 分离 ········163
4.3.4 水下地形坐标校正 ········164

4.4 双介质摄影测量水陆测量误差分析 ········165
4.4.1 空间定位误差 ········165
4.4.2 折射误差 ········166
4.4.3 海面导致的误差 ········167

第5章 军事地质海岛礁环境合成孔径雷达调查技术 ········169

5.1 合成孔径雷达成像原理 ········169
5.1.1 真实孔径雷达 ········169
5.1.2 合成孔径雷达 ········171

5.2 合成孔径雷达图像特征 ········172
5.2.1 地物的散射特征 ········172
5.2.2 合成孔径雷达图像的几何特征 ········174
5.2.3 合成孔径雷达图像理解 ········176

5.3 合成孔径雷达海岛礁调查 ········177
5.3.1 基于合成孔径雷达的海岛礁要素识别 ········177
5.3.2 基于合成孔径雷达干涉测量的海岛礁地形要素获取 ········190

第 6 章 海岛礁调查实例 ··· 198

6.1 实例一：多光谱遥感水深反演 ·· 198
6.1.1 研究区域 ·· 198
6.1.2 遥感影像和实测数据预处理 ·· 198
6.1.3 实验结果与分析 ·· 200

6.2 实例二：全波形单波束激光雷达水深测量 ····································· 204
6.2.1 数据与研究区域 ·· 204
6.2.2 实验结果与分析 ·· 206

6.3 实例三：基于自适应可变椭圆滤波的光子计数激光雷达测深 ············ 215
6.3.1 数据与研究区域 ·· 215
6.3.2 海浪波拟合与折射校正 ·· 219

6.4 实例四：WorldView-2 影像双介质水陆一体三维建模 ······················ 223
6.4.1 数据与研究区域 ·· 223
6.4.2 实验结果与分析 ·· 223

参考文献 ·· 228

第1章 绪　　论

1.1　概　　述

1.1.1　军事地质相关概念及发展历史

1. 军事地质相关概念

军事地质是在地质学的基础上伴随各类军事活动的出现而产生的，哪里有军事活动，哪里就有军事地质工作。随着军事地质学的快速发展，地质学在军事中的应用越来越广泛，采用的技术手段与方法也在日新月异地变化。狭义的军事地质是指地质学知识在军事活动中的应用，只包括地质学及其分支学科在军事活动中的应用。广义的军事地质是将地球科学理论和技术方法应用于军事活动中的应用科学，包括地质学、地理学、大气科学及新的交叉学科（地球系统科学、地球信息科学）等分支学科在军事活动中的应用。当代军事地质学是一门涉及地质学、地理学、遥感地质学、军事地质学、军事地理学、军事学等众多学科的具有高度交叉性的综合科学。

1）地质学

地质学是以地球的地壳或岩石圈为研究对象，研究地球的物质组成、内部构造、外部特征、各圈层之间的相互作用和演变历史，探讨地球及其演化形成过程的一门自然科学，与数学、物理、化学、生物并列为自然科学五大基础学科。

2）遥感地质学

遥感地质学是基于遥感和摄影测量技术发展的一门地质学交叉学科，依据地质体的电磁波波谱特征，采用非接触的技术方法和测量手段，远距离探测地球上各目标区域的地质结构，研究地球的形成演变历史、地质过程和地质现象。

3）军事地质学

军事地质学是基于地球科学发展的一门地质学分支学科，主要研究和探索地貌学、土壤学、气候学与军事活动的关系，以及如何将其应用于军事地形分析、野战机动、野战供水、军事工程建设与抢修等一系列军事问题，涵盖了与军事活动有关的地表、地下地质学研究，是地质学在军事指挥决策过程中的应用。

4）军事地理学

军事地理学是以地理学为基础，以军事学为导向，全面、综合地研究同战争密切相关的政治、社会、经济、交通、人口、地形、地貌、水文、气候、城镇等一系列自然地理和人文地理要素，并分析不同要素的空间差异与变化过程，与国防建设和军事活动之间的相互制约和相互影响，为制定战略方针、规划武装力量建设、战场准备、指导作战行动等提供数据支持和依据的一门科学。

5）军事遥感地质学

军事遥感地质学是将地质学和遥感学原理、工程地质、水文地质和环境地质知识及遥感技术应用于军事领域的一门交叉学科，通过物理学电磁辐射与地质体相互作用的理论和机理，研究军事、地质和遥感关系，充分发挥遥感的技术优势，为进一步拓展地质应用领域，发展和完善认知军事地质环境的理论和方法，健全战场环境要素，提升国防保障能力和作战决策指挥能力提供强有力的技术支持。

2. 军事地质发展历史

现代化战争是科技和信息化战争，打赢一场现代化战争极其依赖于战场环境信息。作为现代战场环境五大核心要素之一的地质要素，从古至今在战争中扮演着重要的角色，是决定战争输赢的重要因素。我国军事地质的形成与发展可分为三个阶段：萌芽期、形成期和发展期。

1）萌芽期

军事地质的萌芽期出现在冷兵器时代，古代对于军事地质的认识和理解主要集中在兵器制造方面，另外在军事工程保障和军事作战行动等方面也有少量应用。

兵器制造。在古代，制造刀、枪和盔甲等武器装备所需的钢、铁等物质都来源于矿产资源，因此我国古代兵器发展史也是一部军事地质发展史，是人类科技发展积累的结果。我国冷兵器的发展经过了4个时期，即石兵器时期、青铜兵器时期、铁兵器时期、火器与冷兵器并用时期。因此，我国古代军事地质发展史伴随冷兵器的发展也相应地经历了4个时期。

军事工程保障。2000多年前，古人就将地质学知识应用于军事工程保障，万里长城就是典型实例之一。长城修建时穿越了许多不同的地质单元。充分利用各种地质基础，合理采用各类施工方法，选用合适的建筑材料以适应当地的工程地质条件，实现工程结构和地质属性的高度融合，使得长城成为当时一流的防御工事。秦始皇为解决50万大军进军岭南的粮草运输难题，于公元前219年进行了灵渠开凿，开凿过程中对岩溶地区的地质条件等因素进行了充分考虑，灵渠是中国历史上以军事为目的的又一项伟大建筑工程。

军事作战行动。在冷兵器时代，战争形态和作战方式相对简单，对军事地质的认知更多地是将军事地质与地形关联起来。这个时期军事地质学还未形成，但军事学家已初步提出了军事地质学的雏形，在一些兵书等军事著作中，都阐述了军事地质学思想。

2）形成期

20世纪初，我国的军事地质才逐步成为一门独立的学科，初登历史舞台。这个时期，战争形态和规模发生了重大变化。20世纪上半叶，西方资本主义列强为掠夺殖民地和重新瓜分世界发动了两次世界大战，战争实践扩展了人们认识地质的视角，加速了军事地质学的发展，同时这对我国军事地质学的研究起到了重大的推动作用。

抗日战争期间，我国军民将地质学与实际军事行动紧密结合，在华北平原构筑了大量的地下通道，形成了房连房、街连街、村连村的地道网，使冀中平原成为阻击日本侵略军的重要地段。抗美援朝期间，我国志愿军在上甘岭高地修筑了 11 条坑道和 30 多个简易防炮洞。美军在 3.7 km² 的阵地上倾泻炮弹 190 余万发，阵地山头被削低 2 m，成了一片焦土，但未对坑道工事造成有效破坏。

此外，我国学者从实战中总结军事地质知识，相继出版多部相关著作。1937 年，陈继承和朱熙人等出版了《军事地质学》；王仁权等在 1954 年编译出版了《军事工程地质学》；1986 年中国人民解放军工程兵工程学院出版了蔡仲业、傅家豪等学者的《阵地工程地质学》；1993 年傅家豪在《阵地工程地质学》的基础上对教材进行了改编，出版了《军事工程地质学》。随着一系列军事地质专业图书的出版，增强了军事地质专业领域的人才培育和发展速度，有效促进了我国军事地质领域的发展，为后续的研究发展打下了坚实的基础。

3）发展期

2000 年后，随着遥感、摄影测量和计算机等信息技术的快速发展和交叉融合，现代战争形态发生了巨大的变革，军事地质从研究领域到研究手段也随之发生巨大变化。这一时期，我国的军事地质学受到了高度重视，进入了一个快速发展期，国内学者在军事地质保障、军事技术标准研编、学术著作出版、学科建设等领域开展了大量的研究和探索工作，取得了较好的成果。

在军事地质保障应用领域，韩天成等（2006）采用卫星遥感技术对某地区的军事地质环境开展了深入研究，提出了服务于战场建设和野战给水保障的技术方法，在军事工程保障中取得了较好的应用效果；李远华（2012）在军事地质制图技术研究和平台研发等方面也取得了一定成果；于德浩等（2017）利用国产高分辨率遥感卫星数据对某地域开展了系统性的军事地质环境调查与研究，提出了军事地质应用模型等概念，有效解决了军事地质资料匮乏和军事工程保障中的地质相关问题；这类研究成果极大地促进了军事地质在战场建设和军事行动保障等方面的应用。

在技术标准研编方面，2012 年出版的《东北地区国土资源遥感调查工作方法指南》解决了在地质调查领域军民技术方法不统一、数据难共享和成果难转化等问题，有效促进了军事地质学向标准化、正规化方向发展；同年出版的《国防工程地质遥感调查技术规范》，标志着我军军事地质类标准正式开始推广试用；2014 年，基于提出的"指数型"军事地质图概念，构建了军事地质图的分类分级体系和标准，出版了《军事地质制图技术要求》，这标志着我军初步实现了从专业地质术语向数字代码的转变和发展，为标准化军事地质调查和测量工作提供了依据。

此外，随着军事地质学的深入研究和快速发展，涌现出一些相关专业书籍，如《战场环境与信息化战争》《阵地工程概论》《战场环境概论》《军事地质遥感理论与方法》等。这些专业书籍的出版，加速了军事地质技术人员的培养，为军事地质学的快速发展起到了重要作用，并加强和促进了我国在军事地质学领域的学科建设，探索提出了军事遥感地质学这一新的学科概念，初步构建了军事遥感地质学的理论与技术体系。

1.1.2 海岛礁军事地质

1. 海岛礁的概念及分类

海岛礁是海岛、低潮高地和礁（滩、沙）的合称，如图 1.1 所示。我国是世界上海岛数量最多的国家之一。这些海岛在空间上分布不均匀，就各海区分布而言，东海最多，南海、黄海次之，渤海海岛礁数量最少。就各沿海省、直辖市、自治区的数量而言，浙江省最多，其次为福建省，天津市最少仅有 1 个；大部分岛礁分布在沿岸海域，且多呈明显的链状和群状分布。

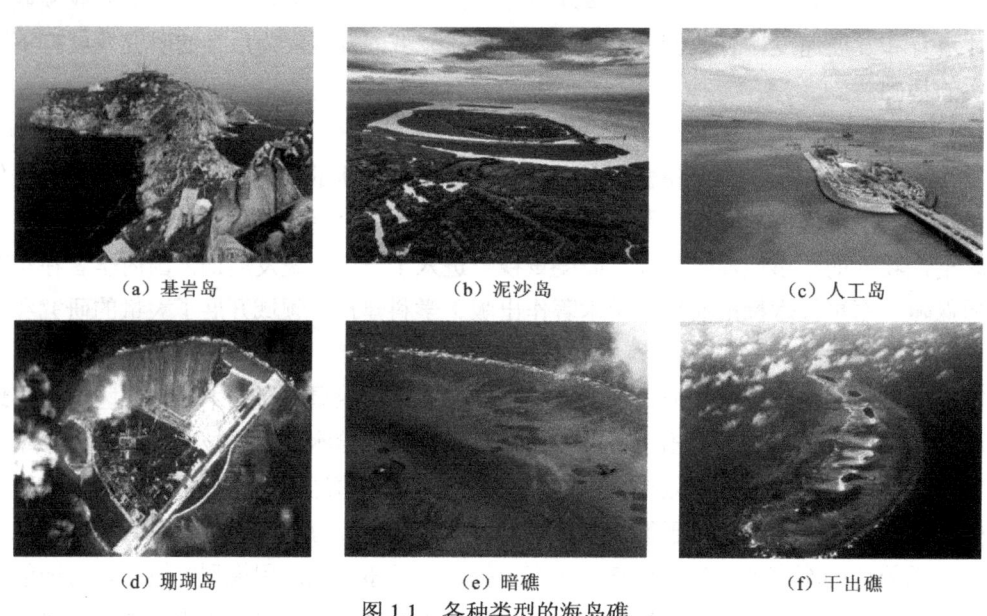

(a) 基岩岛　　　　　　　　(b) 泥沙岛　　　　　　　　(c) 人工岛

(d) 珊瑚岛　　　　　　　　(e) 暗礁　　　　　　　　　(f) 干出礁

图 1.1　各种类型的海岛礁

《中华人民共和国海岛保护法》明确了对海岛礁、低潮高地的定义和管理要求，并且结合海岛礁的实际管理需求和遥感能力，研究制定了面向海岛海岸带卫星遥感调查的海岛礁分类体系。该体系包括 3 个一级类和 8 个二级类，见表 1.1。海岛礁分类体系，将海岛礁分成了海岛、低潮高地、礁（滩、沙）3 个一级类。海岛礁根据物质组成分成了基岩岛、珊瑚岛、泥沙岛等自然形成的海岛，同时为了海岸带管理的需要，将人工建造的海岛作为人工岛这一特例纳入分类体系；低潮高地是特别提出的具有重要价值的地物类型，根据其底质组成，可以分为干出礁和干出沙；礁（滩、沙）是我国岛礁类型中十分常见的地物类型，特别在我国国家权益方面具有特殊意义，同时根据底质类型将其分为暗礁和暗滩（沙）。

表 1.1　海岛礁地物分类体系

一级类	二级类	含义
海岛	基岩岛	由基岩构成的海岛
	泥沙岛	由泥沙堆积形成的海岛

续表

一级类	二级类	含义
海岛	珊瑚岛	由珊瑚礁构成的海岛
	人工岛	由人工建造的海岛
低潮高地	干出礁	四面环海水,并在高潮时低于水面,低潮时高于水面的自然形成的礁石陆地区域
	干出沙	四面环海水,并在高潮时低于水面,低潮时高于水面的自然形成的沙洲陆地区域
礁(滩、沙)	暗礁	低潮时不出露的礁石
	暗滩(沙)	低潮时不出露的滩(沙)

2. 我国海岛礁分布与地缘政治

我国的海区由渤海、黄海、东海、南海四大海区组成,总面积 473 万 km^2,我国管辖的海域总面积约 300 万 km^2,约占我国现有陆地面积的三分之一,然而目前我国却面临着最严峻的海洋维权形势(张荷霞,2014)。除了渤海是我国的内海,其他三个海域均存在一定的主权争议,尤其是南海,大量岛礁被他国非法侵占,岛礁及其周边资源被非法窃取。

南海争端的焦点主要集中在南沙群岛及其附近海域。南海是中国最大的一块海洋国土。随着《联合国海洋法公约》的生效,岛屿的地位愈加突出,导致某些国家无端挑起对我国一些岛礁主权归属的争端。南海海域拥有丰富的渔业资源、航道资源和油气资源,是世界四大油气资源聚集中心之一,它的石油地质储量在 230 亿~300 亿 t,约占中国总石油资源的三分之一。越南、菲律宾、马来西亚等国先后以武力方式非法侵占和控制南沙岛礁。越南宣称对南沙群岛全部海域拥有主权,菲律宾、马来西亚宣称对南沙群岛部分海域拥有主权,文莱宣称对南沙群岛南通礁附近海域拥有主权,印度尼西亚纳土纳群岛专属经济区与南沙群岛专属经济区有部分重叠,形成了六国七方的对峙局面(袁一,2018)。

从军事战略上而言,控制了岛礁,就意味着直接或间接地控制了从马六甲海峡到日本、从新加坡到我国香港、从我国广东到菲律宾马尼拉,甚至从东亚到西亚、非洲和欧洲的多数海上通道。周边国家侵占我国岛礁、分割我国海域的行为,严重损害了我国的地缘战略利益,不仅对我国的国防安全形成了严重的挑战,使我国海疆防御线纵深腹地大大缩小,极有可能成为易受攻击的脆弱地带,而且在东南亚地缘政治格局中置我国于不利态势,削弱了我国在东南亚地区的影响和地位。伴随着世界经济、政治格局的加速调整,人类对资源的需求大幅增长,海权竞争再度成为国际焦点,态势渐趋激烈(朱峰,2015)。近年来,随着国家不断加强维护海洋权益,海岛礁作为海权竞争中极其重要的一环,对海洋的控制作用日益显著。因此,精确的海岛礁战场环境信息作为我国海军作战的重要信息保障,是解决国与国之间海洋国土及海洋资源争端的重要砝码,也是进行海岛礁管理和经济开发的重要基础(王志华 等,2019)。

3. 海岛礁军事地质研究

海岛礁军事地质，是指将地球科学理论和技术方法应用于海岛礁及其周边海域军事活动中的应用科学，在政治、经济和军事上具有重要的战略意义。岛礁争夺是海战的一个重要特点，岛礁在海战场中起着战略支撑点的作用，对海战双方的攻防转换起着依托作用，影响着战争的进程。但是受岛礁特殊的地理位置和环境、地质要素的共同影响，岛礁及其周围海域的争夺战有不同于陆地战争的特点。

海岛礁近岸区域水下地形及底质信息复杂，多种环境要素和地质信息全方位影响着海岛礁战斗的进程和结果。例如，水下地形条件及底质信息影响到海军基地、港口和锚地位置的选择，也影响到我国近岸地域对敌实施战斗行动的地点和方法的选择；潮汐和海面风速、海面波浪等信息（郑崇伟和李崇银，2015），关系到我军选择实施战斗行动的时间、地点及我军武器装备行进的路线。海岛礁上的区域，地质构造、地质灾害（韩孝辉，2018）、地形地貌、气象灾害（郑崇伟和李崇银，2015）、岩土类型、植被种类与分布（胡娜胥 等，2018）、淡水分布等信息，对于我方岛上军事工程的选址与建设，以及对敌对军事工程的打击，作战对峙过程中我军士兵的生活用水保障，战斗中我方军队的掩护与对敌对军队的精确打击等多方面具有重要的影响，左右着战局的成败。

因此，通过技术手段全方位、全时序地获取海岛礁环境与地质信息，具有极其重要的作用。海岛礁区域的环境要素和地质要素是指海岛礁及近岸空间中一切与作战相关的地理要素、地质要素、水文要素、气象要素和人文要素的总和，是包含空中、海面、水下和海底多层空间的立体域。未来的海上战争，军队的作战优势将不仅取决于谁拥有最昂贵和最先进的武器平台，更取决于谁占有对海岛礁环境要素和地质要素充分了解而获得的自然优势。因此，海岛礁军事地质信息对作战效能的发挥和最终的战果具有直接的影响，在一定程度上决定最终的战果。充分利用国家空间基础设施中的遥感、通信、导航卫星，构建多要素、多星数据融合，多分辨率、多时效数据相结合，获取海岛礁军事地质环境信息，构建海岛礁军事地质环境综合保障系统，为海军提供多维度、高时效性、高精度的综合海岛礁军事地质信息，对提升我国海军综合作战能力，实现海军的战略要求具有重要作用。

1.1.3 海岛礁环境与军事地质调查需求

作为海洋边界前哨岗，海岛礁区域的环境要素和地质要素是海战场环境信息中最为重要的军事要素，分析研究海岛礁环境和地质在军事领域的应用与需求，是有效开展海岛礁环境与军事地质调查的基础和重要环节之一。基于海岛礁军事地质和岛礁环境，结合国内当前在军事地质领域的研究成果，针对海岛礁环境与军事地质调查主要涉及近海面空间、海面和水下空间，主要体现在近岛礁海域航道规划、登岛作战、岛礁军事工程建设、海岛淡水供应保障等多个方面。

1. 近岛礁海域航道规划

近岛礁海域航道在我国海军的各项海岛战役,如岛礁交通线战役、海上封锁与突破封锁战役、潜艇与反潜艇战役中具有重要意义,其核心内容是快速高效地获取海岛礁附近水域的高精度水下地形和水深测量数据。

2. 登岛作战

岛礁近海区域的底质与岸滩类型信息、潮汐信息及水下地形条件影响海军基地、港口和锚地位置的选择,也影响近岸地域对敌实施战斗行动的地点和方法的选择,尤其对登陆、抗登陆战役行动影响较大,是登岛作战和海战场环境信息保障中的关键,其中最为关键的要素是近岛礁区域底质与岸滩类型信息。

3. 岛礁军事工程建设

岛礁军事工程建设由于所处位置不同,以及工程受到岛礁面积大小的限制,对军事地质条件的需求也不尽相同。根据海岛礁的军事需求,可将岛礁工程建设分为工程建设分类和工程建设总体需求。基于岛礁的特殊地理位置和环境条件,结合岛礁的军事活动需求,岛礁工程建设可分为地表工程建设、地下工程建设和水下工程建设。

地表工程建设中,主要考虑基于岛礁的面积、形状和地质结构等因素,修建不同大小的机场、机库、导弹掩体、点防御设施、雷达和各传感器阵列设施,以及防波堤和码头等工程设施。地下工程中,结合地下工程的军事用途,充分考虑工程性质、地质结构、地形地貌和水文地质条件等因素,修建不同深度的地下军事设施,如仓储设施、防御建筑、油库、指挥和控制中心等,以具备较好的隐蔽性和防御性及抗打击能力。水下工程主要包括港口航道、管道铺设、海水和潮汐检测设施,以及水下军事防御体和海底监测网等设施,保障常规和战时的各种军事活动需求。岛礁工程建设需求环境与地质要素主要包含海岛礁地质构造、地质灾害、地形地貌、气象灾害、岩土类型等。

4. 海岛淡水供应保障

海岛淡水是进行长期海岛驻军和军事活动的必要条件和前提,对于中远海域的岛礁显得尤为重要。伴随海岛开发力度的加大,海岛驻军数量的增加,以及频繁的中远海军事活动,海岛水资源供应受到越来越大的挑战,如何提高淡水资源供应保证率,满足最基本的生活条件是海岛军事活动和战场资源保障中亟待解决的关键问题。

常规水源供水是通过岛礁的地表水和地下水实施淡水供应。大部分海岛与大陆脱离,为独立系统,无外来客水,岛上地表水均来自大气降水。由于海岛陆域面积有限、地形地貌复杂,许多海岛上的河流短小甚至没有,径流量少。对于有地表径流的地区,水库工程是开发当地水资源的有效方式。对于远离大陆且无地表河流的海岛,地下水是非常重要的淡水来源。

因此，基于海岛环境和地质调查，对不同区域的海岛礁淡水供应进行评价，对开展各类军事活动具有重要意义。

1.1.4 海岛礁环境与军事地质调查要素

海岛礁环境与军事地质要素调查是海战场环境信息体系构建的重要环节，直接影响军事通行能力、海岛驻军、海洋权益等事宜，以及战时武器打击和防御预警效果，也是保障地面、地下和水下海岛军事建设顺利实施的重要影响因素。基于海岛礁特殊的地理位置和环境条件，将海岛礁环境与军事地质调查要素分为环境类调查要素和地质类调查要素。

1. 环境类调查要素与分类

基于现代海岛环境的遥感技术手段，根据海岛礁环境与军事地质调查需求，海岛礁环境的组成要素主要包括水深、底质、海浪、潮汐、水体参数、浅海地形、气象参数、岛礁植被、海洋灾害等。

1）水深

水深是水面到水底的垂直距离，海岛礁军事地质调查中关注的浅海水深主要聚焦在 0～100 m 的深度，距离岛礁陆地以外 1～2 km。我国在 50 m 以内的浅海海域面积就达到了 50 万 km^2，其中南海岛礁众多，间距紧密，水深一般在 2～60 m（图 1.2）。该水深区域是浅海航行、水下侦察、水雷布设、舰载武器、登岛作战和水下防御工程建设的重点考虑范围和实施区域，在海岛礁军事行动中具有重要的军事价值。

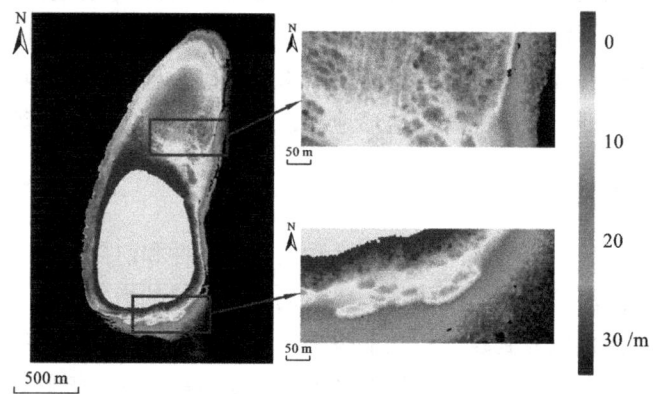

图 1.2 典型岛礁水深图

2）底质

底质是指海底表层物质的组成成分，一般由陆源物质沉积物、火山沉积物、生物沉积物或暴露的基岩构成，具体可分为基岩、砾石、砂、淤泥、黏土。浅海带占海洋面积的 25%，但这一海域的沉积底质物却占海洋全部的 90%。不同的浅海底质具有不同承载强度和通行能力，是登岛作战、登陆武器选择、岛礁防御、岛礁工程建设等军事活动中重要考虑和评估的要素。

3）海浪

海浪根据水深可分为深水波和浅水波,如图 1.3 所示。海浪从深海传入近岸浅海海域时,受到水深、地形、水流等因素的影响,波高会逐渐增大,波长和波向等也会发生变化。海浪对海上航行、海战产生较大影响,会导致舰船改变航向和航速,甚至产生船身共振使船体断裂;海浪还会影响雷达适用、舰载机起落、水雷布放、舰载武器使用,以及破坏海港码头、海岸和水下工程。

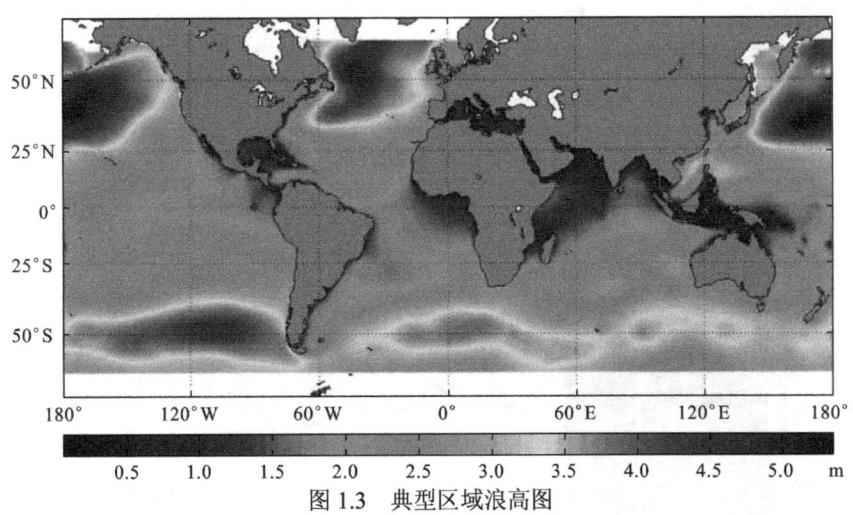

图 1.3 典型区域浪高图

4）潮汐

潮汐是日、月和近地行星对地球的引力变化所导致的海水周期性波动现象,习惯上把海面在铅直向的涨落称为潮汐,在水平方向的流动称为潮流。随着地球科学的发展,海洋潮汐逐渐成为联系天文学、地球物理学和大地测量学的重要交叉学科。潮汐现象与经济生产和军事活动有着密切的联系,对国防建设、交通航运、海洋资源开发、能源利用、环境保护、海港建设和海岸防护等诸多方面起着重要作用。

5）水体参数

水体参数是用于描述水体环境质量优劣和变化趋势的水中各种物质的特征指标。水体参数的种类较多,不同的水体、区域和应用,相关的水体参数也不尽相同。对于海岛礁的浅海区域,水体参数主要包括水体浑浊度、悬浮物浓度、水温、叶绿素浓度(图 1.4)。

6）浅海地形

浅海地形通常是指浅海区域水深小于 100 m 的水下地形起伏和地理位置,如图 1.5 所示。浅海地形数据可通过水下地形测量和遥感探测的方法和手段获取,用以绘制水下地形图和航行海图,是浅海环境治理、浅海资源开发、浅海航行、登岛作战和战场信息保障等应用所需要的重要基础地理空间信息。

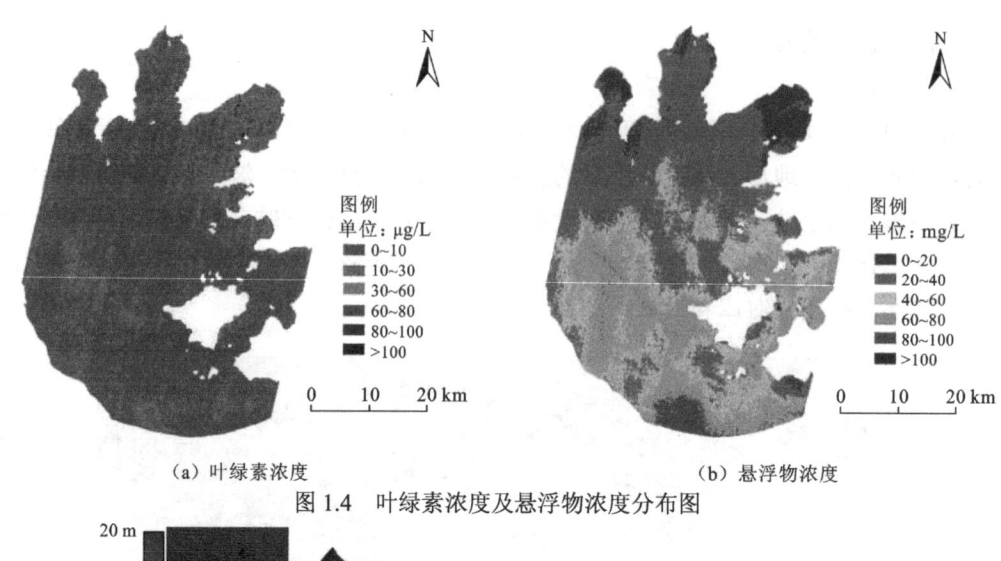

图 1.4 叶绿素浓度及悬浮物浓度分布图

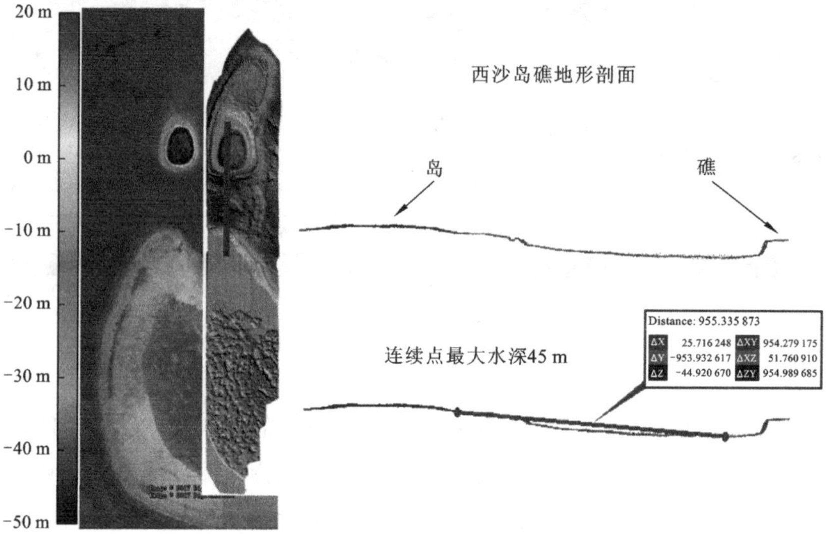

图 1.5 海岛礁水下地形图

7）气象参数

气象参数是用于监测、描述和预测海洋气候和气候变化的重要参数，是海洋气象和环境观测的对象，服务于海洋气象和水文预报，属于海洋科学的重要组成部分。海洋气象参数主要包括风速、风向、温度（图1.6）和湿度等。这些气象参数是海战场环境信息系统、军事体工程建设、军事活动和作战决策所必需的基础信息数据。

8）岛礁植被

岛礁植被是海岛礁区域覆盖的植物群落。由于岛礁独特的地理位置和环境，海岛植被具有异质性、独特性和脆弱性的特点，是海岛礁的重要组成部分，对防止岛礁的水土流失和岛礁地质灾害及保持淡水资源具有重要作用。根据不同岛礁的植被特性和分布结构，可有效构建和实现海岛礁上重要军事体的伪装，提高军事反侦察能力、军事工程和武器装备在战场环境下的生存能力。根据岛礁的地形地貌和地质条件，岛礁植被类型可分为盐生湿地植被、滨海沙生植被、基岩植被、丘陵山地植被。

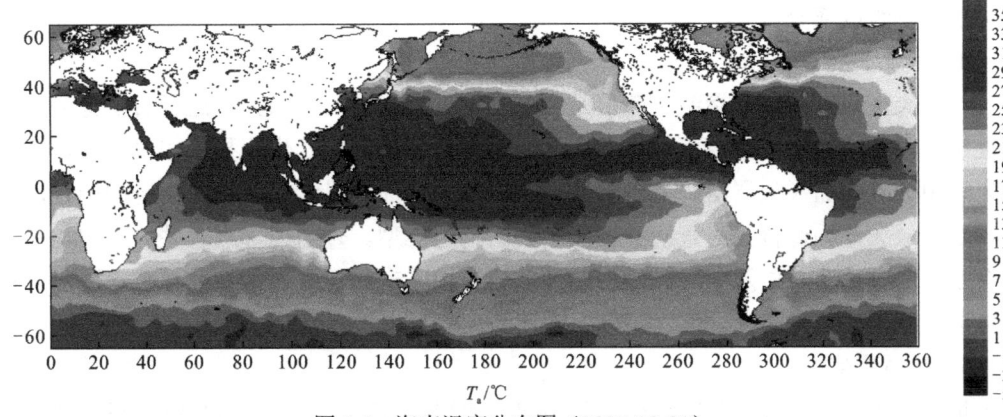

图 1.6 海表温度分布图（2005-08-01）

9）海洋灾害

海洋是地球上多种自然灾害的渊源，我国有着曲折绵长的海岸线，横跨热带、亚热带和温带三个温度带，是世界上遭受海洋灾害影响最频繁的国家之一。海洋灾害主要包括台风灾害、风暴潮灾害、海浪灾害、赤潮、海冰和海雾等。这些灾害会对各类军事活动和军事建设产生不同程度的影响。

2. 地质类调查要素与分类

根据海岛礁军事地质调查需求，结合现代军事遥感地质的技术手段，海岛礁军事地质的组成要素可分为岩体、土体、水体、构造类型、地质灾害等。

1）岩体

岩体是地质体的一部分，是处于一定的地质环境中的具有相同的岩性和结构特征的岩石所组成的集合体，具有基本相同的岩石硬度等级、岩石抗压等级、岩石风化程度等工程属性。岩体对军事活动具有较大的影响。不同类型的岩体由于其工程性质的差异，其抗压强度、抗打击能力及风化特征均有显著的差异。根据当前需求，军事地质中岩体调查要素主要分为岩体类型、岩体坚硬程度、岩体风化程度、节理发育程度、破碎程度等。

2）土体

通常把地壳表层所有松散堆积物都称为土。在工程地质中，土体指岩土工程中具有一定体积的土层或若干土层的综合体。在军事地质中，能够被人工借助于工具（不含机械设备）进行挖掘的基岩之上的部分均称为土体。土体对军事活动具有较大的影响。不同类型的土体由于其工程性质的差异，可开挖性、承载能力、抗打击能力等均有显著的差异，进而影响军事工程建设和人员装备的可通行性。根据当前需求，军事地质中土体调查要素主要为土体的类型、土体的承载力、土体的厚度等。

3）水体

海岛礁陆地区域的水体包括地表水和地下水两部分。军事地质中的地表水指存在于地壳表面的水，但大部分海岛与大陆脱离，为独立系统无外来水源，岛上地表水均来自大气降水；地下水是指赋存于地面以下岩石孔隙中的水。地表水和地下水都是战场地质环境的重要组成部分。

4) 构造类型

构造类型包括断层、褶皱。断层是岩层受地应力作用后，当力超过岩石本身强度使其连续性和完整性遭受破坏而发生破裂，断裂面两侧的岩石发生明显的相对位移。褶皱是岩石中的各种面（如层面、面理等）受力发生的弯曲而显示的变形。构造的调查，需要确定区域大地构造背景；查明并描述不同的构造类型。查明与含水有关的褶皱类型，如含水向斜。查明断层及断层破碎带的性质、规模、产状、破碎带宽度及破碎情况。重点查明活动断层的产状、性质、规模，查明断层的导水性质及潜力。

5) 地质灾害

地质灾害是自然或人工因素作用下引起的崩塌、滑坡、泥石流，以及火山和地震等。对于崩塌、滑坡、泥石流三类常规地质灾害，主要调查其类型（崩塌类型包括土质崩塌、岩石崩塌；滑坡类型包括土质滑坡、岩石滑坡；泥石流类型包括泥流、泥石流、水石流）。火山地质灾害，主要针对已经存在的火山进行调查，收集火山类型（死火山、活跃火山）、火山规模等信息。针对地震地质灾害，利用地震台网数据，收集多年来的地震数据，包括地震时间、地震烈度、影响范围。

1.2 海岛礁环境与军事地质遥感调查特点、历程及发展趋势

1.2.1 海岛礁环境与军事地质遥感调查特点

海岛礁区域调查一般具有研究区域大、不易达、变化快、要素破碎、专题多等复杂性。卫星遥感具有大范围覆盖、高时间分辨率、高空间分辨率、多源性、多时序等特点，因此成为海岛礁环境和军事遥感地质监测和调查中重要的不可或缺的探测手段和数据来源。

1. 海岛礁环境与军事地质调查复杂性

1) 调查区域范围广

海岛礁一般远离大陆架，分布相对分散。我国海岛礁纬度跨度大，纵跨了3个气候带，尤其南海的中沙、东沙、西沙、南沙群岛中的众多岛屿；与此同时，海岛礁受到地形和水文等自然环境影响，形成了不同类型的海岛礁。如此广泛的跨度区域，传统调查所需要投入的人力和物力难以计量。

2) 区域不易到达

我国的海岛礁所涉及的范围除在我国行政控制下的范围外，一部分海岛礁和相关海域尚处于其他势力控制，因此这类区域难以进入开展调查；此外，由于海岛礁周围海域多存在暗礁和浅滩，浅海地形复杂导致船只难以通行，航行存在较大风险，调查难以实施。

3) 要素破碎性

由于海岛礁是人工和自然作用极其强烈的区域，地块易受到多种力量控制和影响，任何力量的改变均会导致地物在空间上和属性上发生变化。因此，海岛礁与单一陆地和单一水体相比，无论是地物要素、环境要素、地质要素的类型还是分布特征都具有更强的复杂性。

4) 区域动态性

随着海洋经济的高速发展，海洋纷争日益增多，以及海洋军事活动日益频繁，海岛礁正逐渐转变为高动态发展区域，海岛礁的各种开发利用日新月异，军事国防工程建设突飞猛进，传统的监测和调查难以跟上海岛礁变化的步伐。

5) 要素综合性

海岛礁环境监测和军事地质调查区域涉及水面上、水面、水下和陆地。与此同时，由于不同时间段的潮汐涨落，还分为潮上带、潮间带和潮下带。不同的调查区域所涉及的环境和地质要素众多，这些要素间又存在各种直接和间接的相关性，具有时空和属性的综合性，再结合人工和自然作用，导致了调查要素的复杂性。

2. 海岛礁环境与军事地质遥感调查的优势

1) 大范围覆盖

遥感平台从空中实施探测，获取地面信息，能在短时间内覆盖大范围的调查区域，从中获取地面重要信息，可以为全区域同步掌握海岛礁区域的环境和地物现状创造极为有利的条件，同时也为全局地研究海岛礁提供一手的数据资料。

2) 高时效性

随着遥感卫星技术的发展，卫星对地观测逐渐形成异轨观测、多星协同观测、星座时序观测，因此针对海岛礁环境和军事地质的各种要素可快速获取观测数据，以及相关信息提取，以便迅速对各种信息实现快速更新和动态监测。

3) 多源性

根据不同的环境和地质要素，遥感技术可选用不同的波段遥感数据，以及来自不同类型传感器的多源遥感数据，实现多源数据下的多角度综合处理与分析研究。

4) 多时序

遥感探测能力的快速提高，使得能周期性、重复地对海岛礁区域的环境和地质要素进行监测和调查，从而获取相应的时序遥感数据，发展并动态地跟踪海岛礁环境要素的变化，以及地质要素的演变。

5) 高精度可比性

遥感探测所获取的同一时段数据综合地展现了海岛礁区域环境和地质要素的特征、分布、形态，即地质、地貌、气象、土壤、植被、水文和国防工程建设等要素，全面地揭示了这些要素之间的关联性，同时这些数据在时间上具有相同的现势性，属性上具有完整的体系。

1.2.2 海岛礁环境与军事地质遥感调查历程

1. 海岛礁环境遥感监测

21世纪是海洋世纪,这一国际公认的结论,有着极其丰富和深刻的内涵。研究海洋、开发海洋资源对国家可持续发展战略的实施具有重要意义。2015年3月,我国发布了《推动共建丝绸之路经济带和21世纪海上丝绸之路的愿景与行动》,海上丝绸之路中的两条路线经过诸多岛屿和岛礁,这一决策推动了对海岛礁环境的监测与调查,以及各类海岛礁工程的建设。

20世纪前期,国内外对海岛礁开展的研究工作相对较少;直至20世纪中后期,随着海洋经济和军事的快速发展和崛起,世界各国加强了对这一领域的重视,相继开展了各类海洋环境监测、海岛礁环境评价、海岛礁工程、岛礁植被等研究工作。自20世纪60年代,遥感技术和新型传感器的发展,空间分辨率、光谱分辨率和时间分辨率不断得到提高,使得遥感成为记录、观测、发展、研究和评价海洋和海岛礁环境的重要手段和方法。70~80年代,我国针对海岛礁和海岸带的调查开展了大量的相关研究和工作,进行了"全国海岛资源综合调查"和"全国海岸带和海涂资源综合调查"。90年代,开展了"我国专属经济区和大陆架勘测研究"与"全国第二次污染基线调查"等,为新时代海洋经济建设提供了有力的科学支撑。

跨入21世纪,随着遥感技术和传感器探测能力进一步提升,由国家海洋局组织实施"我国近海海洋综合调查与评价专项",即908专项,该项目是我国在近海岸区域展开的第三次大规模海洋环境调查。调查范围包括内水、领海、领海以外部分管辖海域,除基础海洋学内容外,还涉及了海岸带、海岛礁、灾害、能源和海水利用等领域的调查。调查过程中,充分运用了我国已有的多种高新遥感调查技术手段,使其对后续海岛礁环境的研究监测和调查产生了积极的推动作用。

2. 海岛礁军事环境遥感调查

随着海洋军事活动的日益增多,海军军事装备也在日新月异地更新。各类海上军事活动和武器装备的升级换代,以及新武器的研发,都与海洋环境息息相关。海岛礁环境属于海洋环境中的一个重要组成部分,包含了岛礁海域、滩涂和陆地区域相关环境。这些区域的环境要素,如海洋水深、底质、海浪、潮汐、水体参数、浅海地形、气象参数、岛礁植被、海洋灾害等,均会对各种军事活动、武器装备和军事设施建设产生各种各样的影响。

20世纪50~60年代,海洋信息观测主要集中在海洋水文气象的分析预测。80年代,国内外利用海洋卫星、航测飞机、海洋调查测量船、水面舰艇和潜艇调查测量绘制出大量高精度的全球海洋及海岸带地形和地貌图。90年代,军事海洋信息的收集、处理和传输技术形成了以卫星应用技术为主,其他相关技术为辅的发展模式,如合成孔径雷达、海洋水色仪、雷达高度计、数字式摄像机、多光谱电子扫描辐射仪等的应用。1991年起，在美国国防部逐年编制的《国防科学技术战略》《国防关键技术计划》中，新增加了一项被认为是对美国武器系统的长期质量优势有很大贡献的"武器系统环境技术"，或称"环境效应技术"。其基本内容包括对海洋和大气空间环境要素及其变化的探测、表征、预测、建模与仿真，以及武器系统与其工作媒体和人为现象的相互作用的研究。

21世纪，海洋遥感环境信息已经向着全天候、全天时、高分辨率、高精度、实时、反复地对海洋环境和目标进行探测的方向前进。因此，综合海洋信息已经具有和可能产生的战略性影响，可以说军事海洋学的研究对于军事活动的意义已不再限于传统的保障作用，它将直接渗透到海上军事活动和斗争的各个方面，涵盖海洋军事科学战略、战役、战术及装备发展理论等所有学科，并使之产生革命性的变化。

3. 遥感地质调查

遥感地质调查是地质勘查中不可或缺的一部分，是从航空地质学（aerogeology）和摄影地质学（photogeology）发展起来的基于摄影图像和空间遥感图像进行区域地质和专题地质研究的交叉学科，其基本概念是运用空间遥感图像地学信息进行区域地质解译、地质调查填图和各种地质专题研究。

自20世纪40年代开始，遥感开始广泛地应用于地质调查，这一阶段主要是利用航片的目视解译技术对地质体进行解译制图。50~60年代，地质调查和勘探主要还是以航空影像为基础开展，影像质量和分辨率的提升，大大提高了各类相关地质图的解译精度和质量。70~80年代中期，随着航天遥感技术和传感器的发展，遥感地质调查开始进入起步阶段，这一阶段主要是利用航空相片和国外的陆地资源卫星影像进行遥感解译，开展了大量的地质遥感调查项目，并取得了丰硕的成果。90年代，随着卫星遥感影像分辨率的不断提高和相关遥感技术革新，基于星载的遥感地质调查进入了快速发展阶段。

进入21世纪后，卫星遥感影像的空间分辨率和时间分辨率进一步提高，各种新型传感器出现，以及机器学习和深度学习的智能遥感处理技术的出现，遥感地质调查进入了一个全新的时代，即智能遥感地质调查阶段。

4. 军事遥感地质调查

军事地质遥感调查开始于第一次世界大战期间。基于模拟航空照片，开展目视地质解译工作，以及进行地下水调查与开发、矿产资源调查、地下工事的建设工作、编绘境外的地质图等。第二次世界大战期间，美国的地质学家利用航片进行解译，提供地质图件和地质报告，为军事活动提供了重要的参考。

20世纪50~70年代，美军的军事地质调查充分利用了航片及卫星遥感图像，对军事活动进行指导。利用航片和遥感图像，详细调查不同军事目标区域的地质构造特征及地形地貌特征，对土体、岩体特征进行了详细研究，对不同岩土体区域的武器装备打击效果进行了评价。80~90年代，军事遥感地质调查的范畴、精度、时效性得到快速发展，军事遥感地质调查工作已经成为美军地质调查不可或缺的一部分。在海湾战争期间，军事地质学家利用高精度的遥感图像对战区的地质特征进行了调查分析，结合地面调查资料和公开文献，圈定了潜在的天然建筑材料开采区、评估了地形特征、调查了包括地下水在内的给水区，评价了越境作战行动中道路的可通行性等。

21 世纪，军事遥感地质调查与多种学科的研究内容和数据相结合，随着地球科学各分支领域，如地球物理、遥感、地质计算模拟技术和高性能计算技术的发展和进步，这些分支领域在军事遥感地质调查中发挥了越来越重要的作用。因此，军事遥感地质调查进入了采用大数据处理技术实现智能化地质调查，进一步推动了军事地质遥感调查工作的进展，使其进入了一个全新的发展阶段。

1.2.3 海岛礁环境与军事地质遥感调查发展趋势

随着现代战争模式的不断变化，对海岛礁环境和军事遥感地质调查的要求越来越高，调查的范畴不断扩大，研究内容不断深入。单一的探测技术和方法，已经难以满足和解决各类复杂的军事活动和国防建设的需求。自 20 世纪 60 年代第一颗美国民用陆地资源卫星的成功发射以来，遥感技术就成为了海岛礁环境和军事地质遥感监测和调查中不可或缺的探测手段和数据来源。随着遥感技术的发展，遥感数据的空间分辨率经历了低分辨率、中分辨率和高分辨率的迅速发展，光谱分辨率从多光谱数据发展到高光谱数据。与此同时，其他类型传感器的遥感卫星也相继出现，如多极化多模态的微波合成孔径雷达（synthetic aperture radar，SAR）卫星和激光测高卫星等，遥感数据从单一化逐渐走向多源化，遥感数据间的关联性日趋紧密，数据量呈几何程度的增长。表 1.2~表 1.4 展示了目前国内外的光学遥感卫星、合成孔径雷达卫星和激光测高卫星的相关信息。

表 1.2 空间分辨率优于 10 m 的可用于军事地质遥感调查的民用光学遥感卫星

序号	名称	发射时间	传感器类型	空间分辨率/m Pan	空间分辨率/m MS	立体成像	国家或地区
1	吉林一号 03 星	2017-01-09	3MS	—	0.92	否	中国
2	SuperView-1	2016-12-29	Pan + 5MS	0.5	2	否	中国
3	WorldView-4	2016-11-11	Pan + 4MS	0.31	1.24	是	美国
4	资源三号-02	2016-05-30	Pan + 4MS	2.1	5.8	是	中国
5	天绘一号 03 星	2015-10-26	Pan + 4MS	2	10	是	中国
6	吉林一号 A 星	2015-10-07	Pan + 3MS	0.72	2.88	否	中国
7	Sentinel-B	2015-06-23	13MS	—	10	否	欧盟
8	北京二号	2015-07-11	Pan+ 4MS	<1	3.2	否	中国

续表

序号	名称	发射时间	传感器类型	空间分辨率/m		立体成像	国家或地区
				Pan	MS		
9	CBERS-04	2014-12-07	Pan+4MS	5	10	否	中国
10	高分二号	2014-08-19	Pan+4MS	1	4	否	中国
11	WorldView-3	2014-08-13	Pan+16MS	0.31	1.24/3.7	是	美国
12	SPOT-7	2014-06-30	Pan+4MS	1.5	8	是	法国
13	DEIMOS-2	2014-06-19	Pan+4MS	0.75	3	否	西班牙
14	OFEQ 10	2014-04-09	Pan	0.5	—	否	以色列
15	Planet	2013-01-11	3MS	—	3/3.7	否	美国
16	KazEOSat-1	2014-04-30	Pan+4MS	1	4	否	哈萨克斯坦
17	DubaiSat-2	2013-11-21	Pan+4MS	1	4	否	阿联酋
18	高分一号	2013-04-26	Pan+4MS	2	8	否	中国
19	SJ-9	2012-10-14	Pan+4MS	2.5	10	否	中国
20	SPOT 6	2012-09-09	Pan+4MS	1.5	8	是	法国
21	KompSat-3	2012-05-17	Pan+4MS	0.7	2.8	否	韩国
22	天绘一号02星	2012-05-06	Pan+4MS	2	10	是	中国
23	资源三号	2012-01-09	Pan+4MS	2.1	6	是	中国
24	CBERS-02C	2011-12-22	Pan+3MS	5/2.36	10	否	中国
25	Pleiades-1	2011-12-17	Pan+4MS	0.5	2	否	法国
26	OFEQ 9	2010-06-22	Pan	0.7	—	否	以色列
27	WorldView-2	2009-10-06	Pan+8MS	0.5	1.8	否	美国
28	Geoeye-1	2008-09-06	Pan+4MS	0.41	1.65	否	美国
29	WorldView-1	2007-09-18	Pan	0.51	—	否	美国
30	CBERS-02B	2007-09-09	Pan+5MS	2.36	20	否	中国
31	KompSat-2	2006-07-28	Pan+4MS	1	4	否	韩国
32	Resurs DK 1	2006-06-15	Pan+3MS	1	2	否	俄罗斯
33	EROS-B	2006-04-25	Pan	0.7	—	否	以色列

注：Pan 代表全色；MS 代表多光谱。

表 1.3 空间分辨率优于 5 m 的可用于军事地质遥感调查的民用合成孔径雷达卫星

序号	名称	发射时间	最高分辨率/m	波段	极化数量	国家或地区
1	高分三号	2016-08-10	1	C 波段	全极化	中国
2	TerraSAR-X	2007-06-15	1	X 波段	全极化	德国
3	RadarSAT-2	2007-12-14	3	C 波段	单极化	加拿大
4	ALOS PAISAR-2	2014-05-24	1	L 波段	全极化	日本
5	Sentinel-1	2014-04-03	5	C 波段	双极化	欧洲
6	Cosmo-SkyMed	2007-06-08	1	X 波段	双极化	意大利
7	SAR Lupe	2006-12-19	0.5	X 波段	—	德国
8	TecSAR	2008-01-21	1	X 波段	—	以色列
9	KOMPSAT5	2013-08-22	1	X 波段	双极化	韩国

表 1.4 国内外主要星载激光测高卫星

序号	名称	发射时间	运载任务	应用领域	国家（地区）或机构
1	SLA-01 SLA-02	1996 1997	航天飞机	地形测量	美国
2	MOLA	1996	MGS	火星地貌和重力场	美国
3	NLR	1996	NEAR	表面特性监测	美国
4	GLAS	2003	ICESat	冰盖监测、海冰厚度测量、生物量估计	美国
5	MLA	2006	Messenger	水星表面地形图	美国
6	LALT	2007	SELENE	精准月球全球地形图	日本
7	LAM	2007	CE-1	三维信息获取、高分辨率月球地形图	中国
8	LLRI	2008	Chandrayaan-1	月球地形、摄像仪和超光谱成像仪数据补充	印度
9	LOLA	2009	LRO	月球形状、确定着陆场、月球参考系统	美国
10	LAM	2010	CE-2	地形地貌	中国
11	LAM	2013	CE-3	地形测量	中国
12	BELA	2016	MPO	水星参考表面、水星表面特征	欧洲航天局
13	ATLAS	2017	ICESat-2	地表高程测量、气候监测、生物量估计	美国
14	GF-7	2017	高分七号	国土测绘	中国
15	LIST（未发射）	2020	LEO、SSO	地球的地表模型	美国

随着各种遥感卫星的技术指标提升,以及新型传感器卫星的升空,如何充分利用多源遥感数据,构建多星、多要素、多分辨、多光谱、多时效数据集,针对海岛礁区域军事需要,将岛礁环境要素和地质要素有机地联系起来,突破实现全方位动态监测,构建区域发展和变化的动态分析与模拟,建立并完善海上、海面、空中、陆地的立体监测网,是海岛礁环境遥感调查需要解决的核心问题。针对海岛礁目标区域,以海岛礁环境与军事地质遥感调查技术手段为基础,以海战场环境综合信息保障系统为依托,能为我国海军提供多维度、高时效性、高精度的综合海岛礁战场环境信息,提升海军综合作战能力,实现海军战略要求,进一步提升我国海上军事作战和国防建设能力,牢牢把握新世纪的制海权。

1.3 海岛礁环境与军事地质遥感调查技术应用

1.3.1 光学遥感在海岛礁环境与军事地质调查中的应用

高空间分辨率、高光谱分辨率光学遥感数据为直观、可靠、高效地掌握海岛礁区域岩石地层单元特征与水下底质类别、水色与物理参数、水深反演等提供了手段;为分析了解海岛礁区域军事地质背景与环境要素特征提供了信息,进而为军事地质要素的定量化获取提供了可能。对于ASTER等中分辨率卫星数据,其具有相对较宽的波谱范围,能够覆盖常见军事地质要素的特征谱域;对于QuickBird、WorldView-2等卫星数据,具有相对较窄的波谱范围,但仅覆盖可见光-近红外之间的区域,然而其空间分辨率已达到亚米级,对军事地质要素的细节信息具有较好的表现能力。如何更有效地利用不同数据在军事地质要素与环境要素信息获取方面的优势,如何结合中分数据光谱分辨率高的特点和高分数据空间分辨率高的特点,将其更好地运用于海岛礁军事地质调查与信息获取,将是今后军事地质领域发展的新方向。

在岩性识别方面,可见光遥感岩石矿物的识别主要取决于岩矿的光谱和空间特征的差异。由于多光谱遥感数据光谱带宽难以表征岩矿的光谱诊断特征,最初进行遥感岩石矿物识别方面的研究主要依靠岩石空间特征(如岩矿的形态、结构、尺寸、面积及它们之间的相互关系等)在影像上所展示的灰度、色调、纹理结构差异,采用一些信息处理方法如图像变换、增强及分类等来增强岩体单元之间的差异,达到岩性识别的目的。随着卫星遥感数据在地质应用中的潜能逐渐凸显,遥感图像在地质应用中的技术和方法研究越来越受到重视,大量学者开始利用各种多光谱数据可见光与热红外波段进行了不同尺度的影像识别岩性方法的研究。随着高光谱数据和更高空间分辨率数据的出现,岩石矿物波谱反射率特征的研究逐步向定量化方向发展,不同数据之间的差异性引起了人们的重视,逐渐开始有了多种遥感数据的综合应用。在以图像增强处理方法为主进行岩性信息提取的基础上,研究者开始使用光谱排序法、线性波谱分离技术和基于影像纹理的方法进行岩性信息提取,并取得了一定的进展。新一代卫星传感器的研制及发射成功,为遥感岩性识别提供了更丰富的信息源，为遥感地质全面服务于军事地质调查及找矿等工作提供了可能。通过分析常见热液蚀变矿物的典型波谱特征，利用遥感的光谱分辨率优势，对矿化信息进行提取，已经成为遥感在岩性识别中的经典案例。越来越多的学者通过岩性单元的光谱行为和遥感数据特点，逐渐完善遥感找矿、岩性单元识别方法和技术体系。

在水色参数与物理参数方面，可见光遥感技术可以提供大尺度空间范围、连续时间的海岛礁水色与物理参数监测。高空间分辨率卫星遥感图像经常用于绘制海岛礁水域的水色参数，250 m 分辨率的 MODIS 图像也常用于持续或季节性监测。目前，越来越多的高光谱和高分辨率的国产卫星和机载数据已经出现，并已用于海岛礁水域反演关键水色参数、叶绿素含量、悬浮颗粒物浓度及黄色物质浓度，如高分一号卫星；此外，也有部分利用机载高光谱分辨率遥感数据对水色参数含量与空间分布特征的研究。AVHRR 数据是应用于水体表面温度反演时间最长的卫星数据。与之相近的还有 MODIS 数据和 NPP （net primary productivity，净初级生产力）/VIIRS（visible infrared imaging radiometer，可见光红外辐射成像仪）数据。此外，小尺度水体的表面温度反演需要空间分辨率更高的数据。常见的有 Landsat 7 上的 ETM+数据，Landsat 8 上的 TIRS 数据，以及搭载在 AQUA 卫星上的 ASTER 数据。我国环境一号卫星搭载的 IRS 传感器，以及风云三号搭载的中分辨率成像光谱仪 MERSI，其热红外波段分辨率在 300 m 左右，时间分辨率为 1～4 天，对特定时空尺度的应用具有重要意义。

在水深反演方面，目前国内外基于光学遥感数据进行水深反演，主要利用的是 Landsat TM/ETM+、SPOT、IKONOS、高分系列等多光谱数据，浅海水深反演模型已经从简单的理论推演过渡到针对特定区域展开定量试验计算的新阶段，逐渐在水体测深遥感方面形成了理论解析模型、统计相关模型和半理论半经验模型。理论解析模型需要根据水体的物理光学理论分析辐射能量在水体内的传输过程，并据此建立辐射亮度、底质反射率与水深的解析表达式。理论解析模型具有很明确的物理意义，该模型需要较多的水体光学参数，这些参数与水体物理、化学性质密切相关，往往很难获得。统计相关模型就是利用统计分析的方法，直接通过分析遥感影像光谱值和实测水深值之间的相关关系而建立模型。统计相关模型的优点在于不需要分析和研究水体的光学参数，只考虑数据之间的相关映射关系。统计法又分为单波段法、双波段比值法。在理论解析模型对水体光谱特性进行分析的基础之上，重点利用辐射能量在水体中传输时水体的衰减特性，并结合一定数量的水深实测数据作为先验值，即形成了半理论半经验模型。根据使用多光谱数据波段的数量和形式，半理论半经验模型又可分为单波段模型、多波段模型及波段比值模型。

1.3.2 激光雷达在海岛礁环境与军事地质调查中的应用

近年来，激光雷达（LiDAR）系统发展迅速，其基本特点是根据激光器发射的回波到达地表后再返回被激光器接收的时间差进行探测，其测量周期短、测量精度高。根据使用的波段不同,可分为蓝绿激光的单波段和蓝绿、近红外双波段两种;从激光工作原理上,又可分为全波形激光雷达和光子计数激光雷达。由于光学遥感影像属于被动成像方式,受限于模型机理和成像环境,无论采用多光谱反演或者立体双介质方法,其测量结果都只能用于水深及地形普查,无法满足众多海洋开发活动对高精度海底地形测量的实际需求。目前,声学多波束测深系统是应用最广泛的水深测量手段,然而在沿岸浅海水域受深宽比的限制,作业效率低下,要达到国际海道测量组织(International Hydrographic Organization,IHO)规定的全覆盖的要求十分困难,因此激光雷达越来越多地应用于海岸带、岛礁的水深和地形测量、特定参数信息获取等方面。

在水深探测方面,目前基于全波形雷达的水深和地形测量大致可分为回波探测法、函数拟合法和反卷积法三种方法。回波探测法直接对雷达信号进行探测,简单易行,但是由于太阳光和其他噪声的影响,误差较大,不同的海况和仪器间的探测精度略有差别,但深度误差基本在 30 cm 内;函数拟合法通过对激光器接收的回波波形进行拟合仿真,提取目标的位置,所用函数包括三角函数、高斯函数等;反卷积法是从激光器接收的回波信号中去除发射的成分再进行目标响应的恢复,包括小波反卷积、维纳滤波反卷积等,此方法在海底回波信号弱或信号不易识别时有较大的优势。光子计数激光雷达则需要在噪声滤波、水面水下有效信号点提取的基础上进行水深提取,其噪声滤波方法又可分为基于直方图统计的方法和基于体素密度滤波的方法。

激光雷达能够基于特殊的散射效应,获取一些普通方法无法测量的参数。例如,当光进入海水中时会发生布里渊散射,布里渊频移量大小与水温相关,因此通过测量该频移量,可以推演得到高精度海水温度值;海水水分子的振动导致其感应电偶极矩受到周期性的时间调制,使入射光发生拉曼散射,利用拉曼散射可以获取海水中一些特定的元素含量,或者陆地上岩石中的元素含量等。这些特殊的分析方法目前仍处在初期研究阶段,但却为海岛礁环境要素与地质要素获取提供了新的、更高效的途径。

1.3.3 摄影测量在海岛礁环境与军事地质调查中的应用

大量海岛礁区域由于地理位置、海况等问题无法进行环境要素测量,会导致利用传统光学遥感手段时出现缺少先验知识的问题,无法进行常规的光学遥感反演;另外,遥感反演出的环境要素和地质信息与真实情况相比误差较大,并且模型无法进行大面积推广。因此,如何在无先验知识的情况下利用遥感手段获取海岛礁环境和地质要素信息,提升精度,对于海岛礁的相关研究具有重要意义。卫星立体摄影测量技术具有直接测量,不依赖先验就能获取水陆一体化三维地形的特点,非常适合用于海岛礁、敏感区域等复杂场合的水深和地形测量,具有较高的民用潜力和军事价值,在海军战场环境建设、海洋及陆地数字高程模型(digital elevation model,DEM)数据融合、海军武器装备效力发挥及作战需求规划等方面具有重要作用。

目前以摄影测量原理为基础进行遥感立体水深与地形测量的研究可分为两类:一类

基于无人机航拍影像,以机载 POS 系统或无人机数据为主;另一类是利用 WorldView 等高分辨率卫星影像立体像对,在提取 DEM 的基础上进行水下点高程的折射改正以获取真实的水深,进一步推导水下目标点的水深和大地坐标计算公式,并通过立体影像进行试验,此类方法能够获取较大范围的水陆一体化三维地形。

在海岛礁地质灾害监测方面,随着现代化的要求,海岛礁军事工程向高精尖和大型化方向发展,如大型的海岛机场、码头、超视距雷达阵地等一般投资上 10 亿元甚至几十亿元,工程质量要求高,不容许产生过大的变形。再者,海岛礁的特殊性也决定了这些工程大多分布在地形、地质条件较为复杂的地区。在自然地质作用或人为作用影响下,各种类型的地质灾害均可能发生。但归纳起来,对军事工程造成危害的主要是外动力地质作用在不良地质条件上形成的地质灾害。因此,地质灾害的勘察和研究及防治工作对海岛礁军事意义重大。目前基于摄影测量技术进行灾害监测已经有了初步的应用,并且起到了无可替代的重要作用。基于摄影测量技术进行海岛礁灾害监测的核心是利用获取的立体像对,经过建模处理以获得被拍摄物体的形状、大小、位置、特性,并进行三维空间建模,之后根据各类地质灾害的表现特征,通过目视解译、特征阈值监测、变化检测、机器学习等方法识别长时间序列三维模型形变信息,从而获取地质灾害信息。

1.3.4　合成孔径雷达在海岛礁环境与军事地质调查中的应用

合成孔径雷达作为一种主动式遥感系统,通过发射电磁波并接收其后向散射回波完成成像。它不依赖太阳辐射,具备全天时对地观测能力。此外,合成孔径雷达对云、雨具有穿透性,并且有多波长、多角度和多极化的特征,同一地物对不同雷达波的散射也不相同,因此借助合成孔径雷达的这一特征进行军事地质遥感调查,不但可以满足常规的海岛礁军事地质遥感调查,而且可以借助雷达差分干涉测量技术对海岛礁区域的断裂、滑坡、塌陷等进行监测评估,实现战场环境的变化检测。

根据军事地质遥感调查要素内容,当前雷达遥感能够实现大多数(90%左右)要素的解译、提取,但是对于一些需要现场确定的要素内容或需要样品进行分析的要素内容,则无法解决。岩体可解译程度雷达遥感能够识别裸露的岩体和浅覆盖的岩体,并识别岩体的类型和绝大多数的属性。但是对一些具有同样表征特征的属性,如破碎程度、风化程度等容易形成误判,可能造成解译错误。因此,在进行岩体解译之前,要详细了解工作区的构造背景、气候特征,通过已有地质资料或临近区地质资料对工作区的基础地质、工程地质、水文地质、地形地貌特征进行初步的分析,在统一的地质背景下解决岩体的识别问题,不可直接将一个区域的地质解译标志照搬到另外一个区域。在土体可解译程度方面,土体在合成孔径雷达图像上呈现较暗的色调,这主要是电磁回波信号较弱的原因。对含有碎石较大的土体,在合成孔径雷达图像上呈现明亮的斑点,而对于碎石较小或含水量较高的土体,色调更为暗淡,这是区分土体的一个重要标志。因此,在合成孔径雷达图像上，土体的识别只能达到一级分类，而对于二级分类则需要在野外验证的基础上进行分类，否则需要借助高分辨率光学遥感图像进行协同分类。在构造可解译程度方面，合成孔径雷达图像对构造的线性特征反应灵敏，能够识别断裂、褶皱的构造，通过多时相的合成孔径雷达干涉处理，可以实现活动断层活动性的监测。在地质灾害可解译程度方面，合成孔径雷达图像对地质灾害的解译方法与光学遥感类似，但是在某些山体陡峭区域受到地形影响导致解译效果不佳。但是通过多时相的合成孔径雷达干涉处理，可以实现滑坡体活动性的监测。

第 2 章　军事地质海岛礁环境光学遥感地质调查技术

2.1　光学遥感理论基础

2.1.1　电磁波与电磁波谱

根据麦克斯韦的电磁场理论，变化的电场在它周围引起变化的磁场，这一变化的磁场又在较远的区域引起新的变化电场，这种变化的电场和磁场交替产生，以一定的速度在空间内传播的过程即为电磁波。电磁波在传输过程中，主要表现为波动性；当与物质相互作用时，主要表现为粒子性。遥感传感器所探测到的是目标物在单位时间内辐射（反射或发射）的能量，一般来说，波长越短，电磁波辐射的粒子性越明显，波长越长，电磁波辐射的波动性越明显。遥感技术正是利用电磁波的波粒二象性，达到探测目标物电磁辐射特性，从而获取感兴趣信息的技术。

将各种电磁波在真空中的波长（或频率）按照长短依次排列制成的图表即为电磁波谱，如图 2.1 所示。在电磁波谱中，波长最长的是无线电波，无线电波又依波长不同分为长波、中波、短波、超短波和微波；其次是红外线、可见光、紫外线；再次是 X 射线；波长最短的是 γ 射线。整个电磁波谱形成了一个完整、连续的波谱图。各种电磁波的波长（或频率）之所以不同，是因为产生电磁波的波源不同。例如，无线电波是由电磁振荡发射的，微波是利用谐振腔及波导管激励与传输，通过微波天线向空间发射的；红外线是由分子的振动和转动能级跃迁时产生的；可见光与近紫外辐射是由原子、分子中的外层电子跃迁时产生的；紫外线、X 射线和 γ 射线是由内层电子的跃迁和原子核状态的变化产生的。

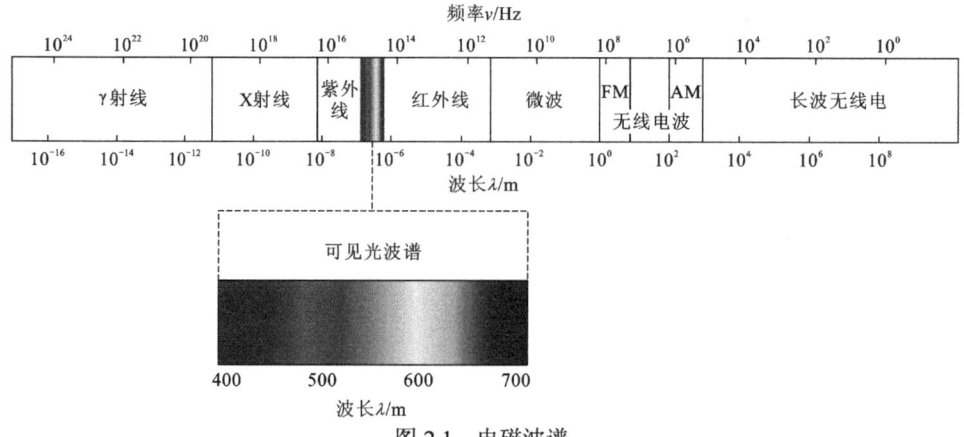

图 2.1　电磁波谱

在电磁波谱中,各种类型的电磁波,由于波长(或频率)的不同,它们的性质就有很大的差别(如在传播的方向性、穿透性、可见性和颜色等方面的差别)。例如,可见光可被人眼直接感觉到,看到物体各种颜色;红外线能克服夜障;微波可穿透云、雾、烟、雨等。遥感技术中采用的电磁波波段可以从紫外线一直到微波(表 2.1)。遥感传感器通过选取特定的波段,探测电磁波的发射、反射辐射而成像,能够获取不同形式、特点的遥感影像,并对地物的信息进行分析与提取。

表 2.1 遥感中常用的电磁波波段

波段名称		波长范围	特点与应用范围
紫外线		$10^{-3} \sim 3.8 \times 10^{-3}$ μm	部分能够穿过大气层,主要用于探测碳酸盐岩的分布、油污染监测
可见光		0.38~0.76 μm	遥感中最常用的波段,也是鉴别物质特征的主要波段,应用十分广泛
红外线	近红外	0.76~0.30 μm	采用热感应方式探测地物本身的辐射特性,可用于温度、热污染、火山、森林火灾等方面的信息获取与监测,可进行全天时遥感
	中红外	3~6 μm	
	远红外	6~15 μm	
	超远红外	15~1 000 μm	
微波	毫米波	1~10 mm	能穿透云、雾而不受天气影响,能进行全天时全天候的遥感探测,对特定物质具有一定的穿透能力,能够获取植被、冰雪、土壤等表层覆盖物信息
	厘米波	1~10 cm	
	分米波	10 cm~1 m	

2.1.2 太阳辐射及其在大气中的传输

太阳辐射是指太阳以电磁波的形式向外传递能量,向宇宙空间发射电磁波和粒子流。太阳辐射所传递的能量,称为太阳辐射能。太阳辐射经过大气和地表的一系列复杂的作用,一部分会返回太空,最终被遥感传感器所接收。地球所接收的太阳辐射能量虽然仅为太阳向宇宙空间放射的总辐射能量的二十二亿分之一,但却是地球大气运动的主要能量源泉,也是地球光热能的主要来源。地球大气上界的太阳辐射光谱的 99%以上在波长 0.15~4.0 μm(陈华胜,2013),大约 50%的太阳辐射能量在可见光谱区,7%在紫外光谱区,43%在红外光谱区。

在太阳辐射光谱中,航空航天传感器所测量的辐射主要是地-气系统中地表反射的太阳辐射,所测量的反射值主要依赖于地表反射,但是也受到大气吸收和分子及气溶胶散射的影响(李登秋 等,2014;陈志华,2005)。在理想情况下(不考虑大气影响),太阳辐射照射在地面上,其中一部分光子被地表物体吸收,而其余光子则被反射回太空中。因此,传感器所测量的辐射值与目标地物的特性有直接的联系,辐射值可以表征真实地物地表反射的特征。

但是在实际情况中，传感器所测得的太阳辐射值受到大气的影响，只有一部分来自目标地物反射后的光子能够到达卫星传感器（图 2.2）。太阳辐射在大气中的传输过程，一部分光子被气溶胶或者臭氧、水、氧气、甲烷、二氧化碳等分子吸收，另一部分光子则被散射。这样经过了单次或多次的散射过程，一部分光子最终离开大气，到达卫星传感器，然而这个路径要比直接路径更复杂（沈强 等，2019；何海舰，2006）。首先，考虑从太阳到地表路径上的来自太阳和大气散射的光子：这些光子的一部分没有达到地表而直接被散射回外太空，它们作为传感器所接收辐射能量的一部分，这一部分辐射能量是干扰项，它没有携带任何目标地物的信息；其余的光子到达地表，这一部分辐射能量最终到达外太空而成为有用的信息。其次，在地表至卫星路径上被地表反射和被大气散射的光子中的一部分将被散射至传感器。最后，被地表反射的光子的一部分又被大气散射回地表，这部分光子将构成地表的第三部分辐射能量，将继续与地表和大气作用，但是一般来说，这个相互作用过程是比较微弱的，因此这部分辐射能量可以忽略。

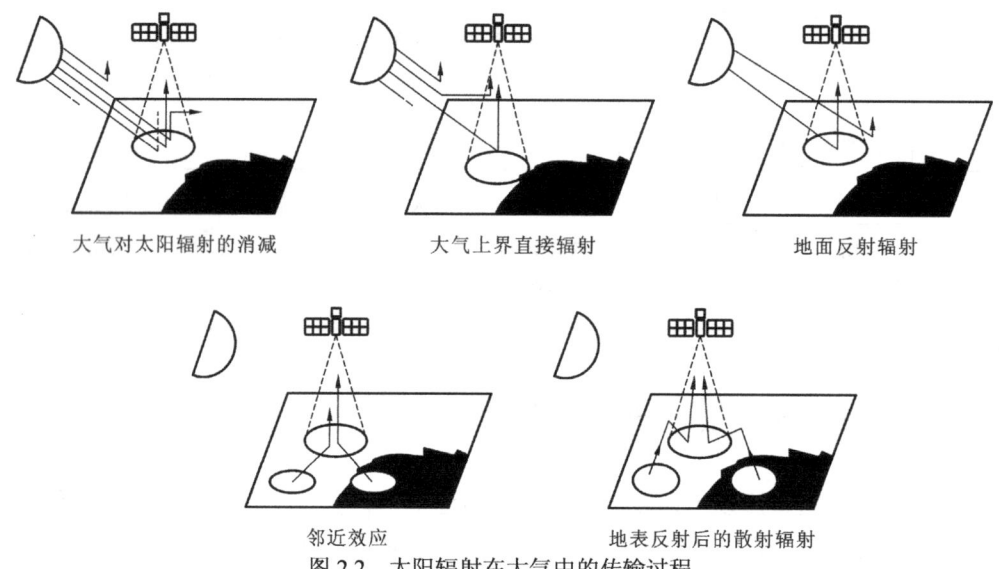

图 2.2　太阳辐射在大气中的传输过程

1. 大气的吸收特性

大气中的氧气、臭氧、氮气、二氧化碳、水汽等成分对太阳辐射吸收起主要作用。其中，水汽、臭氧、二氧化碳的跳跃跃迁吸收主要发生在红外线区域（陈玲 等，2019）。在太阳辐射光谱的可见光区域，吸收情况并不明显，只有微量的吸收。在对流层（尤其是对流层下层）存在大量水汽，因此水汽吸收主要作用在对流层；在平流层存在大量的臭氧（即所谓的臭氧层），因而臭氧的吸收主要作用在平流层上；与水汽、臭氧不同，二氧化碳的混合比在大气中基本是一致的，故在水汽含量不多的平流层中，二氧化碳的吸收起主要的作用。水汽、臭氧、二氧化碳及其他痕量气体对地球长波段辐射的吸收基本都是由于分子振动及转动能级的跃迁作用。大气中几种典型气体在 400～2 500 nm 波段的吸收光谱如图 2.3 所示。

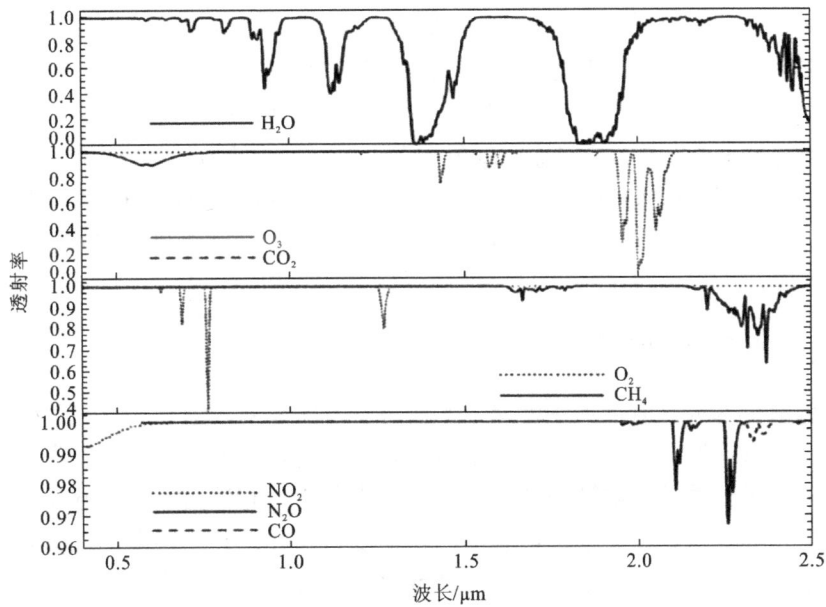

图 2.3 典型气体在 400~2 500 nm 波段的吸收光谱

气体吸收一般通过转动状态的变化、振动状态的变化及电子状态的变化三种方法来实现。气体转动时能量的变化比较微弱，可导致微波、远红外波段的吸收和散射，而气体振动时传送的能量较高，可导致近红外波段的吸收、散射作用。另外，它们还可能发生转动跃迁，可导致吸收发生在振动转动波段。电子状态的变化对应能量的变化，可导致超声波波段及可见光的吸收和散射。以上跃迁出现在不同的波段上，吸收参数与频率相关。其中水汽吸收波段大于 0.8 μm，其吸收作用在波长 1.2 μm 和 1.9 μm 附近反应较强，而臭氧吸收波段则在 0.55~0.65 μm，二氧化碳吸收主要在大于 1 μm 光谱波段，相对于水汽较弱。一氧化二氮在 2.1 μm 处有一个吸收带，在 2.25 μm 处有另一个吸收带。

太阳辐射通过大气层时，较少被反射、吸收和散射，透射率较高的光谱波段称为大气窗口（黄筱灿，2019）。遥感常用的大气窗口有：0.3~1.15 μm 含可见光波段、部分紫外波段及部分近红热红外波段；1.3~2.5 μm 含近红外波段；3.5~5.0 μm 含中红外波段；8~14 μm 含热红外波段；1 mm~1 m 含毫米波、厘米波及分米波波段。其中，遥感传感器能获得较好效果的大气窗口有：0.4~0.75 μm 的可见光部分及 0.85 μm、1.06 μm、1.22 μm、1.60 μm 等处的近红外及中红外部分。

2. 大气的散射特性

太阳辐射在大气中传播时，传播方向发生改变的现象即大气散射。大气散射时太阳辐射受到大气中气溶胶、大气分子的影响，传输方向发生了改变。其散射强度与微粒的大小、波长及穿过大气的厚度等因素有关。散射改变了辐射的方向，形成了天空散射光，部分被遥感器接收，部分到达地面。

大气散射有选择性散射和无选择性散射两种类型，当大气中粒子的直径比电磁波长大得多时出现的散射称为无选择性散射，任何波段发生无选择性散射，其散射强度都一样,与波长无关。大气中云、雾粒子的散射便属于无选择性散射,因此,无论从哪个角度看云雾都是白色的。一般来说,发生无选择性散射的大气粒子直径在 5~100 μm,与可见光、近红外波段大致相同。大气散射辐射对遥感数据测量的影响很大,它不仅降低了太阳光辐射强度,还改变了太阳辐射方向,以至于到达地面的辐射削弱了很多,产生了漫反射,地面的辐照及大气层自身的亮度增强了不少。另外,在低层大气中散射现象尤为突出。一部分吸湿性粒子是强散射体,湿度越大,其散射作用越明显,大气能见度越低。

3. 大气的反射和折射

太阳辐射进入大气时,遇到云层、水滴后会发生反射现象。大气气体及大气中的微粒的反射效果不明显,太阳辐射到达地表物体之前,反射现象基本发生在云层,其反射效果依赖于云量及电磁波的波长。反射的类型主要有镜面反射、漫反射及方向反射三种类型,其反射特性主要依赖表面的粗糙度。除此之外,还会出现折射现象,传播方向发生改变。大气的折射率与大气密度紧密相关,大气密度越大,折射率越大;大气密度越小,折射率越小。距离地面越远,大气密度越小,折射率越小。由此可知,电磁波传播过程中折射率是不断变化的,从而传播的方向不断改变,使得传播的路径呈现出一条曲线,这样当地面接收电磁波时,接收的电磁波方向实际上偏离了实际太阳辐射的方向。

2.1.3 地物的光谱特性

1. 地物的反射、发射与透射光谱特性

1)地物的反射光谱特性

不同的地物有着不同的光谱特性,因此在利用遥感图像信息前首先必须了解地物的光谱特性。地物光谱特性是自然界中任何地物都具有的自身的电磁辐射规律,如反射、吸收外来的紫外线、可见光、红外线和微波的某些波段的特性,或者发射某些红外线、微波的特性;少数地物还具有透射电磁波的特性。

当太阳辐射能量入射到地物表面上,将会出现三种过程:一部分入射能量被地物反射;一部分入射能量被地物吸收,成为地物本身内能或部分再发射出来;一部分入射能量被地物透射。不同地物对入射电磁波的反射能力是不一样的,通常采用反射率来表示。地物的反射特征可以通过波长的函数表示,故称为光谱反射率。光谱反射率被定义为

$$\rho(\lambda) = E_R(\lambda) / E_I(\lambda) \tag{2.1}$$

式中:E_R 为反射能;E_I 为入射能。地物的光谱反射率以百分数表示,其值为 0~1。反射率不仅是波长的函数,同时也是入射角、物体的电学性质(电导、介电、磁学性质等)及表面粗糙度、质地等的函数。一般地说,当入射电磁波波长一定时,反射能力强的地物,反射率大,在黑白遥感图像上呈现的色调就浅。反之,反射入射光能力弱的地物,反射率小,在黑白遥感图像上呈现的色调就深。在遥感图像上色调的差异是判读遥感图

像的重要标志。地物的反射光谱特性是基于遥感手段获取地物信息的最重要的一种特性。

2）地物的发射光谱特性

任何地物当温度高于绝对温度 0 K 时，组成物质的原子、分子等微粒，在不停地做热运动，都有向周围空间辐射红外线和微波的能力。通常地物发射电磁辐射的能力是以发射率作为衡量标准。地物的发射率是以黑体辐射作为基准。

斯特藩-玻尔兹曼定律、维恩位移定律只适用黑体辐射，但是在自然界中，黑体辐射是不存在的，一般地物辐射能量总要比黑体辐射能量小。如果利用黑体辐射有关公式，则需要增加一个因子，这个因子就是发射率（ε_λ），或称比辐射率。

对于某一波长来说，发射率定义如下：

$$\varepsilon_\lambda = M'/M \tag{2.2}$$

式中：M' 为单位面积上观测地物发射的某一波长的辐射通量密度；M 为与观测地物同温度下黑体的辐射通量密度。

发射率根据物质的介电常数、表面的粗糙度、温度、波长、观测方向等条件而变化，取值为 0~1。地物发射率的差异也是遥感探测的基础和出发点。

地物的发射率随波长变化的规律，称为地物的发射光谱。按地物发射率与波长间的关系绘成的曲线（横坐标为波长，纵坐标为发射率）称为地物发射光谱曲线。

3）地物的透射光谱特性

当电磁波入射到两种介质的分界面时，部分入射能穿越两介质的分界面的现象，称为透射。透射的能量穿越介质时，往往部分被介质吸收并转换成热能再发射。界定透射能量的能力，用透射率 τ 来表示。透射率就是入射光透射过地物的能量与入射总能量的百分比。地物的透射率随着电磁波的波长和地物的性质而不同。例如，水体对 0.45~0.56 μm 的蓝绿光波具有一定的透射能力，较混浊水体的透射深度为 1~2 m，一般水体的透射深度可达 10~20 m。又如，波长大于 1 mm 的微波对冰体具有透射能力。一般情况下，绝大多数地物对可见光都没有透射能力。红外线只对具有半导体特征的地物，才有一定的透射能力。微波对地物具有明显的透射能力，这种透射能力主要由入射波的波长而定。因此，在遥感技术中，可以根据它们的特性，选择适当的传感器来探测水下、冰下某些地物的信息。

2. 典型地物的反射光谱特性

地物的反射波谱是地面物体反射率随波长的变化规律。利用反射率随波长变化的差别可以区分物体，通常用二维几何空间内的曲线表示（图 2.4）。

地物光谱特征与地物本身的物理化学特性有关，物质的微观结构和宏观特性决定地物的光谱特征。同一物体的反射率曲线形态，反映出不同波段的反射率不同。研究不同波段的反射率并以此与遥感传感器的相同波段和角度接收的辐射数据相对照，可以得到遥感图像数据和对应地物的识别规律，由此可见地物反射率曲线的研究非常重要。

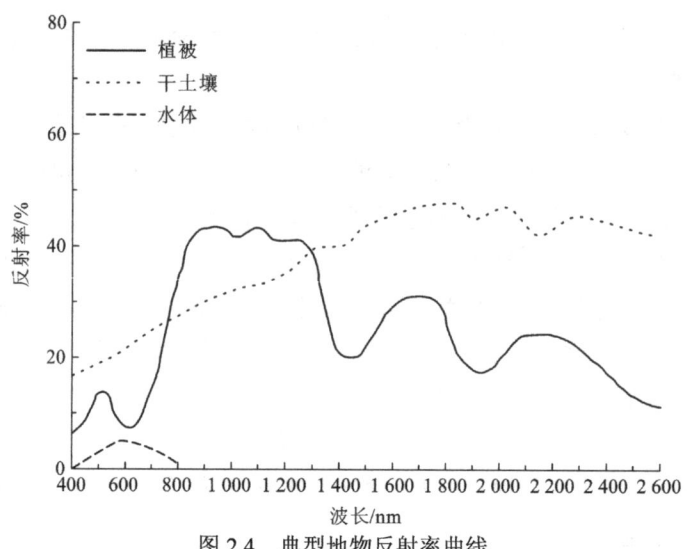

图 2.4 典型地物反射率曲线

1）植被的反射光谱特性

植被的反射光谱曲线规律性明显而独特（图 2.4），主要分为三个波段：可见光波段（0.4~0.76 μm）有一个小的反射峰，位于 0.55 μm（绿光波段）处，两侧蓝光波段（0.45 μm）和红光波段（0.67 μm）则有两个吸收带；近红外波段（0.7~0.8 μm）有一反射陡坡，至 1.1 μm 附近有一峰值；中红外波段（1.3~2.5 μm）受绿色植物含水量的影响，吸收率大增，反射率下降，以 1.45 μm、1.95 μm 和 2.7 μm 为中心是水的吸收带，形成低谷。植物波谱具有上述的基本特征，但仍有细部差别，这种差别与植物种类、季节、病虫害影响、含水量多少等有关。

2）岩石的反射光谱特性

岩石的波谱特征是军事地质遥感的基础，不同的矿物成分、矿物含量、风化程度、含水状况、颗粒大小、表面的光滑程度、色泽等都会影响其反射光谱特征。风化情况、岩石表面结构、岩石表面状况等对岩石光谱反射率均有一定影响。

3）土壤的反射光谱特性

土壤的反射光谱曲线呈现比较平滑的特征，所以在不同光谱段的遥感图像上，土壤的亮度区别不明显。自然状况的土壤表面的反射率没有明显的峰值和谷值，一般来说土质越细，反射率越高；有机质含量越高和含水量越高，反射率越低。此外土壤的肥力也会对反射率产生影响。

4）人工目标的反射光谱特性

人工目标主要包括水泥、沥青、油毡、瓦片等各种人工物质及其颜色涂料。其中灰白色石棉瓦屋顶反射率最高，铁皮屋顶表面呈灰黑色，反射率低且曲线平坦。各种带有颜色的地物在其对应的光谱曲线波长处一般有一个反射峰值。

5）水体的反射光谱特性

水体的反射主要在蓝绿光波段，其他波段吸收都很强，特别到了近红外波段，吸收就更强，所以水体在遥感图像上常呈黑色。在可见光波段，水体的反射率不超过10%，在红外波段，水体的反射率几乎为零。水体的反射率与水体类型及所含成分有密切关系。大洋水中影响水体光谱反射率的物质主要是以藻类形式存在的叶绿素，叶绿素浓度是影响水体光谱特性的一个重要因素。叶绿素浓度增加时，蓝光反射率显著下降，绿光反射率显著上升。近岸水则由于河口排放和潮汐作用，增加了泥沙和黄色物质等变量，悬浮泥沙所引起的浑浊度是影响水体光谱反射率的另一主要因素。浊水反射率比清水高很多，峰值出现在黄红光区。除了悬浮泥沙和叶绿素等因素，许多天然及人造物质对水体的光谱特征也有影响（图2.5）。

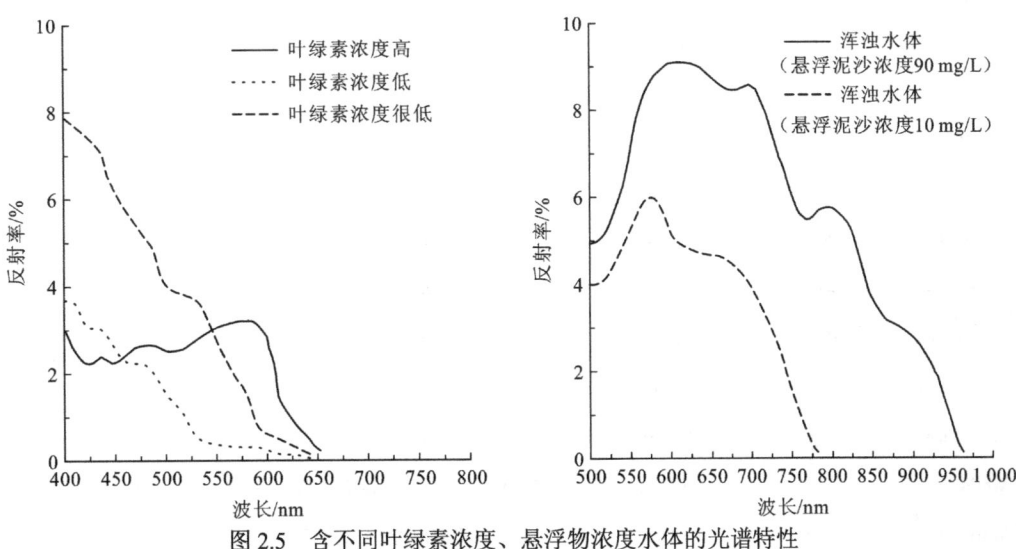

图 2.5　含不同叶绿素浓度、悬浮物浓度水体的光谱特性

2.1.4　卫星平台与光学传感器

随着空间技术和传感器技术的发展，卫星传感器的工作波段范围大大扩充，已经覆盖了从可见光、红外到微波的全波段，空间分辨率和光谱分辨率也在不断提升，形成了对地观测的多源数据格局。由于海岛礁环境和军事地质应用的特殊性，对遥感数据空间分辨率的要求进一步提高。

进入 21 世纪以来，高空间分辨率、高光谱分辨率的光学遥感卫星成为商业遥感卫星的主要类型，各国也涌现出一批空间分辨率优于 10 m 的卫星（表 2.2）。法国 SPOT 公司于 2002 年发射的 SPOT-5 卫星，提供 2.5 m 分辨率的影像数据，后续的 SPOT-6/7 进一步提高分辨率到 1.5 m；美国轨道成像公司于 2003 年发射 OrbView-3，能够提供 1 m 分辨率的全色影像和 4 m 分辨率的多光谱影像；印度于 2005 年发射的卫星 IRS-P5，分辨率为 2.5 m；日本 2006 年发射的对地观测卫星 ALOS 中的 PRISM 传感器，可以提供星下点 2.5 m 分辨率的立体影像数据；以色列于 2006 年发射 EROS-B 卫星，分辨率为 0.7 m；俄罗斯于 2006 年发射的可提供分辨率为 0.9 m 全色、1.5 m 多光谱影像的地球观测卫星 Resurs-DK1。我国近年来也相继发射多颗高分辨率卫星，如 2012 年发射的资源

表 2.2　目前国内外常用高分辨率/高光谱卫星

数据源	国家或地区	分辨率		
		全色	多光谱	高光谱
SPOT-5	法国	2.5 m	10 m（短波红外 20 m）	—
SPOT-6/7	法国	1.5 m	6 m	—
QuickBird	美国	0.61 m	2.44 m	—
IKONOS	美国	1 m	4 m	—
IRS-P5	印度	2.5 m	—	—
ALOS	日本	2.5 m	10 m	—
EROS-B	以色列	0.7 m	3.5 m	—
EROS-C	以色列	0.7 m	2.5 m	—
Resurs-DK1	俄罗斯	0.9 m	1.5 m	—
Resurs-P	俄罗斯	0.7 m	3 m	—
GeoEye-1	美国	0.41 m	1.65 m	—
RapidEye	德国	—	5.8 m	—
Pleiades-1	法国	0.5 m	2 m	—
WorldView-1	美国	0.46 m	1.84 m	—
WorldView-2	美国	0.31 m	1.24 m（具有海岸带和红边波段）	—
WorldView-3	美国	0.31 m	1.24 m（具有海岸带和红边波段）	—
OrbView-3	美国	1 m	4 m	—
Sentinel-B	欧盟	—	10～60 m	—
资源三号	中国	前视、后视：3.5 m 正视：2.1 m	5.8 m	—
高分一号	中国	2 m	8 m	—
高分二号	中国	1 m	4 m	—
MODIS	美国	—	—	光谱分辨率 10～15 nm 空间分辨率 250～1 000 m
Hyperion	美国	—	—	光谱分辨率 10 nm 空间分辨率 30 m
PROBA CHRIS	欧盟	—	—	光谱分辨率 6～33 nm 空间分辨率 17～34 m
HJ-1A	中国	—	—	空间分辨率 100 m
高分五号	中国	—	—	光谱分辨率 5～10 nm 空间分辨率 30 m

三号卫星,是中国第一颗自主研发的民用高分辨率立体测绘卫星;2013年我国发射的高分一号卫星,能够提供2 m分辨率的全色影像和8 m分辨率的多光谱影像;2014年我国又发射了高分二号卫星,能够提供1 m分辨率的全色影像和4 m分辨率的多光谱影像,这些高分辨率卫星获取的数据可以广泛应用于海岛礁环境信息与军事地质要素信息的获取。高光谱传感器具有光谱分辨率高、光谱范围宽的显著特点,可以分离成几十甚至数百个很窄的波段来接收信息,所有波段排列在一起可近似形成一条连续完整的光谱曲线。但由于元器件工艺的限制,目前在轨运行的高光谱卫星还比较少,分辨率也有所欠缺。

2.1.5 光学遥感影像处理

1. 几何校正

1)几何校正与几何误差来源

几何校正是指消除或改正遥感影像几何误差的过程,是遥感影像进行应用分析前一个重要的过程。几何校正可以消除影像成像过程中的多种误差,提高影像的几何质量,生成具有高精度地理坐标的遥感影像像元,确定影像区域的实地位置。要获取高精度的海岛礁环境与地质信息,首先要解决的问题就是影像的几何定位精度问题。因为海岛礁军事应用的特殊性,也对遥感影像的几何定位精度提出了更高的要求。

卫星元件在生产阶段及在发射入轨和长周期的运行过程中,内部元件的性能、位置姿态安装关系和理想状态相比会产生一定的变化。此外,卫星在对地球进行扫描过程中,地球的起伏、光线、地球曲率、地球自转等因素均会导致卫星对地定位精度的降低。通常对于光学遥感卫星,影像像元定位精度的误差来源主要有传感器内外部畸变、与地球有关的误差及时间误差几个方面。

(1)传感器内部畸变:传感器内部的阵列在对地扫描过程中参数值会发生改变,和实验室定标值不一致。主要包括阵列会发生一定程度的旋转、刚性伸缩、镜头光学畸变及相机主距产生一定的变化等。

(2)传感器外部畸变:卫星搭载的各个传感器器件也会受到卫星发射过程和太空环境的影响,导致传感器安装关系和实验室定标值不一致。全球定位系统(global positioning system,GPS)接收传感器会出现一定的定位误差。通常有卫星曝光位置定位误差,相机投影中心和GPS相位中心距离测量不准确,相机安装矩阵关系和星敏感器、陀螺仪等姿态测量装置安装矩阵关系发生一定的变化所产生的误差。

(3)与地球有关的误差:卫星在轨运行对地成像过程中,地球的一些特征也会给光学遥感卫星影像像元定位带来一定的误差,其中包括地形的起伏、地球曲率、地球自转和大地折光等误差。

(4)时间误差:卫星曝光时刻卫星位置和相机对地观测角度及扫描线影像应为同一时间测量值,需获取GPS、星敏感器和陀螺仪搭载的时钟时间,进而内插出卫星曝光时刻的位置和姿态信息。各个元件搭载的时钟起始时刻不一致或者时钟跳变存在误差情况带来的影响也会造成卫星影像像元定位精度产生一定的下降。

2）几何校正模型

（1）严格物理成像模型：严格物理成像模型用来表达地面点和相应像点之间的真实成像联系，模型结合卫星传感器位置和姿态及内部相机安装关系等参数来恢复成像过程，像点坐标结合 DEM 信息可以求取对应地面点位置坐标。卫星影像定位精度受严格物理成像模型的参数准确度影响。可以通过少量的地面控制点对严格物理成像模型内外参数进行重新求取，可以改正卫星成像过程中的相机内部误差，以及相机、星敏感器和陀螺仪等姿态测量装置的安装矩阵和位置偏差，GPS 接收机定位偏差及时间同步等误差。利用严格物理成像模型进行几何校正时，需要了解卫星的成像过程和参数。由于早期的严格物理成像模型 GPS 定位精度和对地观测姿态等量的精度较低，严格物理成像模型严密性存在问题，影像经过校正后精度不高。当前遥感卫星可以接收高精度轨道 GPS 卫星信号，经过处理内插后定位精度可达到厘米级甚至更高。卫星通过星敏感器和陀螺仪联合获取卫星的姿态，增强了姿态信息的可靠性和稳定性。共线方程或者共线方程的转换形式可以准确描述地面点和像点的关系，严格物理成像模型可通过这些模型来改正卫星成像过程中的误差。建立严格物理成像模型需要已知卫星相机等传感器的安装关系及高精度的卫星相机曝光位置和卫星高精度的姿态角等参数。

（2）有理多项式系数模型：严格物理成像模型建立需要获取卫星的内部构造方式、具体成像方式及轨道姿态参数等信息，这些信息通常是卫星发射和影像提供商的保密数据，普通用户无法建立严格物理成像模型。卫星影像供应商为了保密卫星成像参数和卫星构造关系等信息，对严格物理成像模型用有理多项式系数（rational polynomial coefficients，RPC）模型进行模拟替代。RPC 模型通过建立影像像点和地面点的关系进行光学影像的几何校正，无须了解卫星真实的成像关系。RPC 模型独立于传感器，对框幅式、推扫式、全景式及微波遥感等传感器均可进行处理。RPC 模型和具体的传感器无关，不同的传感器 RPC 模型相同，区别为模型参数不一样。使用 RPC 模型进行校正时控制点可以为经纬度或者地理坐标形式，控制点坐标形式更加多样，像平面坐标也可以是任意形式，多种坐标形式的支持简化了计算过程。RPC 模型通用的特性使得当前多数卫星影像供应商提供给用户的影像产品中以成像关系参数方式作为元数据的一部分。

（3）多项式模型：对于不能获取严格共线模型所需必要参数和无法建立 RPC 模型关系的影像，可以用多项式模型对影像进行几何校正。多项式模型不考虑具体成像关系，利用多项式模型改正成像过程中各种误差源，简单省时，适合于地势平坦地区。多项式模型用多项式来建立像点和对应地面点之间的联系，多项式模型阶数多为一阶、二阶或三阶。一阶多项式即仿射变换模型，对影像进行平移、旋转和缩放等操作，通常至少需要 3 个控制点，1 个控制点可以对变换坐标系进行平移改正，2 个控制点可以对变换坐标系进行线性变换参数求解。二阶多项式可以改正影像的非线性变形。

（4）局部三角网模型：前几种几何校正模型为全局校正模型，通过一系列影像像点坐标和一系列的地面控制点来求取整幅影像的几何变换参数，由于控制点分布不均匀且影像处处畸变大小不相同，影像校正结果不理想，通常离控制点比较近的区域校正结果比较可靠，偏离控制点较远的区域校正精度较低。局部三角网模型将整幅影像分块来进行校正，对每块利用仿射变换模型进行校正解决影像误差不均匀的问题。模型利用选取的控制点建立局部三角网，然后利用构成三角网的 3 个顶点的控制点地理坐标和影像像元图像坐标求取仿射变换参数。仿射变换公式同多项式模型中的一阶多项式公式相同。局部三角网模型的缺点是只能在控制点控制的区域内进行三角网的建立，对控制点外的区域无法进行几何校正来提高精度。

3）遥感影像几何校正过程

在遥感影像拍摄完成后，需要对卫星传来的影像进行初步校正，这种校正称为系统校正，也就是几何粗校正，目的是向理论公式中代入卫星姿态信息、传感器位置信息和校准数据信息等测量值进行几何畸变校正。一般用户获取的影像数据就是经过几何粗校正之后的卫星遥感影像。由于不同用户对影像的使用目的不同、比例尺不同或者投影不同，需要使用者在得到卫星遥感影像后利用地面控制点对影像畸变进行纠正，从而实现遥感影像的更广泛利用，即遥感影像的几何精校正。

对遥感影像进行几何校正时，首先需确定遥感影像相对应的几何校正最佳模型，然后利用采集的控制点和对应像点对几何校正模型的参数进行求解。利用求解出的参数进行影像输出边界的确定，最后利用直接纠正法或者间接纠正法实现两个影像之间的几何变换，确定原始影像每个像元的输出位置及亮度值。遥感影像几何校正流程，如图 2.6 所示。

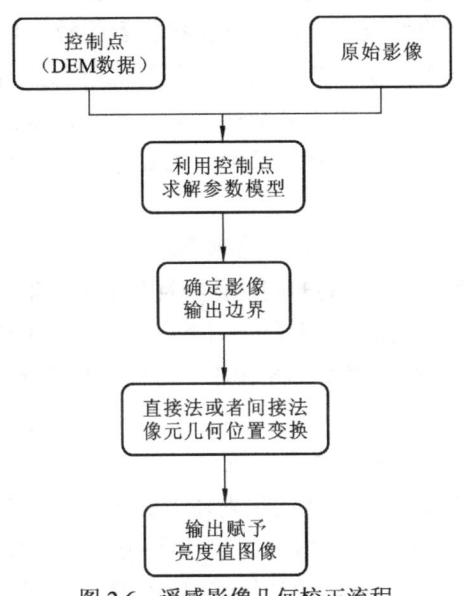

图 2.6　遥感影像几何校正流程

2. 辐射定标与大气校正

遥感影像辐射校正过程主要包含辐射定标与大气校正。辐射定标是将传感器记录的电压或数字值转换成绝对辐射亮度的过程，目的是消除传感器本身所产生的误差。大气校正是指根据大气状况对遥感影像测量值进行调整,以消除大气影响的过程。遥感影像的大气校正问题,是遥感定量化研究的主要难点之一。大气校正要求估算地-气系统的辐射状况及大气的光学参数。大气状况可以是标准的模式大气或地面实测资料,也可以是由影像本身进行反演的结果。大气校正的理论方法包括基于大气辐射传输方程的方法,基于图像本身的统计方法和基于双向反射分布函数(bidirectional reflectance distribution function,BRDF)理论的方法。

1)大气校正方法

(1)基于大气辐射传输方程的方法:利用基于复杂的辐射传输原理建立的大气校正模型的校正方法是精度较高的一种方法,基本原理是利用电磁波在大气中的辐射传输原理建立模型对遥感影像进行大气校正。应用辐射传输方程来估算地气系统辐射场,关键是选择合适的大气物理参量,如大气温度、气压及水汽、臭氧等气体成分。应用广泛的大气校正模型有近 30 个,著名的如太阳光谱中卫星信号二次模拟(second simulation of the satellite signal in the solar spectrum,6S)模型、低分辨率辐射传输(low resolution transmission,LOWTRAN)模型、中等分辨率辐射传输(moderate resolution transmission,MORTRAN)模型、大气去除程序(the atmosphere removal program,ATREM)模型、紫外线和可见光辐射(ultraviolet and visible radiation,UVRAD)模型、空间分布快速大气校正(a spatially-adaptive fast atmospheric correction,ATCOR)模型等。

(2)基于图像本身的统计方法:在地表反射率的反演中,为了避免求解辐射传输方程的困难,基于图像本身的特点,使用传感器接收到的数字量化值(digital number,DN)是一个解决问题的简单办法。这类方法要求已知或假定影像中某些像元的反射率,以此来建立地表反射率和卫星观测值之间的关系,并假定整幅影像具有同样的大气条件,因而能够将这个关系应用到整幅影像中。主要方法有暗像元法、不变目标法、直方图匹配法等。

(3)基于 BRDF 理论的方法:以往的遥感影像的大气校正模型多是建立在地表是朗伯体的假设之上的,没有考虑地表的非朗伯体特性和双向反射分布函数,这是气溶胶反演精度不高的一个主要因素。BRDF 主要分两类:一类是物理模型,包括几何光学模型和辐射传输模型;另一类为统计模型。将 BRDF 模型引入遥感影像的大气校正中能够有效提高校正精度。

2)基于大气辐射传输模型的大气校正流程

应用辐射传输方程来估算地-气系统辐射场,关键是选择合适的大气物理参量,如大气温度、气压及水汽、臭氧等气体成分。本书将利用严密的数学推导,运用辐射传输原理建立独立的大气校正模型。具体的计算流程,如图 2.7 所示,在进行遥感影像的大气辐射校正时,首先进行各种几何条件的计算,包括太阳高度角、方位角,卫星观测角和方位角等。同时,根据遥感影像头文件及同步气象资料,获得成像时的大气条件。根据几何条件和大气条件,确定气溶胶各参数,从而计算获得气溶胶浓度。由于不同遥感影像成像的光谱波段不同,在进行大气校正前,要根据成像波段,得到最大波长和最小波长等光谱信息。接下来计算等价波长上的 BRDF 反射值、离散波长值上的大气函数等,

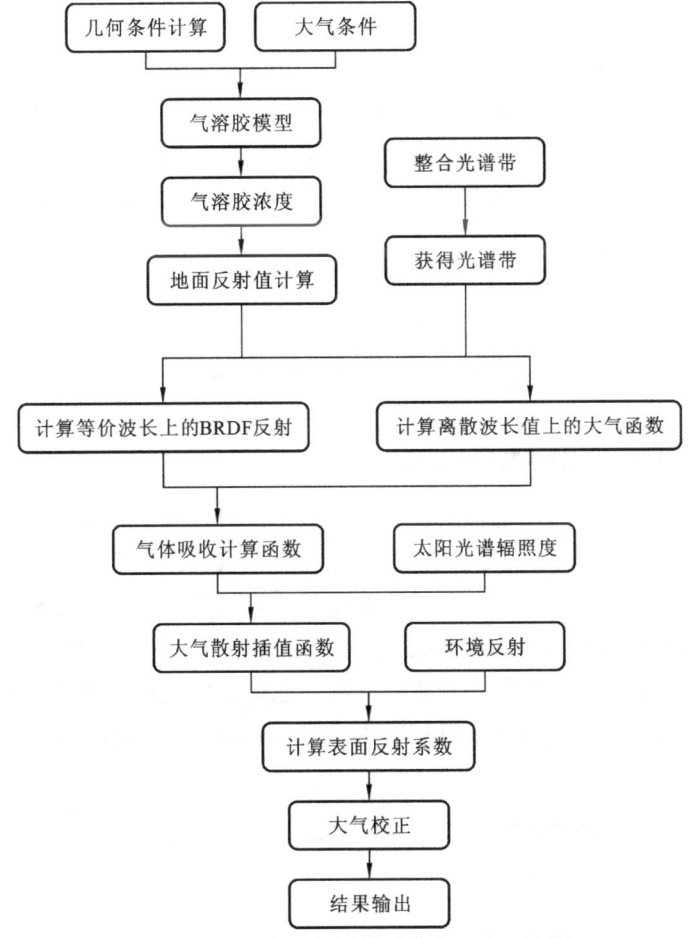

图 2.7 基于辐射传输模型的大气校正流程

然后计算大气吸收、大气散射及表面反射系数等。根据得到的数值进行遥感影像的大气校正，最终获得经大气校正的遥感影像。

2.2 海岛礁遥感水深反演

2.2.1 海岛礁军事地质水深要素

水深是重要的水文要素，是保障船舶航行、开展港口码头和海洋工程建设、制订海岸和海岛相关规划的必要基础数据。水深探测对于一个国家和区域的军事规划也具有极其重要的意义，海域特别是沿海，是一个主权国家军事力量布设和军事设施铺设的主要区域，是国防力量不可或缺的覆盖区，但军事力量的布设和军事设施的铺设大大受限于水深，军舰必须在一定水深以上才能正常行驶，潜艇需要在较深的海域才能完成潜行任务，军事电缆的铺设也和水深息息相关，因此水深也是许多海洋国防事业的首要探测目标。

传统的水深测量方法有测深杆、测深锤和声呐测深,虽然简单直接,精度较高,但多以船载平台开展测量,难以进入受潮汐影响的浅滩区和水下礁石密布的区域,导致海岛周边 10 m 以浅的海域往往是水深资料的空白区;加之部分海域政治外交形势复杂,致使测量船只无法靠近,水深现场测量难以开展,更谈不上长时间序列大面积动态监测。水深是浅海最重要的海洋生境参数之一,是沿海养殖、海上交通运输、沿海城市规划、沿海国防规划中不可忽视的影响因子,因此水深测量对国计民生和国家国防事业具有非常重要的意义。

2.2.2 浅海水深光学遥感反演机理与方法

1. 浅海水深光学遥感反演机理

光在水中随着海水深度增加而不断衰减,但水体对蓝绿光波段吸收较弱,因此在遥感中可以利用蓝绿波段进行水深反演。太阳光穿过大气,在空气中发生后向散射,然后到达水面,在水面上发生反射,一部分光被反射回大气中,大部分能量折射入水中,光在水中经过水体的吸收和散射到达水底,在水底发生反射,反射作用会消耗一部分能量,反射的光穿过水体,在穿过过程中被水体吸收、散射部分能量后折射到大气中,穿过大气被传感器接收并成像(穿过大气过程中也发生后向散射),传输路径如图 2.8 所示。

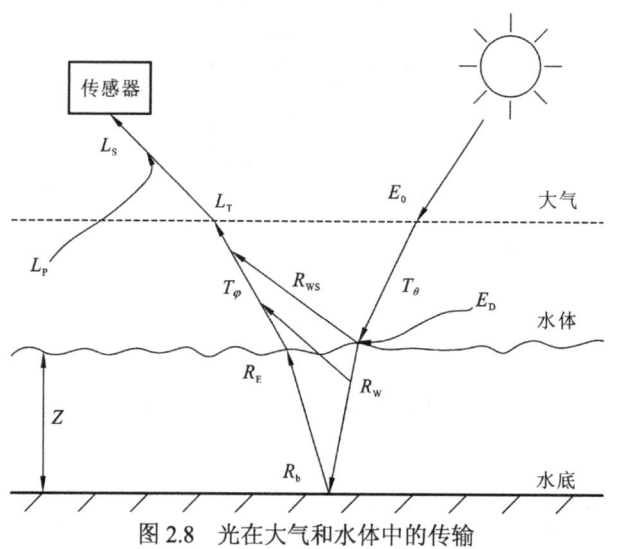

图 2.8 光在大气和水体中的传输

图 2.8 中:E_0 为大气圈外的太阳光辐照度;E_D 为天空漫反射照度;L_S 为传感器接收的辐射值;L_T 为经过大气和水体的目标物辐射值;L_P 为大气后向散射和反射量;T_θ、T_φ 为大气透射系数;R_b 为光在水底的反射量;R_{WS} 为光在水体表面的反射量;R_W 为光在水体中的散射量;R_E 为光在水体中的有效反射量。由图 2.8 可以看出,传感器接收的辐射值为

$$L_S = L_T + L_P \tag{2.3}$$

L_T 包括水体的有效反射、水体的散射量、水体表面反射量。由于在实际测量中，大气后向散射量和反射量、水体散射量、水体表面反射量很难测量，在遥感水深探测物理模型中一般直接用水体的有效反射量代替 L_T，而大气对传感器接收的辐射量的影响可通过大气校正去除或降低。因为水体表面反射量只与水体表面有关，而与水体深度无关，所以在遥感中一般可用深水区的目标辐射值代替；水体的后向散射信息反映了水体中悬浮物的信息，通过相应的模型和算法可以消除或减弱。在水深测量的研究中，很多是基于清澈水体的研究，即不考虑水体的散射量，因此水深测量主要是从水体的有效反射信息中提取水深。

2. 浅海水深光学遥感反演方法

可见光遥感测深模型主要有经验模型、半理论半经验模型和理论模型。理论模型是基于光在水体中的辐射传输方程，通过测量水体内部的光学参数来计算水体深度，当今主要的理论模型为 Lyzenga 提出的双层流近似模型；半理论半经验模型是通过分析光在水体中的传播过程，探求传感器接收的有效辐射与水深之间的关系，利用经验参数简化理论模型从而实现水体深度的遥感反演，半理论半经验模型根据采用的遥感波段可分为单波段模型和多波段模型；经验模型是通过建立遥感数据和水深值之间的相关关系，从而获得水深的测深方法，主要的经验模型方法有人工神经网络法和主成分分析法。

1）经验模型

通过直接建立遥感影像辐亮度值与实测水深值之间的统计关系得到的水深反演模型统称为经验模型，表达函数主要有幂函数、对数函数和线性函数，这些模型基本没有考虑水深遥感的物理机制，而是直接寻求水深与影像辐亮度值之间的统计关系，该类模型在特定的时间和海域也具有相当的水深反演能力，主要有线性回归分析法、非线性回归分析法、主成分分析法、人工神经网络法和深度学习方法等。

线性回归分析法一般为水深值和影像某一个波段建立的回归模型，这种模型较为简单，通常只针对某一个研究区域，对其他研究区域不适用；非线性回归分析法形式较多，有对数形式、倒数形式等，这种模型一般也不能运用于其他海域的水深反演；主成分分析法通过减少不同波段之间的相关性，增强它们之间的差异性，以此突出水深信息波段，从而提高水深反演的准确性；人工神经网络法和深度学习方法是对一组实测水深值和遥感影像光谱值进行训练，根据它们的特征建立水深值和光谱值之间的相关关系，虽然精度较高，但模型的训练需要大量实测水深样本点，这些样本数据往往难以获取，限制了这类方法的应用。

2）半理论半经验模型

（1）单波段模型：单波段模型指的是模型中只采用遥感数据的一个波段进行水深反演，早期的水深反演算法中很多为单波段模型。单波段模型也是水深反演模型中应用较早的模型。根据比尔定律，在清澈水体中光辐射通量随着水深 Z 的增加而呈指数形式衰减，传感器接收的光辐射能和水深呈反比，根据这一理论提出了单波段模型：

$$L_i = L_{si} + K_i \tau_{Bi} \exp(-k_i fZ) \tag{2.4}$$

式中：L_i 为传感器接收的辐射量；L_{si} 为研究区域深水区传感器接收的辐射量；K_i 为一综合量，包含太阳辐照度、大气、水面透过率等有关因子的常数；τ_{Bi} 为底部反射率；k_i 为水体的衰减系数；f 为一个描述光在水体中传播路径长度的几何因子；Z 为水深值。对式（2.4）正则化可得

$$R_i = R_{si} + KR_{Bi}\exp(-k_i f Z) \tag{2.5}$$

式中：R_i 为传感器处的太阳辐射反射率；R_{si} 为研究区域深水区的太阳辐射反射率；R_{Bi} 为研究区域的水底反射率；K 为一综合量，包含太阳辐照度、大气、水面透过率等有关因子的常数。该模型水深反演效果较好，但忽略了水体散射量，仅能用于反演水质较清、水体底部反射率较高的水体。

另一经典的单波段模型利用水体后向散射的信息来反演水深，模型如下：

$$Z = -\frac{1}{K}\ln\left(1 - \frac{L_i - B}{A}\right) \tag{2.6}$$

式中：Z 为水深值；K 为包含水体衰减因子、水体路径长度因子的常量；A、B 为系数；L_i 为波段辐射值，也可以用遥感反射率代替。该模型可用于反演水质较浑浊、深度较大的水体水深值。单波段模型较为简单，使用较为方便，因此得到了广泛的应用，但单波段模型对于研究区域水体底部异质性较强的水体反演效果较差。

（2）多波段模型：多波段模型由单波段模型发展而来，主要利用两个或两个以上波段构建遥感反射率与水深之间的反演模型：

$$R_b = \frac{r_{A1}}{r_{A2}} = \frac{r_{B1}}{r_{B2}} = \frac{r_{C1}}{r_{C2}} = \cdots \tag{2.7}$$

式中：r_{I1}，$r_{I2}(I=A, B, C\cdots)$ 为水体底部类型 I 的波段 1 和波段 2 的反射率，其他参数类同；R_b 为常量。如果式（2.7）成立，则可变形为双波段模型：

$$Z = \frac{1}{(k_1 - k_2)f}\left(\ln\frac{K_1}{K_2} - \ln\frac{R}{R_b}\right) \tag{2.8}$$

式中：k_1、k_2 分别为研究区域水体对波段 1 和波段 2 的衰减系数；f 为一个描述光在水体中传播路径长度的几何因子；K_1、K_2 为一综合量，包含太阳辐照度、大气、水面透过率等有关因子的常数；R 为

$$R = (L_1 - L_{S1})/(L_2 - L_{S2}) \tag{2.9}$$

式中：L_1、L_2 为传感器接收的辐射量；L_{S1}、L_{S2} 为研究区域深水区传感器接收的辐射量。在单波段模型基础上，将单波段进行变形得

$$L_i - L_{Si} = K_i \tau_{Bi}\exp(-k_i f Z) \tag{2.10}$$

当有两个波段时，式（2.10）左右两边相除有

$$\frac{L_1 - L_{S1}}{L_2 - L_{S2}} = \frac{K_1 \tau_{B1}\exp(-k_1 f Z)}{K_2 \tau_{B2}\exp(-k_2 f Z)} \tag{2.11}$$

对式（2.11）正则化则有

$$\frac{R_1 - R_{W1}}{R_2 - R_{W2}} = A\exp(-k_1 fZ + k_2 fZ) \tag{2.12}$$

式中：R_i 为波段 i 的反射率；R_{Wi} 为波段 i 在深水区的反射率；A 为常量。假定 $k_1 - k_2$ 不变，令 $\Delta V_i = R_i - R_{Wi}$，则得

$$Z = A\ln\frac{\Delta V_1}{\Delta V_2} + B \tag{2.13}$$

基于以上推导过程，目前常用的多波段线性模型、多波段比值模型的形式大多类似，只不过不同的模型之间选择的波段及参数的形式有所不同：

$$Z = \sum_{i=1}^{n} m_i R_W(\lambda_i) + m_0 \tag{2.14}$$

$$Z = m_1 \frac{\ln[nR_W(\lambda_i)]}{\ln[nR_W(\lambda_j)]} - m_0 \tag{2.15}$$

式中：m_0、m_1、m_i 为模型系数，可以通过统计方法获得；n 为固定值，以确保对数内的值为整数；$R_W(\lambda_i)$ 为第 L 波段的遥感反射率。

半理论半经验模型相较于理论模型更为简单，所需参数较少，局部区域反演精度高，因此成为当前水深遥感反演中广为采用的模型。

3）理论模型

光在水中的辐射传输方程可表示为

$$\frac{\mathrm{d}L(Z,\phi,\theta)}{\mathrm{d}Z} = -KL(Z,\phi,\theta) + L_P(Z,\phi,\theta) \tag{2.16}$$

式（2.16）等号右边第一项表示光在水体中的衰减损失，第二项表示光在水体中的散射增益，其中 $L(Z,\phi,\theta)$ 为距水面 Z 处与传播方向成 θ 角，且方位角为 ϕ 的平面辐射度；K 为水体衰减系数；$L_P(Z,\phi,\theta)$ 为行程方程可用式（2.17）表示：

$$L_P(Z,\phi,\theta) = \int_{\hat{\phi}=0}^{2\pi} \int_{\hat{\theta}=0}^{\pi} \beta(\theta,\phi,\hat{\phi},\hat{\theta}) L(Z,\hat{\phi},\hat{\theta}) \sin\hat{\theta} \mathrm{d}\hat{\phi} \mathrm{d}\hat{\theta} \tag{2.17}$$

光在水中的辐射传输方程需要很多实测光学参数，一般情况下很难得到精确的解。理论模型基于特定的辐射传输模型，将卫星影像反射率与辐射传输模型生成的反射率通过非线性优化的方法来实现水体光学性质参数、水底反射率和水深的估计。与半理论半经验模型和经验模型相比，理论模型求解过程烦琐，需要的水体内部光学参数较多，而这些光学参数往往又很难获得，因而在实际中并没有得到广泛的应用。

2.2.3 浅海水深光学遥感调查

1. 基于半理论半经验模型的甘泉岛礁水深反演

卫星传感器所接收到的影像 DN 值是没有任何量纲的数字表达形式，只有将其转化为辐亮度值才能为遥感研究所使用。首先将甘泉岛区域的 WorldView-2 遥感影像各波段

像元 DN 值转化为波段积分辐亮度值 L_1，然后再利用该积分辐亮度值 L_1 计算出光谱辐亮度值 L，如下：

$$L_1 = DN \times absCalFactor \quad (2.18)$$

$$L = L_1 / \Delta\lambda \quad (2.19)$$

式中：absCalFactor 为绝对定标因子；$\Delta\lambda$ 为波段的有效宽度。

由底质反射的上行辐亮度在传播的过程中，容易受大气、光照等环境因素的影响，这对于本身就是弱信息的水体辐亮度而言具有较大的干扰作用，影响水深反演的精度，因此需要对 WorldView-2 遥感影像进行大气校正。同时太阳入水辐射的水表反射部分主要表现为耀斑。耀斑掩盖了目标水体的真实特性，增加了离水辐射率的获取难度，而且影像空间分辨率越高耀斑现象越明显。故在使用 WorldView-2 遥感影像进行水深反演前使用 Hedley 法对图像进行耀斑去除处理，如下：

$$L_i' = L_i - \tan\theta(L_{NIR} - L_{NIR_{MIN}}) \quad (2.20)$$

式中：L_i' 为第 i 个波段去耀斑后的辐亮度；L_i 为第 i 个波段去耀斑前的辐亮度；θ 为回归线倾角；L_{NIR} 为近红外波段辐亮度值；$L_{NIR_{MIN}}$ 为近红外波段辐亮度最小值。太阳耀斑去除结果如图 2.9 所示。

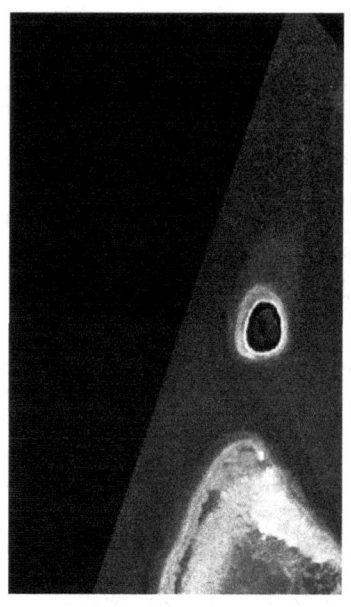 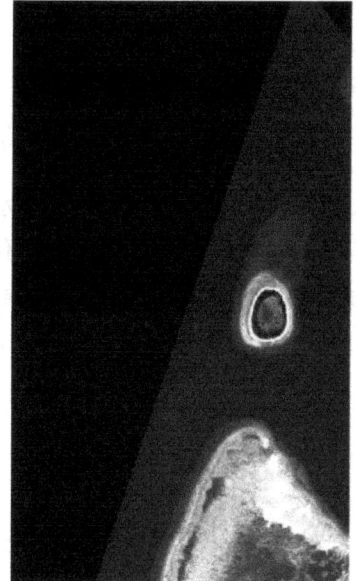

(a) 去除前　　　　　　　　　　(b) 去除后

图 2.9　甘泉岛太阳耀斑去除前后对比图

接下来要对水深控制点的水深数据进行潮汐改正，将所有水深控制点的水深数据的潮汐高度改正至 WorldView-2 遥感影像采集时间的潮汐高度，如下：

$$H_i' = H_i + (T_i - T_i') \quad (2.21)$$

式中：H_i' 为改正后的水深；H_i 为控制点采集的水深；T_i 为水深控制点采集水深时的潮汐高度；T_i' 为影像采集时的潮汐高度。

根据实验和经验可知，在水深反演中使用蓝波段、绿波段、红波段进行多波段线性回归的水深反演效果最好，故使用该方法进行水深反演，如下：

$$Z = a_0 + a_1 \times \ln X_1 + a_2 \times \ln X_2 + \cdots + a_n \times \ln X_n \tag{2.22}$$

式中：Z 为反演的水深；a_0、a_1、a_2、$\cdots$、a_n 为待定系数；X_1、X_2、$\cdots$、X_n 为反演波段。甘泉岛区域的 WorldView-2 遥感影像的水深反演结果如图 2.10 所示。

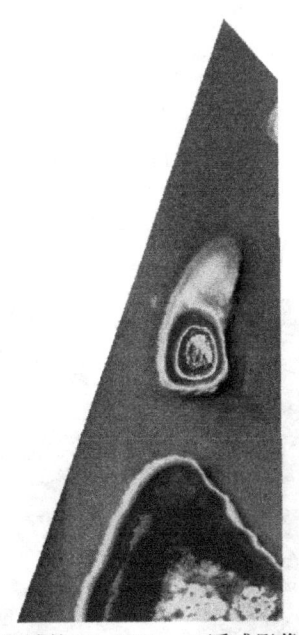

图 2.10　甘泉岛区域的 WorldView-2 遥感影像的水深反演结果

2. 基于高光谱数据和辐射传输模型的甘泉岛礁水深反演

对于原始卫星遥感影像，首先使用 ENVI 软件中的 FLAASH 大气校正模型进行大气校正，经过大气校正之后，利用耀斑校正方法对影像耀斑进行校正。基于水体辐射传输模型的高光谱优化算法的未知数为水深 H、550 nm 处的水底反照率 B、440 nm 处的浮游植物吸收系数 P、440 nm 处的黄色物质吸收系数 G 和 400 nm 处的颗粒物后向散射系数 X，因此各波段的遥感反射率 R_{rs} 可以表达为

$$R_{rs}(\lambda_n) = f(H, B, P, G, X; \lambda_n) \tag{2.23}$$

选择 450～670 nm 波长范围内各个波段遥感反射率的观测值进行水深反演，相应的最小化目标函数定义为

$$\text{error}(H, B, P, G, X; \lambda_n) = \sqrt{\sum_{\lambda_n=450}^{\lambda_n=670} [R_{rs}(\lambda_n) - \hat{R}_{rs}(\lambda_n)]^2} \Big/ \sum_{\lambda_n=450}^{\lambda_n=670} R_{rs}(\lambda_n) \tag{2.24}$$

式中：$R_{rs}(\lambda_n)$ 为由卫星遥感影像获取的遥感反射率；$\hat{R}_{rs}(\lambda_n)$ 为使用高光谱优化算法模拟的遥感反射率。进一步考虑光学深水区的水深可以视为无穷大的条件，光学深水区的遥感反射率可以看作水体光学性质参数 P、G 和 X 的函数，即

$$R_{\text{rs}}^{\text{dp}}(\lambda_n) = f_1(P, G, X) \qquad (2.25)$$

不可到达的海域因为受人类活动影响较小,所以水质往往比较良好且小范围内相对变化不大。因此可以将研究区域及其周围水域的水体光学性质参数(P、G 和 X)近似视为与空间分布无关的未知参数,即可以利用研究区域临近深水区的遥感反射率观测值,通过最小化目标函数而得到 P、G 和 X 的值,然后再将得到的 P、G 和 X 代入式(2.25),进一步将浅水区的遥感反射率函数模型简化为如下关于 B 和 H 的函数:

$$R_{\text{rs}}^{\text{sh}}(\lambda_n) = f_2(B, H) \qquad (2.26)$$

据此,类似于式(2.24),可以求解如下的最小化目标函数,获取水深 H 以实现研究区域的水深反演,水深反演的结果如图 2.11(张源榆 等,2020)所示。

$$\text{error}(H, B, \lambda_n) = \sqrt{\sum_{\lambda_n=450}^{\lambda_n=670} [R_{\text{rs}}^{\text{sh}}(\lambda_n) - \hat{R}_{\text{rs}}^{\text{sh}}(\lambda_n)]^2} \Big/ \sum_{\lambda_n=450}^{\lambda_n=670} R_{\text{rs}}^{\text{sh}}(\lambda_n) \qquad (2.27)$$

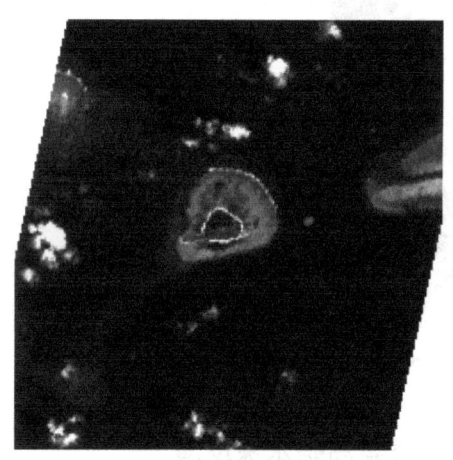 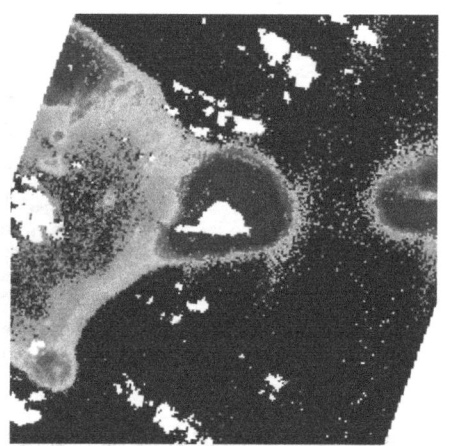

(a)原始影像　　　　　　　　　　(b)反演结果

图 2.11　高光谱原始影像和基于水体辐射传输模型的中业岛礁水深反演结果

2.3　海岛礁水色要素光学遥感调查

2.3.1　海岛礁军事地质水色要素

海岛礁是我国重要的战略资源,其附近海域资源丰富但生态环境相对较脆弱。海岛礁军事地质水色要素主要包括三个部分:海洋叶绿素、悬浮物和黄色物质。利用遥感卫星进行海岛礁周边海域的水色要素反演,能够为海岛礁周边海域的生态环境建设提供有力的保障。

海洋叶绿素浓度是表征海洋初级生产力强弱状况和变化规律、衡量海水富营养化程度的重要指标,同时也是评价海洋水质状况、有机物污染程度的一个重要参数。通过研究海洋叶绿素浓度可了解浮游植物一定时间内的生产和分布规律,以帮助分析生态环境状况,对评估海洋生物资源蕴藏量、了解海域生产潜力、合理开发利用海洋生物资源以实行渔业生产农牧化等起着基础性作用,对近岸海域和岛屿周围海域等与人类活动密切相关的海洋生态环境的评价和保护具有重要的科学意义。

悬浮物是悬浮在水中的固体物质的总称,包括不溶于水的有机物、无机物及泥沙、微生物和黏土等。海洋悬浮颗粒物和溶解的微粒有机物质可能对海洋环境有重要的影响,是我国近岸海水环境质量主要检测的指标。悬浮颗粒物在近岸海洋的区域分布不仅影响海洋环境的变化,同时也成为港口选址,沿岸水利,近岸航道、港口建设所要考虑的重要因素。

黄色物质实际上是一种带色的可溶性有机物,它的生化成分极为复杂。研究认为,黄色物质具有保守性的生物属性,因此可以对相关海洋学现象实施跟踪、监测。同时,也正是因为它是一种有机物,所以与海洋环境、海洋富营养化、污染、赤潮、绿潮等灾害的发生有着密切的关系。

2.3.2 水色要素光学遥感反演机理与方法

1. 水色要素光学遥感反演机理

太阳辐射透过海面进入水体后,在传输过程中除了受到水体的吸收和散射,还要受到水质组分如叶绿素、悬浮物和黄色物质等颗粒的吸收和散射,后向散射部分经水面折射离开水面。正是这一部分光辐射含有水质组分的浓度信息,被称为离水辐亮度。经海面返回大气的离水辐亮度再次经过大气散射、吸收后,与大气路径辐射一道为遥感传感器所接收,这就是遥感传感器接收水体中有用信息的辐射传递过程(图2.12)。

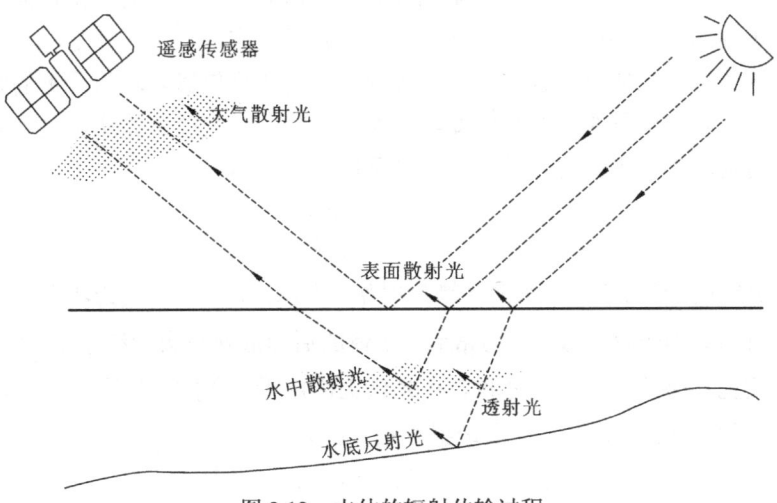

图 2.12 水体的辐射传输过程

总体来看,到达卫星水色传感器的辐射能量 L_t 由式(2.28)构成:

$$L_t(\lambda) = L_r(\lambda) + L_a(\lambda) + L_{ra}(\lambda) + TL_g(\lambda) + tL_w(\lambda) + L_b(\lambda) \tag{2.28}$$

式中：$L_t(\lambda)$ 为传感器接收的总辐射；$L_r(\lambda)$ 为来自大气的瑞利散射；$L_a(\lambda)$ 为来自大气的气溶胶散射；$L_{ra}(\lambda)$ 为空气分子与气溶胶之间的多次散射；$TL_g(\lambda)$ 为进入传感器视场的直射太阳光在海洋表面的反射，T 为光束透过率；$L_w(\lambda)$ 为离水辐射率；t 为大气漫射透过率；$L_b(\lambda)$ 为来自水体底部的反射。

$L_w(\lambda)$ 是由投射入水体内的光经水体内的水分子及多种颗粒的后向散射后再穿出水体的辐射，理论计算和实测表明，在通常情况下可以认为 $L_w(\lambda)$ 近似各向同性。海洋水色遥感的核心就在于准确提取离水辐射率，用于水质参数的反演研究。而要准确获得离水辐射信息，就必须先进行大气修正，剔除大气对水色信息的干扰，即从 $L_t(\lambda)$ 中扣除掉 $L_r(\lambda)$、$L_a(\lambda)$、$L_{ra}(\lambda)$ 及 $TL_g(\lambda)$，最终从 $L_t(\lambda)$ 中获得 $L_w(\lambda)$。目前海洋遥感在做大气修正要考虑的因素，关键是气溶胶散射 L_a 和多次散射 L_{ra} 的处理，不同算法的区别也主要体现在此。空气分子和气溶胶的后向散射辐射在大气顶辐射率中占绝对优势。也就是说，反映海洋水体信息的能量中，来自水面的离水辐射率 L_w 只占总能量的 5%~15%，其他的都是噪声，因此对空间海洋水色探测来说，在对海洋信号进行任何解译之前，关键问题是进行准确的大气校正。通过大气校正，去掉来自大气的噪声，是海洋光学遥感成功应用的必要条件。如果考虑水体较深，且太阳在海洋表面反射可以通过传感器的倾斜扫描加以避免，那么传感器接收的总信号 $L_t(\lambda)$ 可简化为

$$L_t(\lambda) \approx L_r(\lambda) + L_a(\lambda) + L_{ra}(\lambda) + tL_w(\lambda) \tag{2.29}$$

由式（2.29）可以看出，大气校正实际主要解决的是瑞利散射和气溶胶散射。海水按其光学性质的不同可划分为一类水体和二类水体。一类水体是较清洁的水体，因此在近红外波段离水辐射率趋于 0。这样在近红外波段由于传感器接收的总辐射 $L_t(\lambda)$ 和瑞利散射 $L_r(\lambda)$ 都可以得到，然后气溶胶散射辐射就可以利用两者之差得到，进而就可求出气溶胶参数，最后就可以分别求出可见光各波段气溶胶散射，从而算出各波段的离水辐射率。二类水体的光学特性主要由悬浮物、黄色物质决定，二类水体是除一类水体外的所有水体。这类水体主要位于近岸、河口等受陆源物质排放影响较为严重的区域。由于反演算法的性能和导出量的质量和精度都受大气影响，大气校正算法至关重要。

由辐射传输方程，水体的光谱反射率又可以近似地描述为

$$R(\lambda) = a_0 \times \frac{b_b(\lambda)}{a(\lambda)} \tag{2.30}$$

式中：$R(\lambda)$ 为辐射波长为 λ 时的水面光谱反射率；$b_b(\lambda)$ 和 $a(\lambda)$ 分别为辐射波长为 λ 时水体的后向散射系数和吸收系数；a_0 为常数。水体的后向散射系数为纯水水分子、叶绿素、悬浮泥沙和黄色物质的散射系数之和。在光谱上，由于黄色物质以吸收为主，其散射可以忽略不计。故式（2.30）中，后向散射系数 $b_b(\lambda)$ 可以写为

$$b_b(\lambda) = r_w b_w(\lambda) + r_c b_c(\lambda) + r_s b_s(\lambda) \tag{2.31}$$

式中：r_w、r_c 和 r_s 分别为纯水、叶绿素和悬浮泥沙的后向散射率，其量值分别为 $r_w=0.5$，$r_c=0.005$，$r_s=0.015$，而 $b_w(\lambda)$、$b_c(\lambda)$ 和 $b_s(\lambda)$ 则分别为纯水、叶绿素和悬浮泥沙的后向散射系数。总的吸收系数 $a(\lambda)$ 可以表示为

$$a(\lambda) = a_w(\lambda) + a_c(\lambda)C + a_s(\lambda)S + a_y(\lambda) \qquad (2.32)$$

式中：a 为总吸收系数，m^{-1}；C 为叶绿素色素浓度，mg/m^3；S 为悬浮物浓度，g/m^3；下标 w、c、s、y 分别代表纯水、叶绿素、悬浮物（主要是悬浮泥沙）和黄色物质；$a_w(\lambda)$、$a_c(\lambda)$、$a_s(\lambda)$ 和 $a_y(\lambda)$ 分别为辐射波长为 λ 时的纯水、叶绿素、悬浮物和黄色物质的吸收系数。

海洋叶绿素、悬浮物和黄色物质三种水色要素的反演就是根据辐射传输理论和大气校正模式，从传感器获取的信息中提取出海洋水体信息，再根据海面向上离水辐亮度或光谱反射率与叶绿素浓度、悬浮物浓度、黄色物质浓度之间的关系从而分别估算出三种水色要素的过程。

2. 水色要素光学遥感反演方法

1）经验模型

经验模型基于遥感数据与同步实测水色参数的二元或多元回归分析，在传感器接收的 DN 值、辐射值（或其波段组合）与水色参数之间建立经验关系，将得到的关系外推至整个区域，实现水质参数的遥感估测（Cao et al.，2017）。经验模型将太阳辐射在水中的复杂传输过程看作一个黑盒，忽略太阳辐射在水中的传输影响，应用简便、运算便捷。但同时，缺乏一定的物理基础，过多依赖于实测数据，且数据的采集较大程度上受限于时间和区域，耗时耗力，模型的通用性较差（陈晓英 等，2018），但在处理某些具体问题时会表现出较高的反演精度，在 20 世纪 80～90 年代被广泛研究应用。

2）半分析模型

半分析模型是以水色机理为基础，利用生物光学模型解译或模拟遥感数据，将水色物质的吸收、散射特性有机结合起来，从水体辐射传输原理入手解决水色遥感问题（Witte et al.，1982）。半分析模型的基础是辐射传输理论及水体光学参数间的经验关系，核心是生物光学模型，能够通过独立于遥感影像的野外数据进行校正，降低了对地面实测数据的依赖度，并且对于水色物质反演过程及结果均具有较好的解释，可从理论上达到较高的反演精度。半分析模型的优势是非常明显的，它可以独立于遥感数据，只用野外测量和实验室分析数据进行验证和定标。与经验模型不同，在水体固有光学特性相对稳定的情况下，即使缺少同步实测数据，半分析模型也可以用于水质参数的遥感估测，使得分析模型具有一定的可推广性。因此，半分析模型是现在的主流方法，更适宜用于湖泊水质监测，是当前地理湖泊水环境研究的重点。

3）物理模型

物理模型，有的文献中也称为理论模型、分析模型或机理模型，以水体内光学传输的机理为理论基础，直接把水体的光学特征用于辐射传输方程。然而由于物理模型的理论还不是非常完善，应用中需要做很多的假设，这就会导致较差的估算精度。因此，至今很难用它定量估算水质参数。

2.3.3 叶绿素浓度光学遥感调查

基于 MODIS 数据的海洋叶绿素反演算法是应用最广泛的经验算法。该算法是基于若干波段遥感反射率与叶绿素浓度回归分析的算法。算法公式具体如下：

$$\lg[\text{Chla}] = a_0 + a_1 X + a_2 X^2 + a_3 X^3 + a_4 X^4 \tag{2.33}$$

$$X = \lg\left[\frac{\max(R_9, R_{10})}{R_{12}}\right] \tag{2.34}$$

式中：Chla 为叶绿素 a 浓度；a_0、a_1、a_2、a_3、a_4 为待定系数；R_9、R_{10}、R_{12} 为 MODIS 数据第 9、10、12 波段的遥感反射率。

对 MODIS L1B 数据进行几何校正、辐射定标和大气校正等预处理，得到地表实际反射率，由 MODIS 数据红光波段和近红外波段的反射率建立二波段反射率模型 $X_n (n=1, 2)$。其中，二波段反射率模型建立主要采用二波段比值及植被指数两种方式。

$$X_1 = R_2 / R_1 \tag{2.35}$$

$$X_2 = (R_2 - R_1)/(R_2 + R_1) \tag{2.36}$$

叶绿素浓度是由 $X_n (n=1, 2)$ 与美国国家航空航天局海洋水色处理中心 MODIS 应用处理系统使用 SeaWiFS 算法和 Clark 算法生产的海洋产品进行线性回归得到。

使用逐步回归模型对使用波段的显著性进行评价，将红光波段反射率和近红外波段反射率与 MODIS 叶绿素浓度进行波段显著性逐步回归分析，得到逐步回归模型，公式如下：

$$\text{Chla} = b_1 X_n^3 + b_2 X_n^2 + b_3 X_n + b_4 \tag{2.37}$$

$$\text{Chla} = c_1 R_1 + c_2 R_2 + c_3 \tag{2.38}$$

式中：Chla 为叶绿素 a 浓度；b_1、b_2、b_3、b_4、c_1、c_2、c_3 为回归分析过程产生的待定参数。基于不同影像多源线性回归反演的微山湖水体叶绿素浓度结果如图 2.13（李瑶，2017）所示。

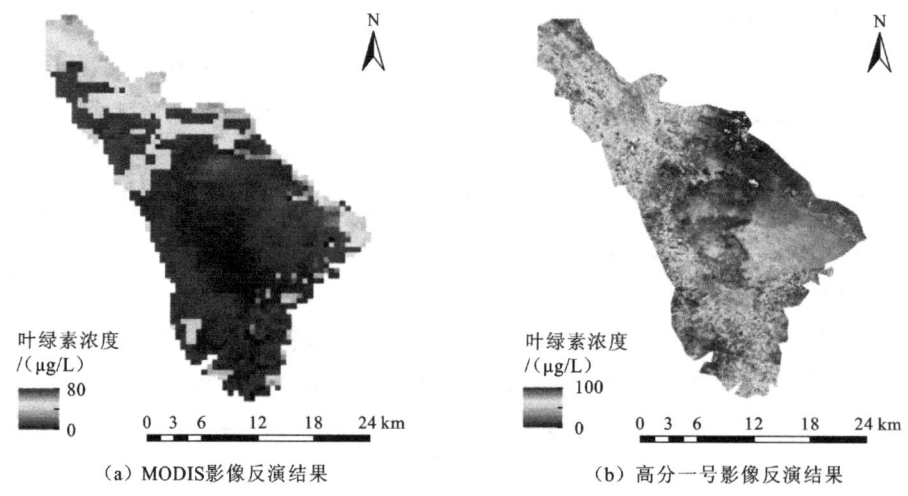

(a) MODIS 影像反演结果　　　　　(b) 高分一号影像反演结果

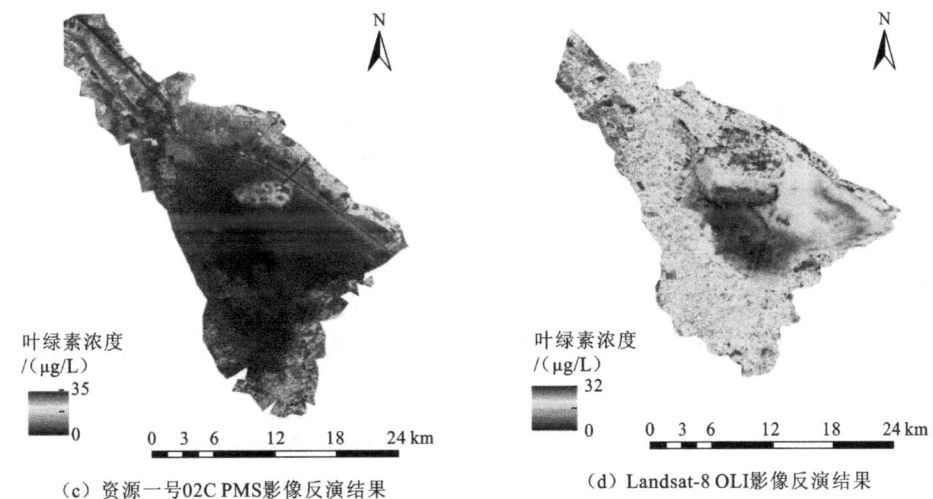

(c) 资源一号02C PMS影像反演结果   (d) Landsat-8 OLI影像反演结果

图 2.13 微山湖水体叶绿素反演结果图

2.3.4 悬浮物浓度光学遥感调查

悬浮物浓度光学反演常用的模型有单波段模型、波段比值模型及多波段回归反演模型。单波段模型是最简单的经验模型之一，通过建立水质参数浓度与某单一波段反射率 R_{rs}（或各种变换形式）的统计回归模型来估算水质参数浓度，适用于各种水质参数。其通用表达式如下：

$$C = A + B \times R(\lambda) \tag{2.39}$$

式中：C 为悬浮物浓度；A、B 为回归统计系数；$R(\lambda)$ 为参与计算的遥感反射率。基于相关性分析，建立研究区悬浮物单波段模型。在波长 350~900 nm，逐一分析所有波段反射率与悬浮物浓度的相关关系，以相关性最高的波段建立悬浮物浓度单波段模型。

波段比值模型也是常用的、简单的经验模型，通过不同波段组合可以部分减少水体其他组分、水面粗糙度及一些环境因素对反演结果的影响，并通过比值法扩大水质要素吸收和反射特征之间的差异，从而突出水质要素浓度的信息。其通用表达式如下：

$$C = A + B \times \frac{R_{rs}(\lambda_1)}{R_{rs}(\lambda_2)} \tag{2.40}$$

式中：C 为悬浮物浓度；A、B 为回归统计系数；$R_{rs}(\lambda_1)$、$R_{rs}(\lambda_2)$ 为参与计算的波段范围内任意两个波段遥感反射率。基于相关性分析，构建悬浮物波段比值模型。在波长 350~900 nm，对任意组合两个波段的遥感反射率 R_{rs} 进行比值处理，并分析其与悬浮物浓度的相关关系，以相关性最高的组合建立悬浮物波段比值模型。

在传统经验方法中，虽然单波段的遥感反射率也常常被用于建立悬浮物浓度反演模型，如 MODIS 645 nm 和 Landsat OLI 665 nm 的红波段，但对于高光谱数据来说悬浮物的光学反演不能完全由单一波段决定，需要多波段共同参与。其通用表达式如下：

$$C = A + B_1 \times R(\lambda_1) + B_2 \times R(\lambda_2) + \cdots + B_n \times R(\lambda_n) \tag{2.41}$$

式中：C 为悬浮物浓度；A、B 为回归统计系数；$R(\lambda_1)$、$R(\lambda_2)$、$\cdots$、$R(\lambda_n)$为参与计算的波段范围内每个波段的遥感反射率。

1. 基于天宫二号卫星数据的悬浮物浓度反演

为去除水面折射对反射率的影响，通过式（2.19）将表观反射率 $R_{rs}(\lambda)$换算为水面以下反射率 $r_{rs}(\lambda)$：

$$r_{rs}(\lambda) = \frac{R_{rs}(\lambda)}{0.52 + 1.7R_{rs}} \tag{2.42}$$

后向散射与吸收系数比值 $u(\lambda)$和总吸收系数 $a(\lambda)$及后向散射系数 $b_b(\lambda)$的定量关系如下：

$$u(\lambda) = \frac{b_b(\lambda)}{a(\lambda) + b_b(\lambda)} = \frac{-g_0 + \sqrt{g_0 + 4g_1 \times r_{rs}(\lambda)}}{2g_1} \tag{2.43}$$

式中：$g_0 = 0.089$；$g_1 = 0.1245$。

悬浮物后向散射系数 $b_{bp}(\lambda)$和波长 λ 满足幂函数规律，如下：

$$b_{bp}(\lambda) = b_{bp}(\lambda_0)\left(\frac{\lambda_0}{\lambda}\right)^\eta \tag{2.44}$$

式中：λ_0 为参考波长。

在海洋中，纯水后向散射 $b_{bw}(\lambda)$占 $b_b(\lambda)$的 1/10，如下：

$$b_b(\lambda) = b_{bw}(\lambda) + b_{bp}(\lambda) = \frac{b_b(\lambda)}{10} + b_{bp}(\lambda) \tag{2.45}$$

根据悬浮物反射特征，700 nm 处的吸收系数迅速下降，根据天宫二号宽波段成像仪的参数，选择将可见光近红外波段 7 的中心波长 682.5 nm 指定为 λ_0，选取波段 9 和波段 10 的水体吸收系数 $a(620)$和 $a(565)$构建波段归一化因子，并将该归一化因子与悬浮物浓度建立线性回归方程：

$$C = 75.31 \times \frac{a(565) - a(620)}{a(565) + a(620)} + 41.43 \tag{2.46}$$

用 2018 年 6 月 1 日的天宫二号短波红外波段数据，选择 682.5 nm 作为参考波长 λ_0，反演辽河三角洲悬浮物浓度，其结果如图 2.14（邓智天 等，2019）所示。

2. 基于 GOCI 卫星数据与遗传算法的悬浮物反演算法

针对水色反演问题常用的三种反演公式，将其先验知识和模型引入遗传算法的进化中。将水色组分浓度取对数处理，以保证反演模型的计算结果不出现负值，因此端点集 $T = \{r, X\}$，其中 r 是参量，$r = [-100, 100]$；X 为各波段，即 $X = \{B1, B2, B3, B4, B5, B6, B7, B8\}$，B 表示 GOCI 卫星相对应等效波段的遥感反射率。

进化过程是从初始群体开始的，水色进化反演方法中的初始群体可以包括随机生成的个体和先验水色反演模型。在初始群体中加入先验知识，提高算法对模型空间的搜索能力，因而能够加速算法收敛到全局最优解。

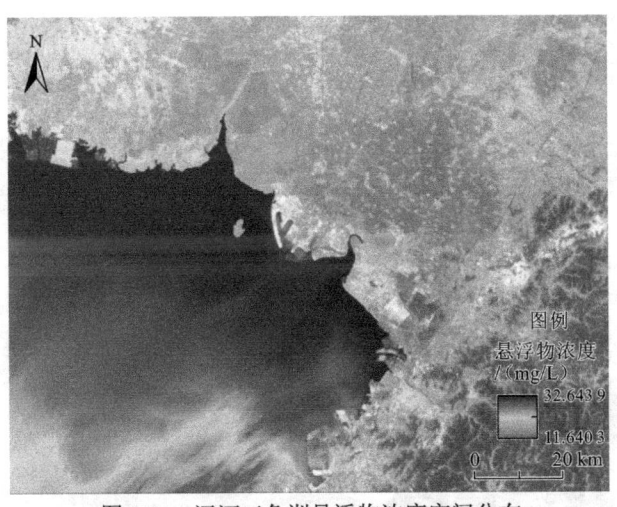

图 2.14 辽河三角洲悬浮物浓度空间分布

初始群体采用生长法。在群体初始化后，采用的遗传操作方法为交叉操作、变异操作、转基因操作。交叉操作是将两个个体中的编码片段进行交换，可提高算法的全局搜索能力；变异操作是个体编码串中编码片段发生突变，可提高进化群体的多样性，防止出现未成熟先收敛的现象；转基因操作是在个体中任选编码片段，并从水色反演知识库中选取先验模型作为外源基因，加入操作点上替换原来的编码片段以形成新的个体，提高算法的收敛性。个体进化过程中的选择策略采用轮盘赌选择法。

利用适应度函数来评价模型的优劣、决定进化的方向。考虑进化群体中含有大量的参数，所以通常先进行参数优化。参数优化选用单纯形法，在数学优化中，由 George Dantzig 发明的单纯形法是线性规划问题的数值求解的流行技术。优化之后再计算进化个体的最优适应度。

适应度函数如式（2.47）所示，其中 $M = 126$，为训练样本个数。

$$r(i) = \sum_{i=0}^{M} [f(x_i) - y_i]^2 \tag{2.47}$$

选用的进化终止判定条件为最大进化代数 $G_{\max}$ 和最大无改进代数 $N_{\max}$。当进化代数达到 $G_{\max}$ 时进化终止；若进化代数还没达到 $G_{\max}$，但群体中最好个体的适应度连续保持 $N_{\max}$ 代数无显著变化时，即模型精度没有明显提高，进化进程也终止。得出的反演效果最好的模型为

$$\lg C_{\text{TSM}} = 4.858\,1 + 0.820\,6 \frac{B7}{B3} - 0.999\,8 \frac{B4}{B3} - 3.650\,4 \sqrt{\frac{B3}{B5+B4}} \tag{2.48}$$

使用 2013 年 1～12 月渤海与北黄海的 GOCI 卫星数据和式（2.48）进行悬浮物浓度反演，结果如图 2.15 所示。

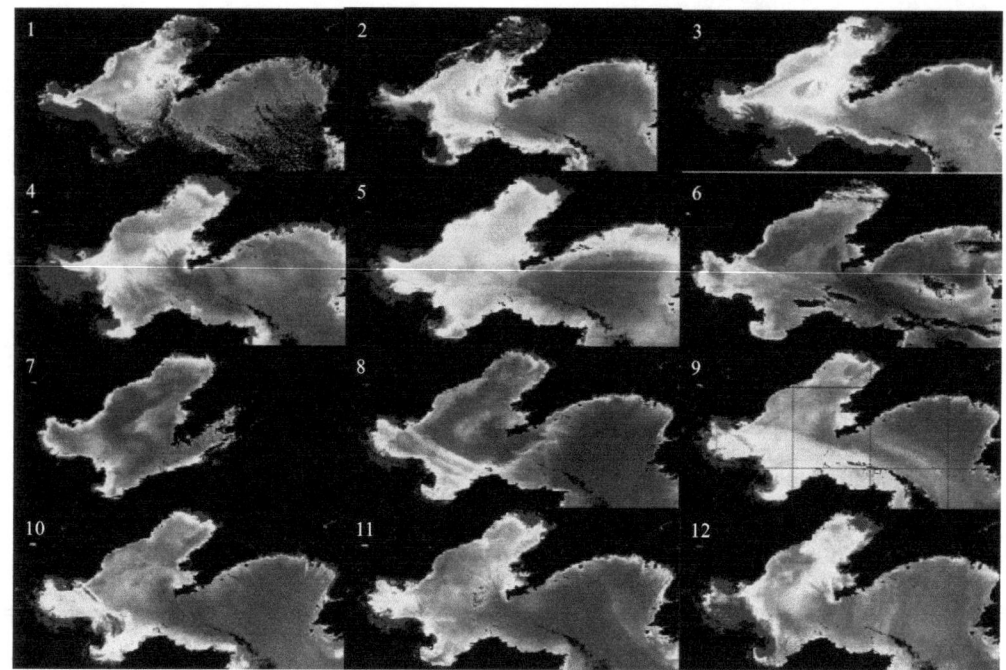

图 2.15 2013 年 1~12 月渤海与北黄海的悬浮物浓度逐月分布

2.3.5 黄色物质光学遥感调查

由归一化离水辐射率正比于海面反射率，则卫星归一化离水辐射率 $nL_w(\lambda)$ 可写为

$$nL_w(\lambda) = \frac{L_w}{t(\lambda,\theta)[1-\rho(\theta_0)]\cos\theta_0}\left(\frac{r}{R}\right)^2 \quad (2.49)$$

黄色物质的主要吸收位于紫外波段，即在 400 nm 以下，根据上述海洋光学和遥感测量的技术理论，利用 SeaWIFS 卫星 L_w（离水辐射率）数据和卫星过境时间准同步的现场测量数据，建立 SeaWIFS 卫星离水辐射率黄色物质反演算法如下所示：

$$\text{Ay}(380) = C\left\{\frac{1}{D\left[\frac{L_w(412)}{L_w(490)}\sqrt{L_w(443)}\right]^{\beta}}\right\} \quad (2.50)$$

式中：Ay(380)为在波长为 380 nm 处的黄色物质吸收系数；C=1.071 951 762（比例系数）；D=10（常数）；β=0.045 905 2（待定指数，用最小二乘法由卫星与现场同步实测数据确定）；$L_w(412)$、$L_w(443)$ 和 $L_w(490)$ 分别为 SeaStar 卫星 SeaWIFS 传感器对应的 412 nm、443 nm 和 490 nm 通道获得的离水辐射率。

将黄海、东海 SeaStar 卫星的 SeaWIFS 传感器三通道[$L_w(412)$、$L_w(443)$ 和 $L_w(490)$]数据代入式（2.50），获得黄色物质分布图，如图 2.16（吴绍渊 等，2013）所示。

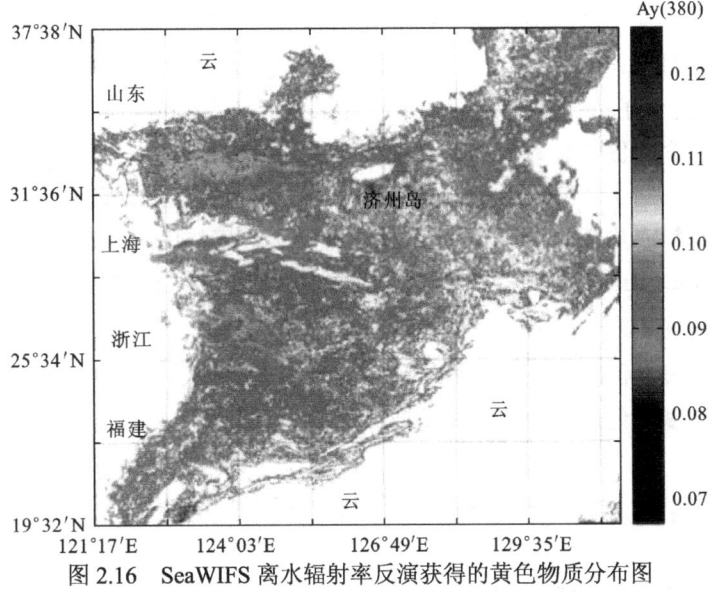

图 2.16 SeaWIFS 离水辐射率反演获得的黄色物质分布图

2.4 海岛礁水体理化要素光学遥感调查

2.4.1 海岛礁军事地质水体理化要素

海岛礁环境与军事地质相关的水体理化要素主要为海表温度、海表盐度、海表密度。海表温度是表现海水状态的最重要参数，海洋中发生的所有现象和过程几乎都与海表温度有关。海表盐度分布及年变化规律，不仅对研究大洋环流有着重要的作用，而且在高纬度地区，海水的密度和浮力是由海表盐度决定的，海表盐度的变化强烈地影响着海洋底层水的生成和海洋的热盐环流。海表密度则对船只和潜艇的航行安全及海洋生物有较大的影响。三种要素均对我国的海岛礁军事地质建设具有重要意义。

海表温度（sea surface temperature，SST）是海洋学中极为重要的基本物理参量。海表温度监测是认识环境和利用海洋资源的基础，在民用和军事领域都有着至关重要的意义。海表温度的分布和变化对水下武器装备的性能有很大的影响。由于海表的温度会影响水中声速，海表温度跃层的分布信息可以提供声速跃层信息，可以被潜艇用来选择声道扩大声呐作用距离，也可以用来选择声波折射较大的声速跃层以隐蔽自己。同时，海表温度还直接影响海水的密度分布，而海表密度分布是海洋重要的物理参数，是推定海洋总环流的重要依据。海表密度跃层也是由于海表密度分布的不均匀产生的，并进一步产生内波，从而影响水下武器发射的准确性。

海表盐度（sea surface salinity，SSS）是描述海洋状态、决定海水基本性质的一个重要参数，是气象学、生态学、水文学和渔业等其他学科与应用领域重点关注的对象，对海洋环境的监测、水团的形成和循环研究及气候预测有着非常重要的作用。海表盐度还是观测驱动海洋环流输入的热通量及影响海洋-大气系统界面动量的关键因子,为全球水-气循环研究提供了依据;同时它也是研究水团的重要流量示踪物,为水团分析及全球海洋模式等研究提供了参数依据。海表盐度通过影响海表面对CO_2的吸收与释放,对海洋的碳循环也做出了重要的贡献,进而推动海洋生态模型的改进及完善;海表盐度变化对海洋储存和释放热能产生影响,进而对海洋-地球气候的调节产生深远影响。

海表密度(sea surface density, SSD)是海洋水体重要的理化性质,是海洋动力学研究中重要的物理性质之一。海表密度控制海洋中地转流、环流等多种动力学过程,任何时候海水状态都可以借助海表密度等物理量的分布进行描述。同时,海表密度在海洋生态环境和海面高度变化过程中均有着重要作用。

2.4.2 水体理化要素光学遥感反演机理与方法

1. 海表温度反演机理与方法

1) 海表温度反演机理

以遥感方式研究海洋表面的热辐射必须同时考虑大气及地表的双重影响。首先,大气成分复杂,且各组分比例及时空分布变化很大,有效的实时测量结果不易获取;其次,热辐射由地表经大气到达传感器的路径中,能量不止一次被大气吸收、散射和折射,同时,大气本身也存在一定的热辐射;最后,海洋表面不是黑体,自身也存在发射率的问题。综合考虑以上三点,将海洋表面的热辐射过程表述为

$$L_{toa}(\lambda) = \tau(\lambda)\{\varepsilon(\lambda)B(\lambda,T) + [1-\varepsilon(\lambda)]L_{atm\downarrow}(\lambda)\} + L_{atm\uparrow}(\lambda) \tag{2.51}$$

式中:$L_{toa}(\lambda)$为传感器接收的辐亮度;$B(\lambda,T)$为温度为T的黑体在波长λ处的辐射强度;$\tau(\lambda)$为大气的透过率;$L_{atm\downarrow}(\lambda)$、$L_{atm\uparrow}(\lambda)$分别为大气下行、上行热辐射;$\varepsilon(\lambda)$为海洋表面的比辐射率。若已知实时大气温度和湿度垂直廓线数据,按照一定的大气模式计算大气热辐射和大气透过率,根据大气热辐射传输模型方程,则可以由传感器测得的辐亮度值计算得到地表的辐亮度值,若已知海洋表面发射率,则海洋表面温度可求。海洋表面大气热辐射传输过程如图 2.17 所示。

2) 海洋表面温度反演方法

a. 单通道法

(1) 传输方程法。该方法直接根据辐射传输方程来获取海表温度,对传感器的要求不高,理论上只需有一个热辐射通道能采集到海洋表面的辐射信息即可。虽然这种方法在理论上较为精确,但在实际应用中,因大气廓线数据难以获得而很少采用。因此,可以通过在大气校正模型中确定参数,模拟得到影像成像的实时大气廓线数据和大气透过率来计算温度。虽然存在一定的误差,但这种方法在实际应用中具有简单、快捷的优势。

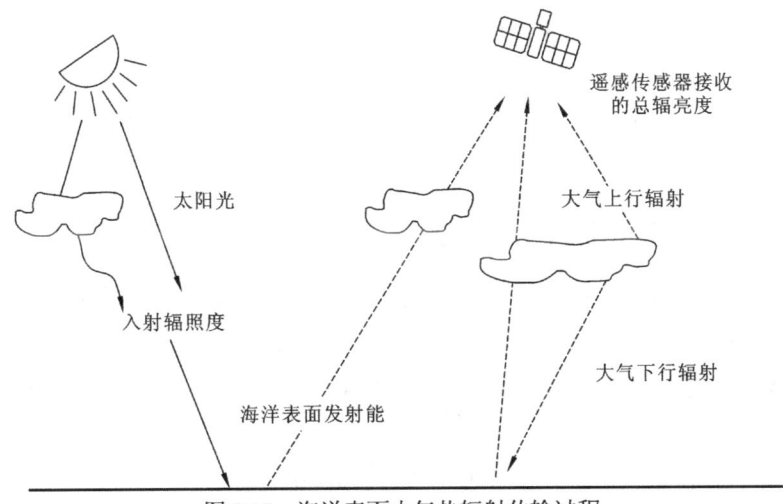

图 2.17 海洋表面大气热辐射传输过程

(2) 统计方法。该方法主要是在大气辐射传输方程的基础上,建立影像亮度温度与海表温度的经验公式,由实测数据得到经验回归系数。基于经验回归的统计方法有一个共同点,它们构建的大气订正公式都是在影像亮度温度的基础上,加上被大气影响的辐亮度的简单方程,形如:

$$T_s = T_b + \Delta T \tag{2.52}$$

式中:T_s 为海水表面温度;T_b 为影像亮度温度;ΔT 为大气订正部分的辐亮度,由式(2.53)表示:

$$\Delta T = a \cdot T(\theta, w, H) + b \tag{2.53}$$

式中:$T(\theta, w, H)$ 为关于传感器观测天顶角 θ、大气水分含量 w、大气光学厚度 H 的单变量或多变量组合的函数;a 和 b 为待定回归系数。

b. 多通道法

多通道法,也称劈窗算法或分裂窗算法(split window algorithm),主要是根据两个不同通道的热辐射数据的组合,达到去除大气影响的目的,并进行地表温度的反演,其改进算法繁多,是迄今为止地表温度反演中应用最广的方法。劈窗算法最早是由 McMillin(1975)提出,早期算法主要适用于海表温度的反演,因假设海水为黑体且比辐射率已知,再通过卫星传感器的两个热通道的亮度温度的线性组合来消除大气辐射的影响,计算公式为

$$T_s = A_0 + A_1 T_i + A_2 (T_i - T_j) \tag{2.54}$$

式中:T_i 和 T_j 分别为卫星传感器两个热红外通道的辐射亮度温度;A_0、A_1、A_2 为常数,不同改进方法的系数各有不同。劈窗算法及其改进算法在海表温度遥感反演中应用广泛且精度颇高,是海表温度反演中极其重要也极其成功的一种算法。随着不断改进创新,该方法也引入陆面温度遥感反演应用中,并取得了较好的精度。

c. 单通道多角度法

由于同一地物从不同角度观测会因经过的大气路径不同,从而大气吸收也不同,类

似劈窗算法,可通过单通道在不同观测角度下所获得的亮度温度的线性组合来消除大气影响。因陆面状况复杂,且不同角度地物反射率不同,目前只有少量用单通道多角度法来进行陆面温度反演的研究;而海水表面的物质均匀,目前该方法多用于研究海表温度的反演。

2. 海表盐度与密度反演机理与方法

遥感技术中对海表盐度的反演通常采用微波遥感反演技术,根据基尔霍夫定律,在平静海表面的条件下,海表面发射率 e 仅仅与 4 个参量相关,分别为海表温度、海表盐度、电磁波频率及极化状态,并且 e 与菲涅尔反射率 ρ(Fresnel reflectance)存在如下函数关系:

$$e(\lambda,\theta) = 1 - \rho(\lambda,\theta) \tag{2.55}$$

菲涅耳反射率 ρ 即为海表面反射与入射的电磁波的辐亮度比。在两种不同的极化条件下由卫星天顶角 θ、辐射计工作频率 f、海表温度 T、海表盐度 SSS 等因素计算,结合海表温度与平静海面亮度温度 T_{bp} 的关系,可以构建下式:

$$T_{bp} = F(f,\theta,T,\text{SSS}) \tag{2.56}$$

由式(2.56)可以看出,得到式中任意 4 个变量的值,就能够得到最后一个变量值,因此在得知辐射计相关参数 f、θ 及 T 时,就可以通过 T_{bp} 值反演海表盐度。数学直观表示相当于求反函数,关系式如下:

$$\text{SSS} = F^{-1}(f,\theta,T,T_{bp}) \tag{2.57}$$

综上所述,首先基于辐射的传输理论,然后通过德拜方程使用 T_{bp} 来反演海表盐度,在假设平静海面条件下切实可行。然而,真实的海洋并不是平静的。这是因为风很容易引起波浪甚至在一定条件下能够产生泡沫,从而造成了海表面的粗糙。所以,真实海洋表面需要一个粗糙海面模型来描述,而不能简单地用平静海面模型去模拟。所以,在用亮温对真实海面的微波辐射进行描述时,可以分为以下两项:

$$T_p(f,\theta,T,\text{SSS},U_{10},\varphi) \approx T_{bp}(f,\theta,T,\text{SSS}) + \Delta T_{bp}(f,\theta,T,\text{SSS},U_{10},\varphi) \tag{2.58}$$

式中:T_p 为粗糙海表面的亮度温度,脚标 p 表示电磁波的水平或垂直极化方式;U_{10} 为海面上 10 m 高度处的风速,m/s;φ 为方位角,即观测方向在海面的投影与风向之间的夹角。公式右侧第二项 ΔT_{bp} 为平静海面亮温的修正项,相关研究结果表明,ΔT_{bp} 的剔除,将会有效消除海面风对微波遥感盐度反演的不良影响。

海表密度遥感反演同样主要利用微波遥感数据,借助海表温度和盐度数据,结合海水状态方程反演得到海表密度:

$$\rho(\text{SSS},T) = \rho_\omega + A(T) \times \text{SSS} + B(T) \times \text{SSS}^{3/2} + C \times \text{SSS}^2 \tag{2.59}$$

式中:SSS 为海表盐度;T 为海表温度;ρ_ω、A、B 均为温度函数;C 为常数,式(2.59)为国内外学者通过大量实测数据得到的校正后的经验公式。通过式(2.59)建立海表密度的光学遥感反演算法,通过实测数据获取各个常数的值,来进行海表密度的反演。

2.4.3 海表温度光学遥感调查

国外遥感事业发展较早，早在 20 世纪 60 年代美国已经开始了航空遥感的发展，自 70 年代以来热红外探测技术也得到了飞速发展，至今热红外传感器发展已相对成熟，NOAA-AVHRR、MODIS 等遥感数据应用广泛，并已形成了相应的海表温度产品。我国从 20 世纪 70 年代开始遥感技术与应用方面的研究，成功研制出航空热红外遥感仪器后，将其装载在我国发射的气象卫星、海洋卫星和资源卫星等系列卫星上，使我国的遥感技术得到广泛的应用和快速发展，也在海水表面温度监测应用上发挥了重要作用。

1. 基于 Landsat ETM+影像及单窗算法的海表温度反演

将辐射定标后的 Landsat ETM+波段 6 影像的辐射强度值，按辐射亮度温度公式计算，得到某海域 Landsat ETM+波段 6 的亮度温度值，如图 2.18（林媛，2013）所示。

再由 Landsat ETM+影像的地表温度计算式：

$$T_s = \frac{\{a(C+D-1)+[(1-b)(C+D)+b]T_6 - DT_a\}}{C} \tag{2.60}$$

$$C = \varepsilon\tau \tag{2.61}$$

$$D = (1-\varepsilon)[1+(1-\varepsilon)\tau] \tag{2.62}$$

式中：T_a 为大气平均作用温度；T_6 为第 6 波段像元的亮度温度；ε 为地表辐射率；τ 为大气透射率；a 和 b 为回归系数，由温度变化范围决定。影像区域成像时近地表温度 T_0 可通过网站查询当天历史温度信息得到，且因影像区域冬季成像且地处低纬地带，大气平均作用温度 T_a 可根据近地表温度 T_0 通过中纬度夏季气温经验公式估算而得

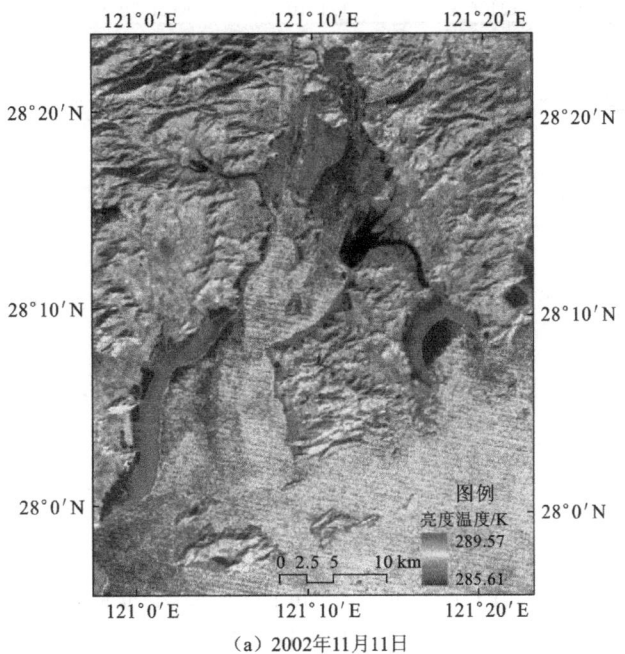

（a）2002年11月11日

(b)2010年11月1日

图 2.18　2002 年 11 月 11 日、2010 年 11 月 1 日某海域亮度温度

$$T_a = 16.0110 + 0.92621 \times T_0 \tag{2.63}$$

将各波段定标常量、大气平均作用温度、回归系数、海水比辐射率、大气透射率、地表辐射率、水体比辐射率等参数代入地表温度计算公式，最后得到某海域 Landsat ETM+ 影像的海表温度如图 2.19（林媛，2013）所示。

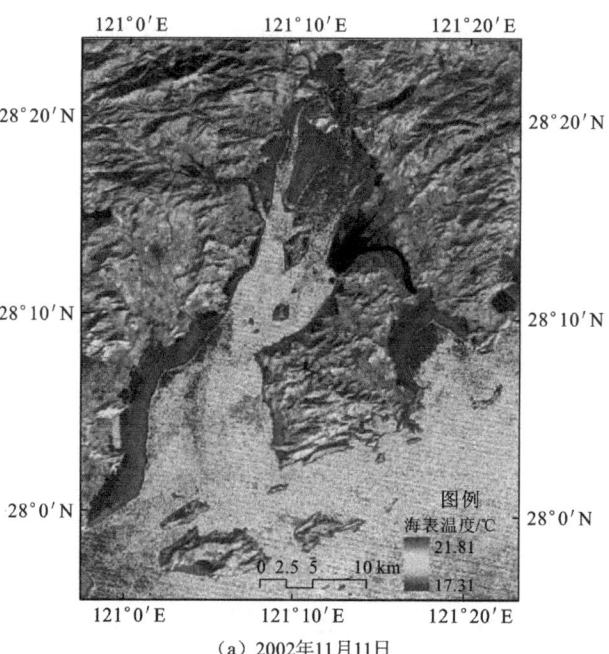

(a)2002年11月11日

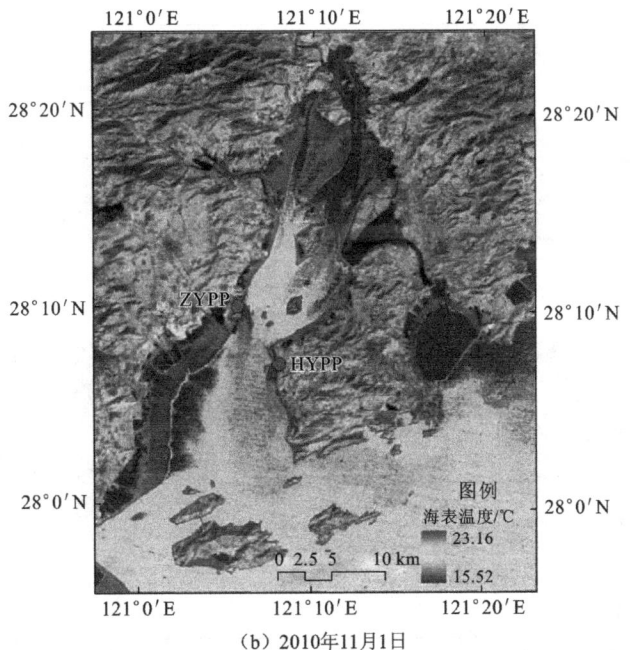

(b) 2010年11月1日

图 2.19 2002 年 11 月 11 日、2010 年 11 月 1 日某海域海表温度

2. 基于 MODIS 数据及劈窗算法的海表温度反演

使用数据为经过了辐射定标处理的 MODIS L1B 数据，采用覃志豪（2005）提出的劈窗算法，以大气辐射传输方程为基础，通过选取 MODIS 数据两个相邻的热红外通道 31 波段和 32 波段来反演海表温度，算法需要估算比辐射率、大气水汽含量及大气透过率，该算法的海表温度 T_s 用以下公式表示：

$$T_s = A_0 + A_1 T_{31} - A_2 T_{32} \tag{2.64}$$

式中：T_{31} 和 T_{32} 为 MODIS 第 31 和第 32 波段的亮度温度；A_0、A_1、A_2 为系数，由 31 和 32 波段的地表比辐射率 ε_{31}、ε_{32} 及大气透过率 τ_{31}、τ_{32} 计算。根据 MODIS 的波长范围，ε_{31}、ε_{32} 取值为 0.996 及 0.992。大气透过率 τ_{31}、τ_{32} 与大气水汽含量 w 之间存在一定函数关系，遵循如下辐射传输方程：

$$R_s = R_g \rho \tau(w) + R_a(w) \tag{2.65}$$

式中：R_s 为大气辐射强度；R_g 为地面直接反射和散射的辐射强度；ρ 为地面反射率。大气水汽含量使用 MODIS 的第 2、第 19 波段的反射率计算：

$$w = \{[\alpha - \ln(\rho_{19}/\rho_2)]/\beta\}^2 \tag{2.66}$$

大气透过率与大气水汽含量之间的关系可以通过经典大气辐射传输模型 MODTRAN 及大气廓线数据集获取。最终基于式（2.66）进行区域海表温度反演，并生成 2014 年中国南海海表温度月度均值图，如图 2.20（郑贵洲等，2020）所示。

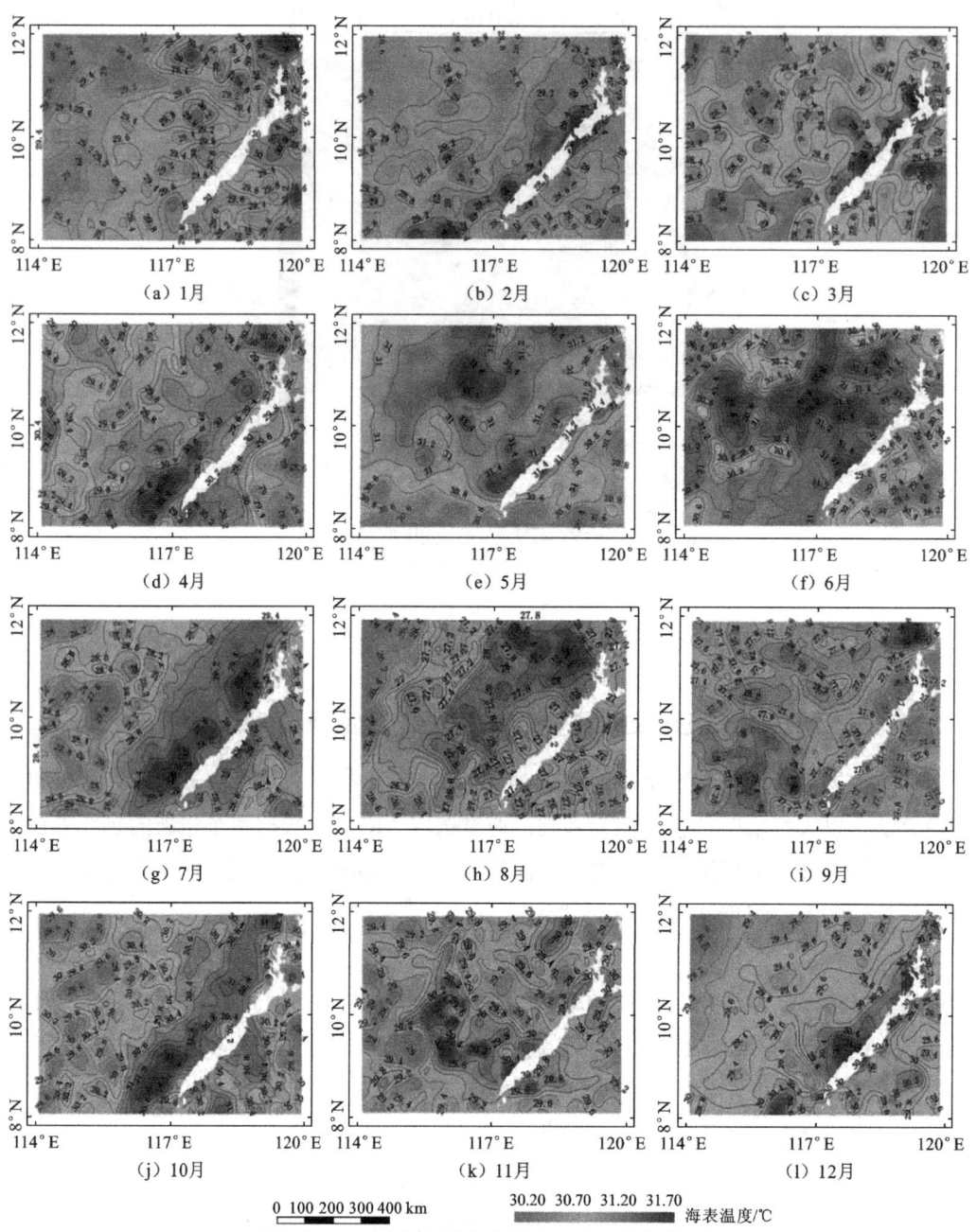

图 2.20 2014 年中国南海海表温度月度均值图

2.4.4 海表盐度及密度光学遥感调查

之前的研究显示，R_{rs} 对于一些沿海水域的海表盐度变化敏感。例如，以渤海区域 GOCI 卫星 6 个波段的反射率数据进行组合，分析组合式同实测海水盐度的相关性，以实测数据为基础，通过对遥感数据与实测数据进行统计分析，确定两经验关系进而建立经验算法，最终确定研究区域的盐度反演模型（图2.21）：

$$\text{SSS} = 10^{(0.037X_1+1.494)}, \quad X_1 = [R_{rs}(490) - R_{rs}(555)]/[R_{rs}(490) + R_{rs}(555)] \quad (2.67)$$

$$\text{SSS} = 10^{(-0.893X_2+1.585)}, \quad X_2 = \lg[R_{rs}(490)]/\lg[R_{rs}(555)] \quad (2.68)$$

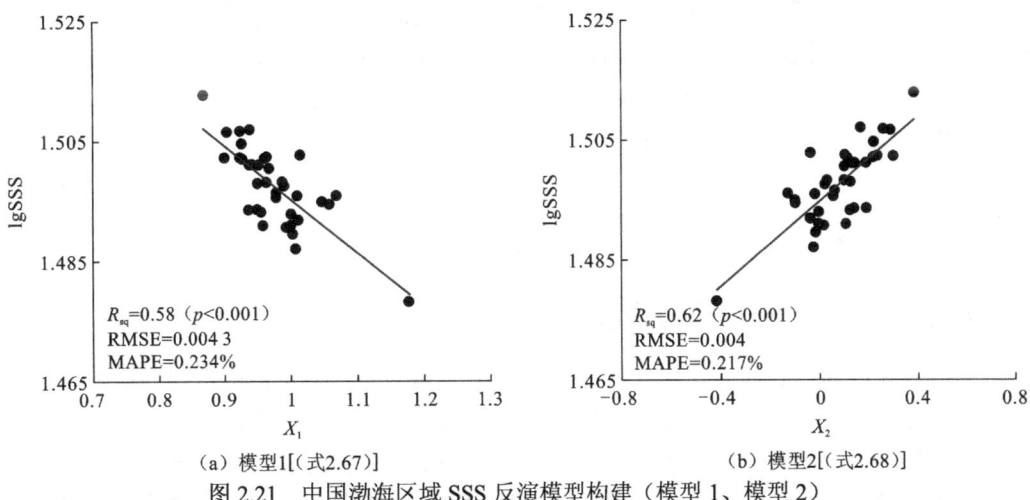

(a) 模型1[(式2.67)]　　　　　　　　　(b) 模型2[(式2.68)]

图2.21　中国渤海区域SSS反演模型构建（模型1、模型2）

结合之前的研究对GOCI卫星各波段遥感反射率产品真实性进行检验。渤海海域水体具有浑浊度高、海水中物质较多（悬浮物、黄色物质、叶绿素等）的特点，选择对该类型水体变化信号更为敏感且信噪比更高的$R_{rs}(490)$、$R_{rs}(555)$、$R_{rs}(660)$建立黄渤海海表密度的反演模型，在分析基于三个不同波段的三种不同种类模型与海表密度相关性和绝对误差的基础上，使用多元线性回归方法对海表密度进行反演建模能够取得较好的反演结果。

2.5　海岛礁底质光学遥感调查

2.5.1　海岛礁军事地质底质要素

海底是岩石圈、水圈和生物圈的重要地质界面，海底还蕴藏着丰富的石油、天然气和天然气水合物等烃类资源、热液硫化物、富钴结壳、多金属结核和深海生物基因等，因此近年来，世界各国掀起了海底调查和研究的高潮。海底信息的探测是进行海底科学研究的基础，海底底质类型的分类与识别是海底信息探测的重要方面，是港口、航道、海上平台、海洋管线和水下通信等海洋工程、海洋地质、海洋科学考察、国防军事等领域的研究内容之一。海底底质是海洋军事和科学研究应用方面重要的基础数据，了解海底底质类型可以反演出海底地形地貌，对水下作战、海底探究及海洋领土保卫有着重要意义。

由于声波在海水中的传播优于微波、可见光等电磁波，应用声学方法确定海底沉积物声学参数（如反射系数、声速、衰减、散射等）与沉积物地质属性（如沉积物类型、粒度大小、分布等）的关系，实现对海底底质进行自动分类识别是目前的主流方法。但是由于船载作业的局限性，利用声学方法采集海底底质信息的效率还是比较低的，尤其是在沿岸浅海、暗礁及船只无法安全到达的水域难以获取海底底质的声学信息。利用被动光学成像系统在浅水区域获取光谱影像进行海底底质分类的方法已经得到应用，这些系统的优势在于能在短时间内获取大范围区域的数据，但是模型很难校准。深度大于 10 m，海底底质信息很难或不能从影像中提取。

2.5.2 底质要素光学遥感识别机理与方法

1. 基于多/高光谱的浅海底质分类

通过多光谱影像和高光谱影像进行底质类型的识别和分类是目前常用的技术。目前基于遥感影像的底质分类主要采用影像光谱特征的方法，基于光谱微分、人工神经网络等方法，结合遥感数据光谱反射率及大量的先验知识，分析光谱反射率与实测底质类别信息的相关性，从中找出固有的规律构建模型。研究结果普遍表明多/高光谱影像资料可以实现浅海底质的粗分类，一般为 2~6 类，分类精度也基本令人满意。

1）光谱微分方法

光谱微分方法是光谱处理常用的技术之一，通过计算数据的多阶微分值，对反射率进行不同的数学变换，可以有效地突出光谱细节差异，提取不同的光谱参数。应用光谱微分方法能够部分消除环境因素给光谱带来的背景误差，以反映样本的本质特征。并且在光谱数据处理中，光谱微分方法可以计算光谱曲线趋势变化、光谱曲线拐点的位置及最大值和最小值波段的位置。相对于原始光谱曲线，一阶微分变换可以有效地表现出光谱曲线变化速率的快慢，是原始光谱曲线斜率大小和形状变化的反映。二阶微分表示反射光谱定量分析的相对曲率，能够判断原始光谱曲线的凹凸性和拐点信息。对光谱数据进行微分变化后，也进行了平滑处理。光谱数据反射率一阶微分和二阶微分计算公式为

$$\begin{cases} R'(\lambda_i) = [R(\lambda_{i+1}) - R(\lambda_i)]/(\lambda_{i+1} - \lambda_i) \\ R''(\lambda_i) = [R'(\lambda_{i+1}) - R'(\lambda_i)]/(\lambda_{i+1} - \lambda_i) \end{cases} \quad (2.69)$$

式中：R' 为反射率在波段的一阶微分光谱值；R'' 为反射率在波段的二阶微分光谱值；R 为波段的反射率值；λ_i 为第 i 个波段的波长。基于光谱微分的底质分类就是根据微分曲线，选取合适的特征，选择判断条件进行底质分类。

2）人工神经网络方法

人工神经网络方法是一种并行的分布式信息处理结构，它通过连接的单向信号通路将一些处理单元（具有局部存储并能执行局部信息处理的能力）互联而成。在遥感技术领域，人工神经网络也处于一个快速发展的阶段。它的主要用途是对地球表面及其环境在遥感影像上的信息进行属性的识别和分类，从而达到识别影像信息所对应的实际地物，提取所需地物信息的目的。人工神经网络方法能提高影像分类的精度，能填补传统的遥

感影像分类方法在光谱影像出现混合光谱、同物异谱现象时分类精度不高的缺点。近年来,人工神经网络技术在海色遥感的反演中得到了成功的应用。

目前,已有近 40 种神经网络模型,其中有反向传播网络、感知器、自组织映射、霍普菲尔德神经网络、玻尔兹曼机、适应谐振理论等。根据连接的拓扑结构,神经网络模型可以分为以下两类。

(1)前馈网络:网络中各个神经元接受前一级的输入,并输出到下一级,网络中没有反馈,可以用一个有向无环路图表示。这种网络实现信号从输入空间到输出空间的变换,它的信息处理能力来自简单非线性函数的多次复合。网络结构简单,易于实现。多层前馈网络和反向传播网络都属于前馈网络。

(2)反馈网络:网络内神经元间有反馈,可以用一个无向的完备图表示。这种神经网络的信息处理是状态的变换,可以用动力学系统理论处理。系统的稳定性与联想记忆功能有密切关系。霍普菲尔德神经网络、玻尔兹曼机均属于这种类型。

基于神经网络的方法就是将光谱数据和对应的底质类型样本数据输入网络中进行训练,通过构建的网络来对输入的影像光谱数据进行处理以获取整体的底质分类结果的过程。

2. 基于全波形激光雷达的浅海底质分类

激光回波形可分为三部分:海水表面回波、水体后向散射和海底反射。海水表面反射首先到达,通常是反射的最强烈部分。水体后向散射从光脉冲进入水体开始,一直到光脉冲完全进入海水。一旦整个脉冲进入海水,水体后向散射以指数方式衰减。海底反射是到达传感器的最后信号。机载激光水深测量系统通过对波形处理,除了可以获取浅水区域的水深数据,系统接收器所获取的绿色激光脉冲波形(海底反射波形)的大小和形状可衡量海底反射强度。测深雷达波形如图 2.22 所示,利用非常类似于声纳图像底质分类的方法,将反射强度(反射率)数据转换成海底底质类型,可用于底质分类。

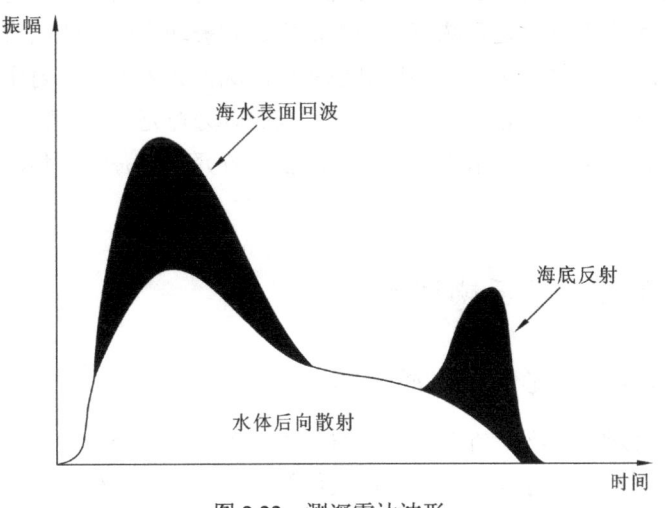

图 2.22 测深雷达波形

激光雷达的反射率是接收能量与发射能量的比率。处理激光脉冲返回波形得到水深和反射率的区别是：水深处理利用海底回波前沿，而反射率需要对整个海底回波进行脉冲积分从而得到反射率。提取的回波强度反映了海底点的绝对反射率。然而，绝对反射率不能用于海底分类，因为它包含了各种不准确因素，这些因素分为两类：单点系统偏差和区域环境的影响。在消除不确定性因素后，绝对值反射率转换为相对反射率，利用其进行底质分类。不同的海底底质体的分布（如沙、泥、岩石或海藻）可利用像素值范围从相对反射率中得到。利用激光雷达反射率得到的海底底质分类结果（图2.23），不同颜色代表不同的底质类型。机载激光测深系统用于底质分类结果可与真实采样数据、声学底质分类数据或者被动光学系统分类数据进行比较和分类准确性评估。

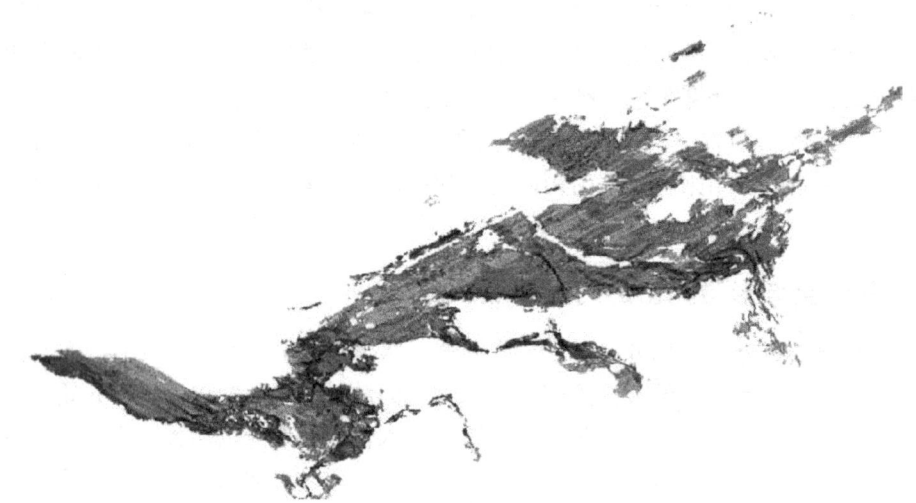

图2.23　激光雷达反射率海底底质分类

由于激光测深雷达是一种单色系统，仅可提供海底反射单色图，即只有单一的变量用于表征海底特征。而被动光学系统如高光谱传感器可利用光谱信息进行底质分类，表征海底特征的变量有多种。这意味着激光测深雷达和被动光学系统结合进行浅水底质分类可能会是极浅水区的最佳选择。利用机载激光测深雷达采集的反射率数据进行海底底质分类将成为传统手工或海底声学底质分类方式的有力补充。结合航空/卫星成像或人工获取的海底真实底质信息将在水域调查、沿海植被研究、近海渔业和沿海监测中发挥巨大作用。

2.5.3　底质要素光学遥感调查

1. 基于IKONOS影像的底质分类

以IKONOS影像为实例，在与研究区域所对应的海图中获取底质信息，建立基于底质的分类模型，对算法进行验证。使用最大似然法进行分类获得水体区域后，使用底质分类算法对水体区域进行底质分类。基于IKONOS影像进行底质分类，如图2.24所示。

(a) 原始影像　　　　　　　　　　(b) 底质分类结果

图 2.24　基于 IKONOS 影像的底质分类

2. 基于 WorldView-2 和高分二号遥感影像的珊瑚礁底质类型分类

珊瑚礁在我国海域分布十分广泛,是我国开发、利用、保护与管控海洋的重要支点,战略价值重大。万佳馨等(2019)以西沙群岛海域赵述岛礁坪为研究区域,应用 2010 年的 WorldView-2 和 2015 年的高分二号两期高分辨率卫星遥感影像数据,结合现场水下珊瑚礁照片和视频资料,建立了赵述岛礁坪底质类型遥感分类体系,分别构建了针对 WorldView-2 遥感影像和高分二号遥感影像的珊瑚礁底质分类决策树模型,并通过对两期遥感影像的底质类型提取结果(图 2.25、图 2.26)的变化分析,完成了赵述岛礁坪退化区域的提取。

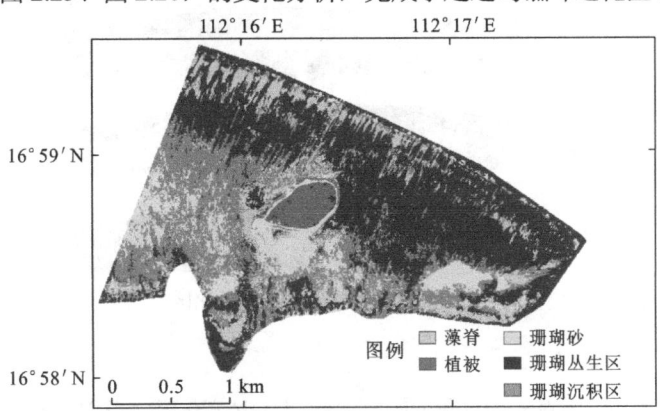

图 2.25　赵述岛礁坪 2010 年 WorldView-2 分类结果图

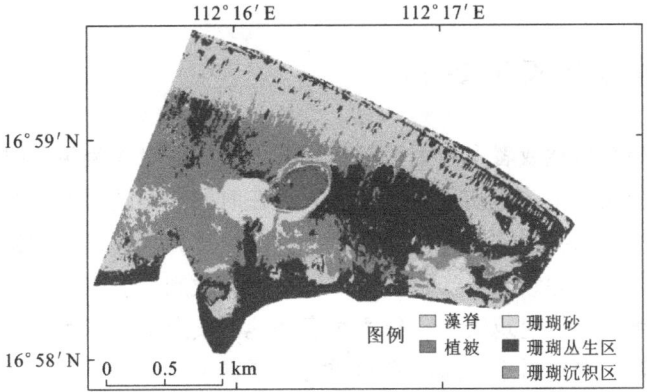

图 2.26　赵述岛礁坪 2015 年高分二号分类结果图

同时该研究还通过底质的识别和分类分析了珊瑚礁退化情况，结果如图 2.27 和图 2.28 所示。

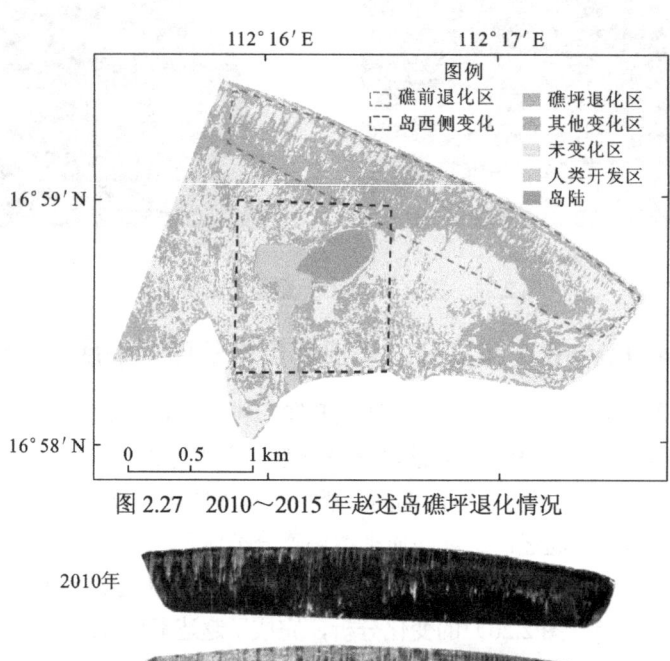

图 2.27　2010~2015 年赵述岛礁坪退化情况

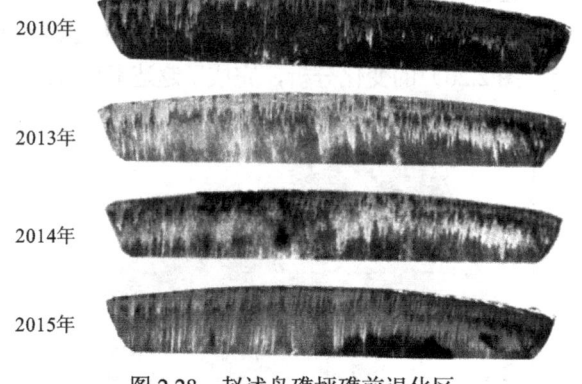

图 2.28　赵述岛礁坪礁前退化区

2.6　海岛礁地质灾害光学遥感调查

2.6.1　海岛礁地质灾害要素

地质灾害是指在自然或者人为因素的作用下形成的，对人类生命财产造成损失、对环境造成破坏的地质作用或地质现象。地质灾害在时间和空间上的分布变化规律，既受制于自然环境，又与人类活动有关，往往是人类与自然界相互作用的结果。当海岛礁发生地质灾害时，不仅会导致人员伤亡、破坏各种工程设施、影响交通和安全运输，更重要的是会影响军事基地的建筑安全、破坏军事基地的安全防护工程、影响行军路线等，将会造成不可预料的严重后果。海岛礁地质灾害要素主要分为以下四类。

1. 风暴潮

风暴潮通常是指由强烈的气象扰动（如强风和低气压等）所引起的海水异常升高或下降现象，尤其是在海岛礁海湾地区，当风暴潮叠加天文潮高潮位时会形成高水位，超过沿岸防护海堤的设计标准，淹没沿岸城镇社区及工业园区，也会对各种海洋工程造成严重损毁，带来巨大的经济损失和人员伤亡。灾害伴随着一定程度的降水，并会造成城市内涝。城市内涝是指由于连续性的强降水超过了城市湖泊的承载力及城市排水能力从而致使城市内部区域产生积水的现象。风暴潮发生时，有可能会冲垮大堤、海水内侵淹没土地房屋等，因此为保障海岛礁军事地质安全，对沿海区域进行风暴潮监测尤为重要。

2. 地震灾害

地震是地球表层或表层下的振动所造成的地面震动，可由自然现象如地壳运动、火山活动及陨石撞击引起，也可由人为活动如地下核试验造成，不过历史上主要的灾害性地震都由地壳的突然运动所造成。地震活动是当今地质应力作用中对自然地貌形态和城市地貌改造与破坏最强烈的一种作用。地震的影响力涵盖岩石圈及水圈——当地震发生时，可能会连带引发地表断裂、大地震动、土壤液化、山崩、余震、海啸，甚至是火山活动，影响人类的生存及活动。地震产生的地震波可直接造成建筑物的破坏甚至倒塌；破坏地面，产生地面裂缝、塌陷等。而海岛礁毗邻海洋，多处于地震活跃带，发生在海底的地震则可能引起海啸，因此，军事基地的建设要避开地震带。

3. 地面变形灾害

地面变形灾害包括地面沉降、地面塌陷和地面裂缝。地面沉降作为自然界及人类生活中一种十分常见的物理现象，本质是应力作用下的物质压密。大速率、不均匀的沉降，会对人类生活造成巨大的危害，具体可以表现为建筑物出现结构性裂缝甚至坍塌、交通道路受损、沉降中心发生内涝、沿海区域海水倒流等现象。地面塌陷是指上覆岩层发生破坏、岩土体下陷或塌落在地下空洞中，并在地表形成不同形态的塌陷坑，是一种突发性的地质灾害。地面裂缝是指塌陷及沉降等地质作用导致的地面裂开的缝隙。若岛礁地区发生严重的地面变形灾害，还可能会引起次生灾害，如海水上岸，加重沼泽化、盐渍化，海河泄洪能力降低，市区有淹没的危险。

4. 崩塌、滑坡、泥石流灾害

崩塌、滑坡及泥石流灾害（崩滑流灾害）又称为物质运动灾害。此类灾害是世界上对城市危害比较严重的地质灾害之一。崩滑流灾害的危害主要包括导致人员伤亡、破坏城镇的各种工程设施、破坏土地资源和生态环境等。海岛礁地区的建筑一般随坡度不同的地势而建，暴雨时易发生崩滑流灾害。崩塌是斜坡上的碎屑、土体和岩体，在重力作用下快速向下坡的移动，主要受地形、地质、气候、地震、人工开挖边坡等因素的影响。当岩层节理、裂隙比较发育时，由于长期水化作用、流水作用，加上强烈的人为活动，开挖山坡、建筑施工、水的大量下渗等原因，地质条件改变，破坏了原来坡体的稳定性或古滑坡的平衡，从而产生新的滑坡。

2.6.2 地质灾害要素光学遥感监测机理与方法

地质灾害的发生，通常是突发性的，因此在监测预警预报方面存在一定的难题。光学遥感技术的发展，带来了高空间、高光谱和高时间分辨率的遥感数据，在地质灾害监测领域有着广泛的应用。国内外对地质灾害监测、识别或制图方法的分类可以按照数据源区、数据时间、自动化程度、判据的可解释性等方面进行区分，综合分为以下几类方法。

1. 目视解译方法

目视解译是遥感影像解译的一种，又称目视判读或目视判译，是遥感成像的逆过程。遥感影像的解译是通过遥感影像所提供的各种识别目标的特征信息进行分析、推理与判断，最终达到识别目标或现象的目的。但是遥感影像所提供的信息是通过影像的色调、结构等形式间接体现的，因此解译一幅影像需要用到一些背景知识，包括专业知识、区域背景知识和遥感系统知识。专业人员通过直接观察或借助辅助判读仪器，依靠解译者的背景知识、经验和掌握的相关资料，通过大脑分析、推理、判断，提取遥感影像中的有用信息，对遥感数据进行地质灾害监测、制图与分析。目视解译结果一般准确度较高，但非常依赖于专业人员的经验，是一种较为费时费力的方法。

2. 特征阈值方法

特征阈值方法是对某一类地质灾害在各类遥感数据上区别于环境的某些特征进行提取，并对这些特征的取值设定规则，找出地质灾害所在范围。这种方法的研究多使用基于像素和基于对象的多尺度分割方法相结合，对地质灾害区域的光谱、纹理、地貌和地形等特征进行统计，设置多规则进行监测识别。

3. 遥感变化检测方法

遥感变化检测是指利用多时相遥感数据，采用多种影像处理和模式识别方法提取变化信息，并定量分析和确定地表变化的特征与过程。基于变化检测的地质灾害监测识别主要是通过对同一区域的两时相或多时相影像中的像元或对象的差异进行判定，从而分析出需要识别的地质灾害分布信息，这种地质灾害识别方法同样可用于地质灾害监测中。其中又分为基于影像的变化检测和基于地形数据的变化检测。影响监测结果的因素主要可以分为两方面：一方面是遥感系统的影响，另一方面是环境的影响。遥感系统的影响可以从遥感数据特征角度分析，即 4 个分辨率：时间分辨率、空间分辨率、光谱分辨率、辐射分辨率。环境的影响包括很多因子，最常见的就是大气影响，另外还有土壤湿度等。

4. 机器学习方法

机器学习方法的数据准备部分与特征阈值方法和遥感变化检测方法的前半部分类

似，即提取各类相关数据的特征，但最后的识别和监测不是使用单一的阈值进行区分，而是使用机器学习的各种分类器寻找地质灾害的受灾区域。其中特征提取部分使用各类优化方法对特征进行排名，选取相关性较高的几种特征用于分类，常用的分类器包括贝叶斯分类器、逻辑回归分析、支持向量机、随机森林和人工神经网络等算法。

2.6.3 地质灾害要素光学遥感调查

由于海岛礁地质灾害发生的不确定性和突发性，以及人工实地勘探测量需要付出巨大的成本和代价，海岛礁地质灾害的监测工作面临许多难题。随着现代光学遥感的快速发展，出现了高质量的高分辨率、高光谱遥感影像，为海岛礁地质灾害要素的监测识别带来新的研究机遇。开展地质灾害的监测研究，不仅对于海岛礁进行防灾、减灾、救灾、区域发展规划和风险管理具有重要意义，而且可以进一步完善和发展灾害风险评估的理论和方法，从而减少和减轻地质灾害造成的人员伤亡和财产损失。

1. 基于深度学习的滑坡监测

模型通过搭建一个金字塔池化全卷积网络（图2.29），对香港某地进行了变化检测以达到滑坡监测识别的目的。该网络具有三个优点。首先，这种方法是自动的并且对噪声不敏感，将多元形态重建（multivariate morphological reconstruction，MMR）用于图像预处理。其次，它能够考虑来自多个卷积层的特征，并有效地探索影像的上下文，从而在较宽的接收场和上下文的使用之间达到良好的平衡。最后，选择的金字塔池化模块解决

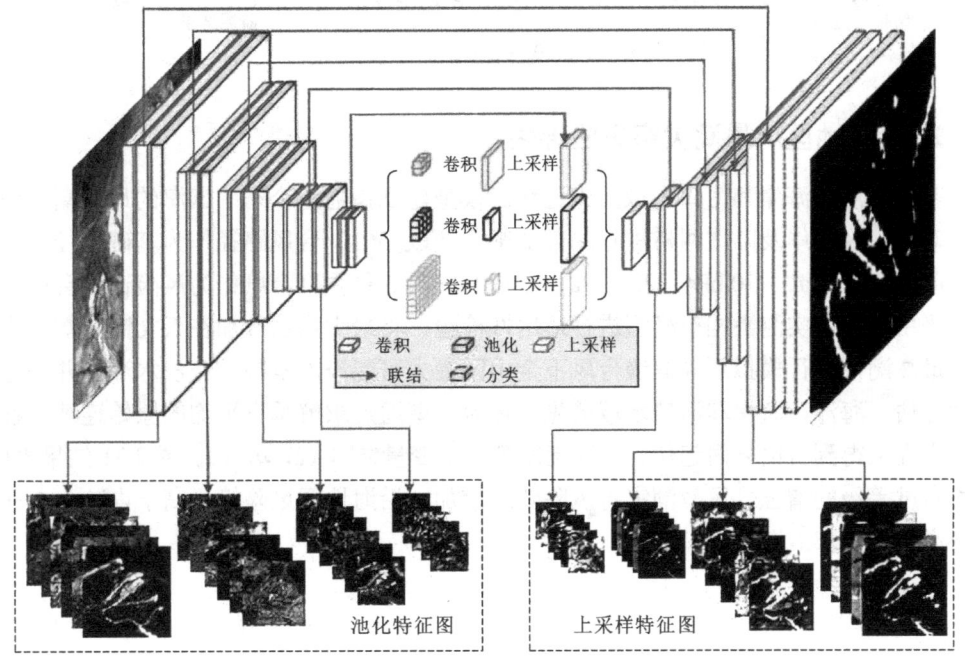

图 2.29 用于滑坡识别的金字塔池化全卷积网络

了卷积神经网络（convolution neural network，CNN）、全卷积网络（fully convolutional network，FCN）、U-Net 等采用单尺度池化的缺点。图 2.30 展示了使用不同的方法比较监测区域的结果：浅灰区域为真实发现的滑坡，白色区域是错误检测的滑坡，而深灰区域是真正的滑坡。

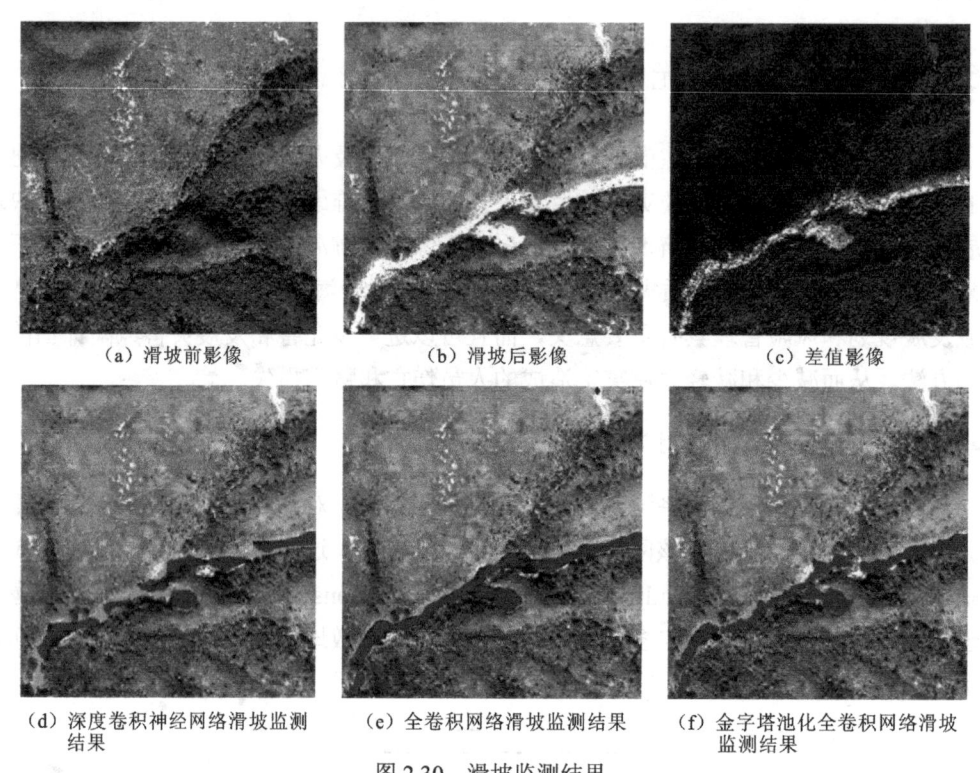

(a) 滑坡前影像　　(b) 滑坡后影像　　(c) 差值影像

(d) 深度卷积神经网络滑坡监测结果　　(e) 全卷积网络滑坡监测结果　　(f) 金字塔池化全卷积网络滑坡监测结果

图 2.30　滑坡监测结果

2. 沿海地区风暴潮灾害风险评估

基于海洋、海岸和河口水域的先进环流模型建立覆盖整个东中国海的风暴潮数值模型，对金山区沿岸及陆地网格进行局部加密，选取 5612 台风路径作为基础路径构造了 950 hPa、940 hPa、930 hPa、920 hPa 和 910 hPa 共 5 种强度台风作为风险评估台风数据集，采用收集的实测数据对模型进行适用性检验，将最大增水叠加在天文潮高潮位上来计算最高潮位进行模拟不同等级台风下金山区最大可能淹没范围及淹没水深，并进行危险性评估。海洋、海岸和河口水域的先进环流模型通过求解垂直平均的原始连续方程和动量方程来得到自由表面起伏、二维流速等三个变量，即 (ζ, u, v)。图 2.31 结果表明，随着台风等级的增强，风暴潮灾害风险随之增加。沿海地区风险等级高于内陆，中西部沿海高于东南部沿海。

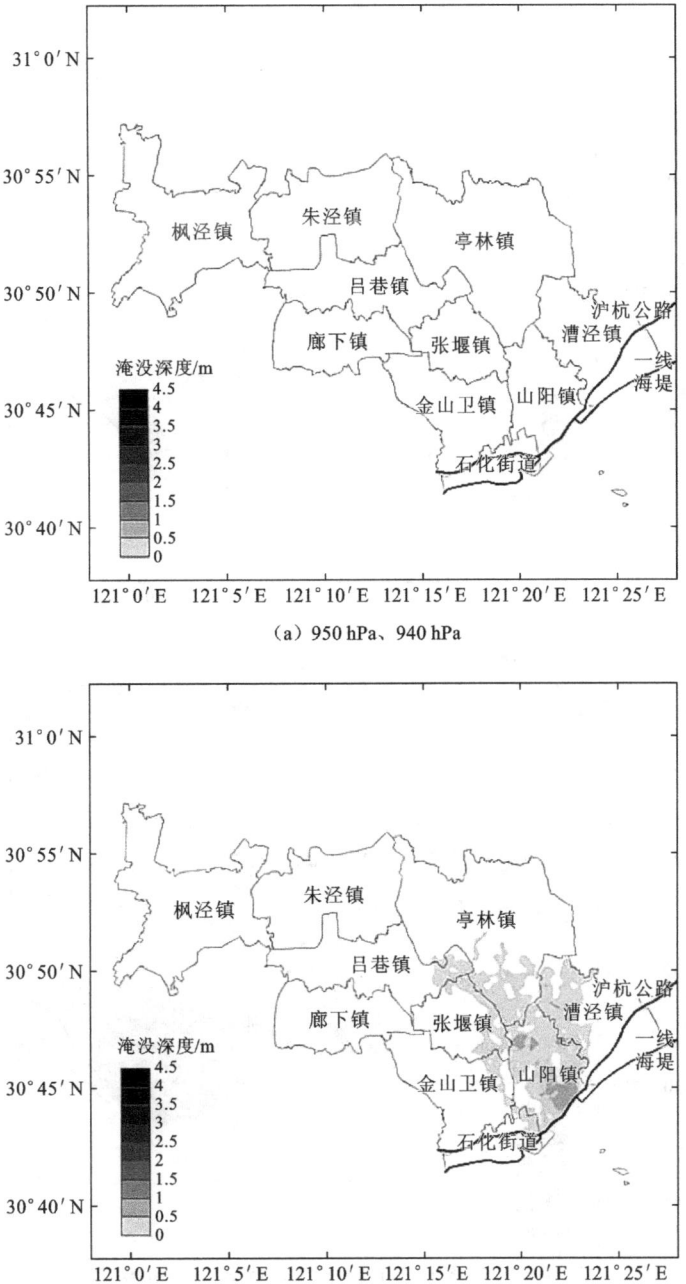

(a) 950 hPa、940 hPa

(b) 930 hPa

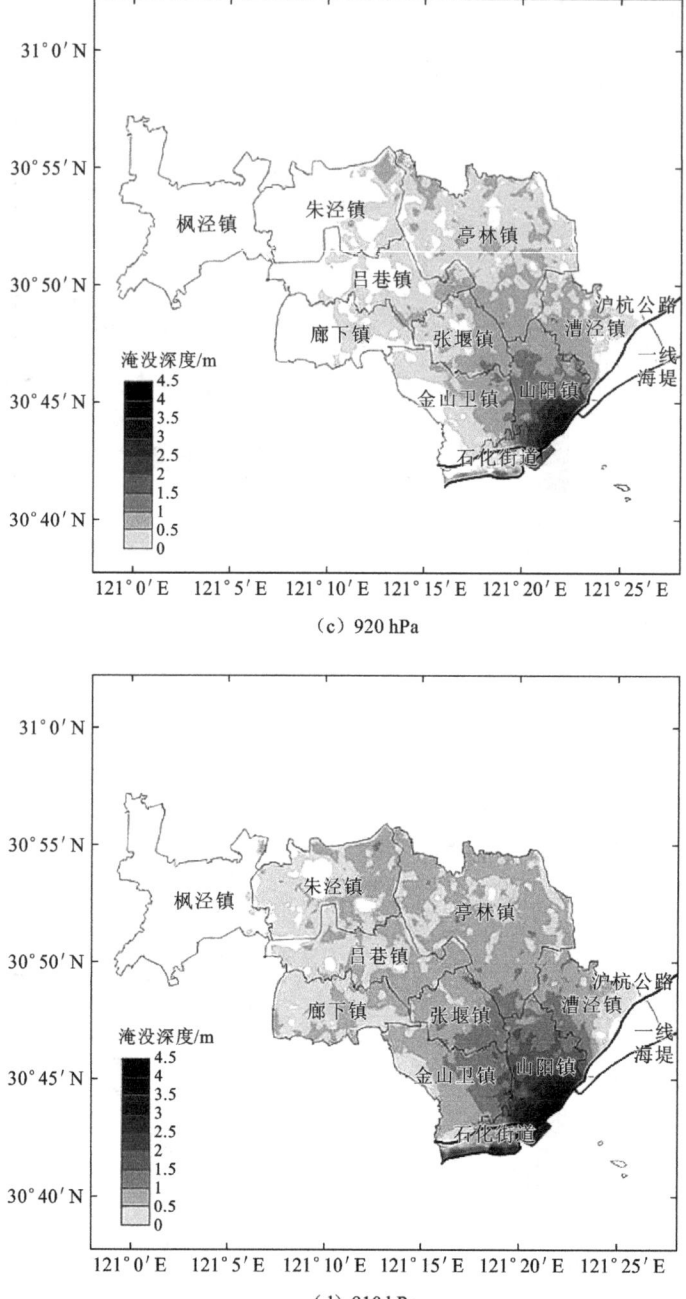

(c) 920 hPa

(d) 910 hPa

图 2.31 不同等级的台风淹没深度

第3章　军事地质海岛礁环境激光雷达调查技术

3.1　激光雷达理论基础

3.1.1　激光的光学特性概述

激光雷达技术，指的是传统的雷达探测技术与现代的激光技术及光电探测技术相结合所诞生的技术产物。该项技术在进行探测时，所使用的基本原理与传统的雷达技术相类似，但由于它采用了激光作为该项技术的发射光源，因此它具备一些传统雷达所不具有的优势：单色性优异、方向性优异、高相干性、输出功率高等特点（许惠慧，2016）。在大气、陆地、海洋等高精度探测应用领域，激光雷达技术已经逐渐成为主要的技术手段。激光雷达技术广泛应用于航天、通信、导航等众多高新技术领域，尤其是在海洋地形监测、海岛礁浅海地形测量及海洋洋流变化分析等方面显示了其独特的优势。

激光是人类使用振荡器将光（电磁波）放大后所获得的人工光源。通过受激辐射产生的放大光，即通过刺激原子导致电子跃迁释放辐射能量而产生的具有同调性的增强光子束。激光是一种会始终聚在一起的强光，具有优异的方向性，发散角很小。激光在传播过程中，几乎是沿着平行方向的直线传播，即它的方向几乎是始终不变的。普通光源发射出的光（如自然光）都是沿着各个方向进行传播的，即普通光源发射出的光（如自然光）在传播过程中，是呈发散状态的，因此普通光源发射出的光的发散角较大。

所有的光线都有一定的波长范围，而激光的波长范围会很小，光的颜色会更趋向于一致，因此激光具有更加优异的单色性。相对而言，普通光源发出的光（如自然光）的谱线宽度比较大，它的波长（频率）范围过大，那么它也就会表现出各种各样的颜色。与普通光源发出的光（如自然光）相比，激光具有更稳定的谐振频率和更好的单色性（林忠华，2007）。

激光具有单色性优异、方向性优异等光学特性，使得激光在波长、频率、振幅方向上基本都是一致的，因而激光具有很强的干涉力。同时，激光还具有亮度高和能量强的特性，主要依赖于激光的发射角度极小，在发射方向上高度集中，几乎可以将其看作高度平等准直的光束。因此，激光具有高亮度性和高输出功率，固体激光器的亮度可以达到 $1011\ W/cm^2$。

由于激光具有众多良好的光学特性，它在测绘、工业、医学等领域得到了广泛应用。随着激光技术的发展，在海洋地形、浅海水深、海底底质探测等海洋领域，日益体现了激光的应用价值和前景。

3.1.2 激光能量方程

激光具有方向性优异、单色性好、相干性高、亮度性高等光学特点，所以激光技术得以应用于高精度测量领域。利用激光雷达探测时，需要建立激光雷达方程模型，用来描述激光发射和接收的物理光学过程。

激光雷达向地物待测目标发射带有一定角度的窄脉冲，经过空中小幅度散射衰减后与地物散射体目标反射，又经过空中二次散射衰减，回波信息被接收器探测获得，回波信号包含目标的距离信息、目标的倾斜度和粗糙程度等关键信息。图 3.1 展示了整个激光雷达探测过程（陶剑浩，2020）。

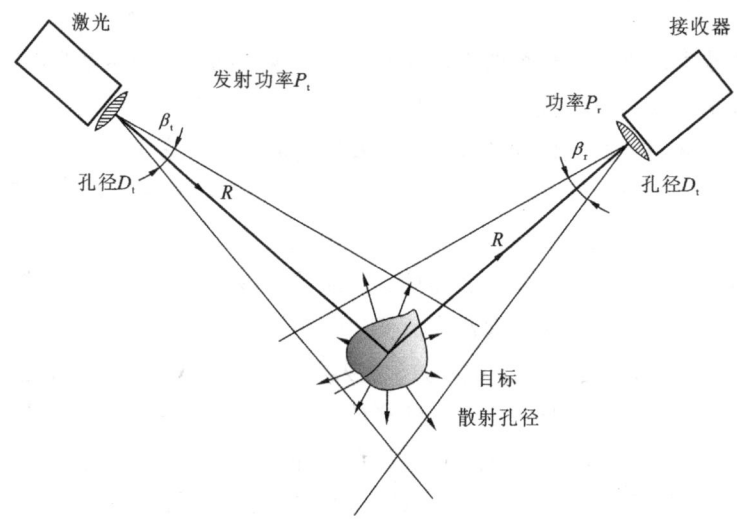

图 3.1 激光雷达探测地物目标过程示意图

完整的激光雷达发射探测接收过程极其复杂，因为地物散射体目标与激光发射脉冲的作用过程无法使用单一模型表示，通常进行量化研究时，会假设入射的脉冲能够均匀散射到固定角度的圆锥中，当一定角度与接收器的视场重叠将会接收到反射信号，其余外圈部分则视作无有效回波信息，接收视场示意图如图 3.2 所示。

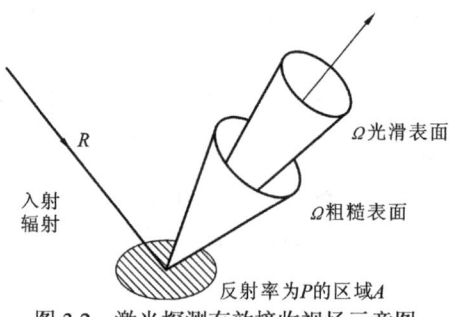

图 3.2 激光探测有效接收视场示意图

假设目标为朗伯表面，激光光束在目标表面上的功率均匀分布时，激光雷达接收系统接收的激光功率可由式（3.1）所示的激光雷达方程表示：

$$P_{\mathrm{r}} = \rho T_{\alpha}^{2}\eta_{\mathrm{r}}\eta_{\mathrm{t}}(\cos\theta_{\mathrm{t}})\frac{A_{\mathrm{t}}}{A_{\mathrm{l}}}\frac{A_{\mathrm{r}}}{A\pi R^{2}}P_{\mathrm{t}} \tag{3.1}$$

式中：P_{r} 为激光雷达接收系统接收的激光功率；P_{t} 为激光发射功率；ρ 为目标表面反射率；η_{r} 为激光接收光学系统效率；η_{t} 为激光发射光学系统效率；θ_{t} 为激光发射系统光轴与目标垂直方向的夹角；A_{t} 为视场内目标被照射部分在激光发射光束截面方向的投影面积；A_{l} 为目标处激光雷达视场内的激光光束截面面积；A_{r} 为接收光学系统的有效接收面积；R 为激光雷达与目标之间的距离；T_{α} 为相应波长的激光到达目标的过程中的大气单程透过率。

当激光雷达的激光光斑小于目标的表面积时，在一次激光探测中可认为视场内目标被照射部分在激光发射光束截面方向的投影面积 A_{t} 和目标处激光雷达视场内的激光光束截面面积 A_{l} 相等，激光雷达方程可表示为

$$P_{\mathrm{r}} = \rho T_{\alpha}^{2}\eta_{\mathrm{r}}\eta_{\mathrm{t}}(\cos\theta_{\mathrm{t}})\frac{A_{\mathrm{r}}}{A\pi R^{2}}P_{\mathrm{t}} \tag{3.2}$$

在光子计数激光雷达应用背景下，激光雷达的激光光斑相对于目标表面积来说较小，其激光雷达方程满足式（3.2）的形式。

在目标表面可视为朗伯散射表面时，每次激光发射可探测到的平均信号光电子数可由式（3.3）表示：

$$n_{\mathrm{s}} = [\rho(\cos\theta_{\mathrm{t}})T_{\alpha}^{2}]\frac{\eta_{\mathrm{q}}\eta_{\mathrm{r}}E_{\mathrm{t}}A_{\mathrm{r}}}{\pi h_{\gamma}R^{2}} = C_{\alpha}\frac{E_{\mathrm{t}}A_{\mathrm{r}}}{R^{2}} = C_{\alpha}\frac{P_{\mathrm{t}}A_{\mathrm{r}}}{f_{\mathrm{QS}}R^{2}} \tag{3.3}$$

式中：n_{s} 为每次激光发射探测到的平均信号光电子数；E_{t} 为发射激光能量；C_{α} 为与激光雷达系统相关的常量；h_{γ} 为单个激光光子的能量；η_{q} 为单光子探测器的量子效率；f_{QS} 为激光器的 Q 开关频率，可由式（3.4）得到：

$$f_{\mathrm{QS}} = [\rho(\cos\theta_{\mathrm{t}})T_{\alpha}^{2}]\frac{\eta_{\mathrm{q}}\eta_{\mathrm{r}}P_{\mathrm{t}}A_{\mathrm{r}}}{n_{\mathrm{s}}\pi h_{\gamma}R^{2}} \tag{3.4}$$

回波频率由式（3.5）得到：

$$f_{\mathrm{R}} = f_{\mathrm{QS}}P_{\mathrm{D}}(n_{\mathrm{s}},n_{\mathrm{t}}) = f_{\max}\frac{1}{n_{\mathrm{s}}}\left(1-\mathrm{e}^{-n_{\mathrm{s}}}\sum_{k=0}^{n_{\mathrm{t}}-1}\frac{n_{\mathrm{S}}^{k}}{k!}\right) \tag{3.5}$$

式中：n_{t} 为接收系统的光电子信号探测阈值；$P_{\mathrm{D}}(n_{\mathrm{s}},n_{\mathrm{t}})$ 为泊松过程的探测概率；$f_{\max}$ 是目标表面回波频率的最大值，由式（3.6）定义：

$$f_{\max} = [\rho(\cos\theta_{\mathrm{t}})T_{\alpha}^{2}]\frac{\eta_{\mathrm{q}}\eta_{\mathrm{r}}P_{\mathrm{t}}A_{\mathrm{r}}}{\pi h_{\gamma}R^{2}} \tag{3.6}$$

由式（3.6）可以看出，目标表面回波频率的最大值由两部分决定：基于目标和大气参数的 $\rho(\cos\theta_{\mathrm{t}})T_{\alpha}^{2}$ 和仅由激光雷达系统参数决定的 $\dfrac{\eta_{\mathrm{q}}\eta_{\mathrm{r}}P_{\mathrm{t}}A_{\mathrm{r}}}{\pi h_{\gamma}R^{2}}$。研究发现，对于给定的激光雷达系统，当接收系统的单光子信号探测阈值为 1 时，如果每次激光发射探测到的平均信号光电子数较低（如 $n_{\mathrm{s}}<0.1$），目标表面回波频率可以达到最大值 $f_{\max}$，这意味着在光子计数激光雷达系统中需要使用高重频、低能量的激光器，与前文对光子计数激光雷达系统原理的论述一致。然而，在考虑光子计数激光雷达系统的回波光子信号探测时必须

将背景光噪声、单光子探测器的死时间效应等因素考虑在内，探测时间为白天时，从目标表面散射回的背景光噪声及周围环境中的背景光噪声是产生系统噪声的主要因素。

3.1.3 水体激光光学特性

1. 水体对激光的吸收和散射

当激光照射到水体后，一部分能量会进入水体，受到水体的作用，激光的能量将随着水的深度呈类指数递减，到达水底的激光发生漫反射，然后再次进入水体。可想而知，水对于光具有很强的衰减作用，即使是最纯净的水，这种衰减也是很严重的。故了解水体激光吸收与散射的特性十分重要。当光进入水体时，引起衰减的物理过程主要有两个：吸收和散射。

1）吸收

在水体中，部分光子的能量变为热能损失，部分光子由一种波长变为另一种波长的光，这种物理过程是吸收。水体对于光的吸收特性与海水中所含的物质密切相关，不同成分对于不同光谱的吸收是不同的。对于水体而言，水分子对光谱中紫外和红外谱带的光表现出很强的吸收，对蓝波段和绿波段光线的吸收作用较弱。因此，使用激光雷达测深时，常利用大功率、窄脉冲的近红外激光探测海面，使用蓝绿激光探测海底（张亮，2016）。可以用海水散射系数表征激光在海水介质中由于吸收引起的能量损失。当单色准直激光在海水介质中传输时，在通过 dr 的路程后，由于吸收而引起的辐射通量的损失为 $d\phi$，$d\phi = -\alpha\phi dr$。其中比例系数 α 为海水的吸收系数。

2）散射

水体散射则改变了光子的前进方向，导致有些光子偏离光柱，引起激光能量的衰减。水中引起光散射的因素有很多，主要包括水分子和各悬移质粒子、浮游植物、可溶有机物离子等。散射包括瑞利散射和米氏散射两种机制。水分子散射遵从瑞利散射，粒子散射则遵从米氏散射。可以用体散射函数和散射系数来表征激光在水中的散射特性（图 3.3）。

当一束光入射到水体后，会遇到很多散射粒子而不断被散射，所以非散射部分的直射光将变得越来越少。海水中传输的光被散射粒子散射而偏离光轴，经过二、三、四等多级散射后，部分光子又能重新进入

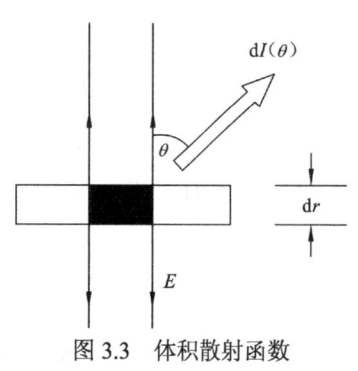

图 3.3 体积散射函数

光轴，这一部分光被称为多次散射光（周健阳，2018）。光子的多次散射，将引起光束的扩展和脉宽的展宽，从而呈现开角逐渐增大的类圆锥体，即散射光的强度随散射角而发生变化。这种变化可以用海水体积散射函数 $\beta(\theta)$ 来表示，即在 θ 方向单位散射体积、单位立体角内散射辐射强度与入射在散射体积上的辐照度之比，单位为 $(m^{-1}\cdot s_r^{-1})$，可表示为式（3.7）：

$$\beta(\theta)=\frac{\mathrm{d}I(\theta)}{E\mathrm{d}v}=\frac{\mathrm{d}\varphi/\mathrm{d}\omega}{E\mathrm{d}v} \tag{3.7}$$

式中：$\mathrm{d}I(\theta)$为θ方向的散射强度；$\mathrm{d}v$为散射体积元；E为单位面积上的辐射通量。

各散射方向散射的总和即为海水体积散射系数b，其物理意义为初始辐射通量为W的单色准直光束通过海水介质，经距离$\mathrm{d}r$后，由于海水散射引起的辐射通量衰减$\mathrm{d}W$与$\mathrm{d}r$和W呈正比，表示为$\mathrm{d}W=-bW\mathrm{d}r$，其比例系数$b$为海水的散射系数。海水的散射系数$b$与体散射函数$\beta(\theta)$的关系为

$$b=2\pi\int_0^\pi \beta(\theta)\sin\theta\mathrm{d}\theta \tag{3.8}$$

前向散射系数b_f，表征在前向$0<\theta<\pi/2$立体角内散射的总和，可表示为

$$b_\mathrm{f}=2\pi\int_0^{\pi/2} \beta(\theta)\sin\theta\mathrm{d}\theta \tag{3.9}$$

后向散射系数b_b，表征在后向$\pi/2<\theta<\pi$立体角内散射的总和，可表示为

$$b_\mathrm{b}=2\pi\int_{\pi/2}^\pi \beta(\theta)\sin\theta\mathrm{d}\theta \tag{3.10}$$

一般而言，海水的散射都具有很强的前行散射峰值。当$\theta\geqslant 5°$时，散射概率大于59%，而当$\theta\geqslant 90°$，散射概率则达98%，因此前向散射大于后向散射。由于海水中存在各种粒子，光在海水中产生的后向散射和侧向散射相较于纯水中较多，然而最多的还是前向散射，故海水都存在这一个尖锐的前向散射区域。虽然海水的后向散射相对于其前向散射要小很多，然而对于机载激光雷达海洋测深来说，激光入射到水面以下一定深度时，其后向散射强度仍然要远高于海底返回的激光强度，这种问题对于激光雷达测深而言是一个不小的挑战，需要找到方法予以克服。

通常，单色准直光束通过海水介质时，由吸收和散射引起的辐射能量衰减用指数函数式（3.11）进行描述：

$$L(r)=L(0)\exp(-cr) \tag{3.11}$$

式中：c为海水体积衰减系数；r为光传输的距离；$L(0)$为坐标0点沿r方向的辐亮度；$L(r)$为路径r处沿r方向的辐亮度。当通过路程$r=1$且$c=1$时，辐亮度衰减到原来的e^{-1}。光在水中会受到散射和吸收两种衰减作用，所以$c=a+b$，其中，a为体积吸收系数，b为体积散射系数。

2. 水体激光衰减拟合

使用激光雷达进行测深时，激光回波信号可以分为三个部分：水面回波信号、水体回波信号和水底回波信号。其中，水面回波信号描述了水面对激光的反射特性；水底回波信号则反映了不同水底底质对激光的反射特性；水体回波信号则表征了水体对激光的散射和吸收特性。

对激光测深数据进行处理时，如何用数学模型准确地描述激光的水体散射和吸收回波，是提高和保证激光测深精度的重要环节。目前，对激光水体回波信号的描述，主要采用三角形函数和四边形函数进行拟合（图3.4）。

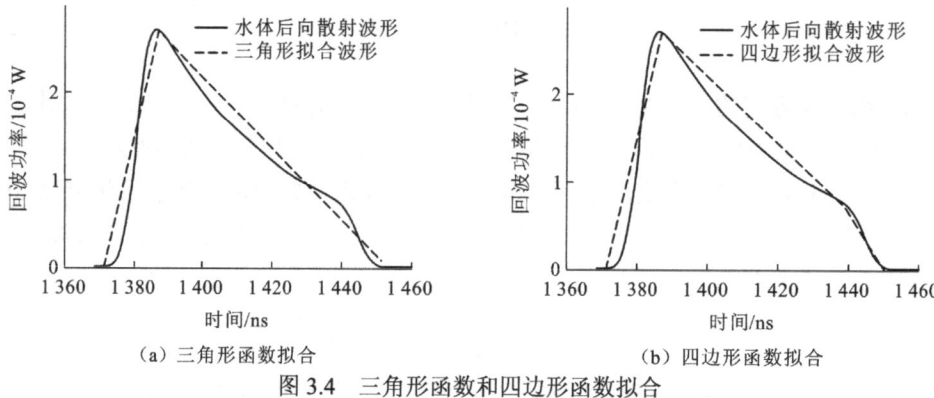

图 3.4　三角形函数和四边形函数拟合

3.1.4　测深激光雷达种类与探测方式

测深激光雷达是一种集激光、GPS 和惯性导航系统（inertial navigation system，INS）等多种技术于一体，实现高精度水下地形测量的主动式测量系统。随着海洋测绘需求不断增强，以及测量技术的发展，测深激光雷达作为激光雷达的一个重要分支，近几年来也得到了快速发展，并在浅水海域测量、河道水深测量及水下地形地貌测绘等领域发挥了重要的作用（冯义楷 等，2019）。激光雷达测深技术能够高精度快速高效地获取水上、水下目标三维点云。与其他的测深遥感技术相比，激光水深测量精度最高，是最接近基于声学原理的单波束和多波束测量精度的一种主动遥感测量手段和技术（曹彬才，2017）。

基于主动光学手段的激光雷达水深测量，是通过主动发射一束激光脉冲，通过激光脉冲在水面和水底回波信号之间的时间间隔，来计算瞬时水深。机载激光雷达测深系统具备高精度、高效率、高机动性的特点，可以在有限时间内获取大范围，高精度的水上、水下三维地形数据，在浅海水深探测和潮间带测绘领域具有得天独厚的优势。为了满足激光测深任务的需求，激光雷达按探测机理可分为全波形激光雷达和光子计数激光雷达。

1. 全波形激光雷达

全波形激光雷达是一种线性探测机制的测深激光雷达，通过探测器接收激光脉冲沿其几何路径产生的波形形状，对获得的波形信号进行分析，识别激光脉冲在水面和水底之间的时间间隔来获得水深信息。

当前，全波形激光雷达又可分为双频激光雷达和单波束激光雷达。双频激光雷达是采用 1 064 nm 波长的红激光测量水面，用 532 nm 波长的绿激光测量水底的一种水深测量机制。通常这种激光雷达对激光能量的需求量大，所需的供应电能较多，加上冷却系统和相关的辅助控制系统，设备体积较大，时效性和灵活性较弱，对载体平台有严格的要求，主要搭载于大型飞机和直升机上。为了克服相关问题，出现了只采用 532 nm 波长的绿波段单波束激光雷达，同时进行水面和水底探测，可搭载于飞机、直升机、大型无人机等载体平台。

2. 光子计数激光雷达

光子计数激光雷达是一种基于概率探测机理的激光雷达，它将发射的激光脉冲看作若干个光子，探测器能够以一定概率响应不同时间到达的光子信号，通过对多个激光脉冲的光子事件进行统计，在生成的直方图中提取水面和水底信号来计算水深信息（于洋，2020）。

这种新兴探测机制的激光雷达采用灵敏度极高的单光子探测器，可以响应水面、水体和水底等目标单个光子量级的信号。此外，光子计数激光雷达还具有低激光能量、高激光重复频率的特性，在提高探测灵敏度和探测效率的同时，也降低了对体积、质量和功耗的要求，非常适合搭载于卫星、无人机、无人船等轻小型化的设备平台。与传统的全波形激光雷达相比，光子计数激光雷达一般具有10~20倍的重复频率提升，因此可以获取更高的测量精度，加上其体积小、重量轻、功耗低和高时间分辨率等诸多优势，代表着新一代空天基激光雷达的未来发展趋势。

3.2 全波形激光雷达海岛礁浅海地形测量

3.2.1 全波形激光雷达水深测量基本理论

1. 全波形激光雷达发展历程

随着几十年的发展，全波形激光雷达产品已较为成熟，市场上也形成了以加拿大Optech公司的CZMIL、瑞士Leica公司的Hawk Eye III、澳大利亚Fugro公司的LADS Mk 3等为代表的成熟商业产品，图3.5展示了测深系统发展进程中的一些代表性的设备（丁凯，2018；秦海明 等，2016）。

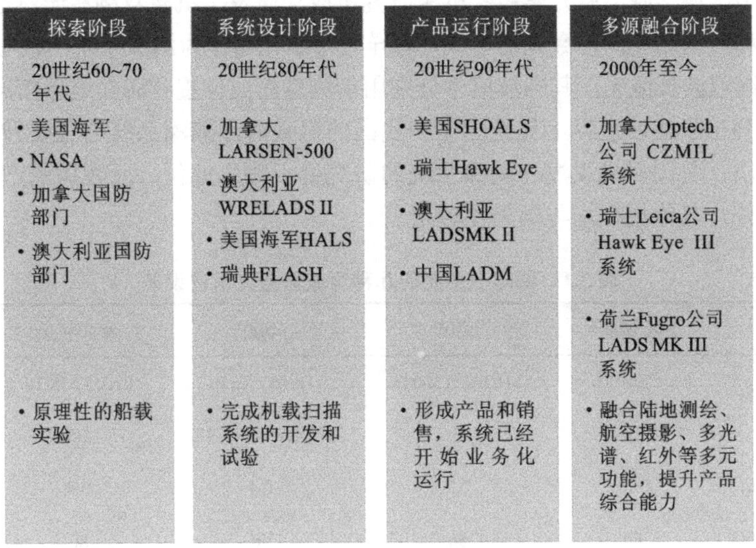

探索阶段	系统设计阶段	产品运行阶段	多源融合阶段
20世纪60~70年代	20世纪80年代	20世纪90年代	2000年至今
·美国海军 ·NASA ·加拿大国防部门 ·澳大利亚国防部门	·加拿大LARSEN-500 ·澳大利亚WRELADS II ·美国海军HALS ·瑞典FLASH	·美国SHOALS ·瑞士Hawk Eye ·澳大利亚LADSMK II ·中国LADM	·加拿大Optech公司 CZMIL系统 ·瑞士Leica公司Hawk Eye III系统 ·荷兰Fugro公司LADS MK III系统
·原理性的船载实验	·完成机载扫描系统的开发和试验	·形成产品和销售，系统已经开始业务化运行	·融合陆地测绘、航空摄影、多光谱、红外等多元功能，提升产品综合能力

图3.5 代表性激光测深系统的发展

自 20 世纪 60 年代开始，出于激光雷达对于海洋探测的需求，一些海岸线较长的国家，以美国、加拿大、澳大利亚为代表，其中美国最具有代表性，开始了对激光雷达应用于海洋测绘的研究。此时为原理探索阶段，主要是激光测深技术机理的基础性研究。经过技术积累与发展，激光雷达相关技术在 20 世纪 80 年代进入系统设计阶段，激光雷达测深技术得到了进一步的提高和发展，美国等起步较早的国家在前期研究的基础上，着手开发研制出了具有扫描、定位和高速数据记录等多项功能的二代测深系统，可用来测定水深与海底地形地貌。进入 20 世纪 90 年代以后，机载激光雷达测深系统渐渐进入产品运行阶段，相关国家机构间以技术沟通与合作的方式来开展研究。这一阶段系统大多在第二代系统的基础布局上，添加了 GPS 定位功能，使得系统具有航线自动控制和飞行高度设置的功能（秦海明 等，2016）。从 20 世纪 90 年代末开始，机载激光测深系统正式商业化应用，进一步提高了系统的重复频率，同时半导体固体激光器的应用和改进的双波长系统（1064 nm 和 532 nm）极大增强了系统的探测精度和能力，并在减少系统的体积、重量和能耗的同时增强其机动性和续航时间。当前国际上较为先进的商业测深系统有 SHOALS 3000T 和 Hawk Eye III 等。以 Hawk Eye III 为例，该系统作为机载的应用系统，具备配套的航线规划软件及数据分析处理程序，可在载体飞行同时采集水深和地形数据，并实现了陆地和海面的无缝测量，该类系统的开发应用弥补了多波束测深系统无法测绘浅水与地形雷达测量在海岸带作业的不足。

我国对机载激光测深和水下目标探测的相关技术研究从 20 世纪 80 年代末起步，参与的科研单位包括华中理工大学、长春理工大学、中国科学院上海光学精密机械研究所、西安测绘研究所等。"九五"期间，中国科学院上海光学精密机械研究所和海洋测绘研究所在国家高技术研究发展计划的资助下开展了机载激光测深系统的研制工作，于 2004 年完成了系统样机，随后在我国南海部分海域进行了试验，表明其最大探测深度约为 50 m，测深精度达到±0.3 m，仪器测试重复频率为 1 kHz（姚春华 等，2003）。2013 年在科技部支持下，中国科学院上海光学精密机械研究所成功研发了机载双频激光雷达系统样机，由海洋测绘和陆地测绘两台激光器组成，海洋测绘激光器作为测深系统的核心部件，发射近红外和蓝绿双波长激光，其回波信号分别用于测量海面位置和海底地形信息。

表 3.1 列出了当前世界上其他国家和我国的机载海洋测深系统的主要技术参数，从表中可以看出，美国对机载海洋测深系统的研究处于领先地位，而我国的产品除重复频率有待提高外，其他指标均与国外比较接近。

表 3.1 国际上主要的几种全波形激光雷达设备

参数	美国/加拿大	美国	瑞典	澳大利亚	中国
系统名称	CZMIL	SHOALS 3000T	Hawk Eye III	LADS MK III	LADM II
重复频率/kHz	10	3	浅水 35/深水 10	1.5	1
最小探测深度/m	0.15	0.2	0.4	0.4	0.5
最大探测深度/m	60	50	50	80	50

续表

参数	美国/加拿大	美国	瑞典	澳大利亚	中国
测深精度/m	0.3	0.25	0.3	0.5	0.3
飞行高度/m	400~1 000	300~400	250~500	366~671	250~300
飞行速度/(km/h)	259	231~481	280	259~390	200~250

2. 全波形激光雷达测量理论

全波形激光雷达水深测量系统的工作原理是由探测器向海面发射波长1 064 nm 红外激光和 532 nm 蓝绿激光，脉冲激光到达空气与海水的分界面后，红外激光与部分蓝绿激光经水面反射被接收器接收，根据往返时间确定飞机的飞行高度。部分蓝绿激光穿透海面到达海底，被海底反射回到接收器。根据往返时间差、入射角度、介质折射率计算海水深度，结合载体记录的 GPS 时空信息，可测得探测点的三维坐标（宿殿鹏，2018）。图 3.6 展示了全波形激光雷达水深测量原理示意图。

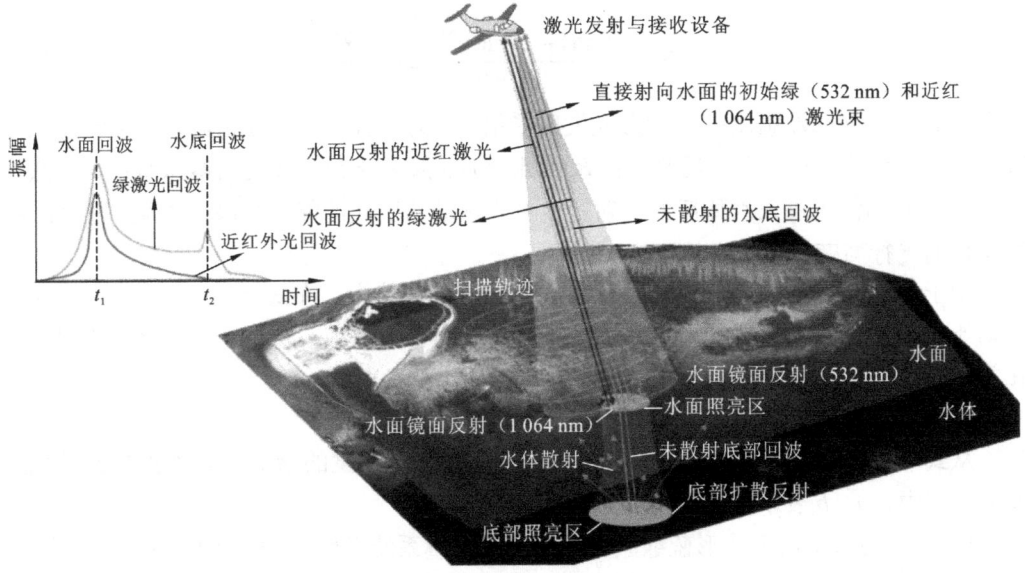

图 3.6　全波形激光雷达水深测量机理

在全波形激光雷达的基础上，为降低激光雷达设备的体积、重量和功耗等问题，提升激光雷达在海洋测量领域的应用能力，发展了单波束蓝绿激光雷达水深测量系统，采用大功率脉冲激光器向水面发射 532 nm 的激光脉冲。激光脉冲在水表面、水中的悬浮物及水底处都会产生反射激光回波信号，即回波信号的波形一般都由水面回波、水体回波和水底回波三部分组成。由全波形蓝绿激光雷达水深测量系统的光学系统所接收的回波信号，经过光电转换、滤波、放大和数字化后，形成离散化的激光波形信号。对该离散化的激光波形信号进行分析处理，可以得到水深、水下地形及水质等重要水体相关信息（丁凯，2018）。图 3.7 展示了单波束激光雷达测深原理示意图。

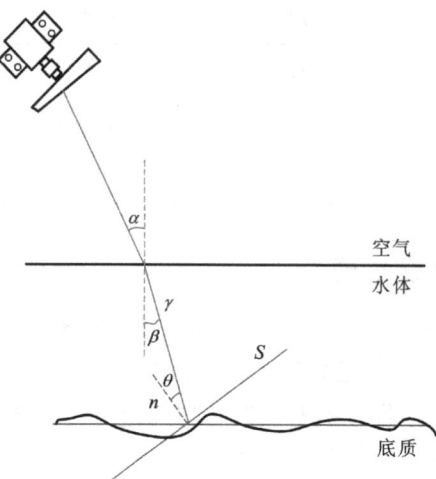

图 3.7 单波束激光雷达水深测量机理

全波形激光雷达水深测量的方程如下：

$$W_b = \frac{P_T \gamma (1-\rho)^2 R_b e^{\frac{-2kZ}{\cos\theta_w}} \cos^2\theta F}{\pi(nH+Z)^2} \quad (3.12)$$

式中：W_b 为水底回波强度；P_T 为激光发射能量；γ 为综合大气、激光器光学接收面积等因素的衰减系数；ρ 为水面反照率；R_b 为水底反照率；k 为水体漫衰减系数；θ 为激光入射角；θ_w 为激光进入水体后的折射角；F 为视场角引起的能量衰减；n 为折射率；H 为飞机的飞行高度；Z 为水体深度。

由于水体深度 Z 与飞机的飞行高度 H 之间的差值偏大，在式（3.12）中，水体深度 Z 对于等式右边的分母部分 $\pi(nH+Z)^2$ 的影响程度非常微小，从而可以将式（3.12）简化为

$$W_b = a e^{-bZ} \quad (3.13)$$

从式（3.13）中可以看出，激光回波强度随着水体深度的增加而呈现指数型衰减的现象。其中，a、b 表示为该指数关系中的系数值。

如图 3.7 所示，由全波形蓝绿激光雷达水深测量系统发射出的激光脉冲射入水面后，经过水面的折射进入水底。不妨假设，激光进入水面时的入射角为 α，激光在空气中的折射率为 n_1，而激光在水体中的折射率为 n_2，那么激光经过水面折射进入水体的折射角 β 为

$$\beta = \arcsin\left(\frac{n_1}{n_1}\sin\alpha\right) \quad (3.14)$$

因此，水体深度 Z 为

$$Z = \frac{CT\sin\beta}{2n_1n_2} \quad (3.15)$$

式中：C 为光在真空中的传播速度；T 为水面回波与水底回波之间的时间差值。一般情

形下,激光(532 nm)在水体中的折射率为1.334。

由式(3.15)可以得知,获取水体深度的关键在于水面回波与水底回波之间的时间差值。因此,用来处理由全波形激光雷达水深测量系统所获取的全波形数据的算法,主要围绕如何精准获取水面回波与水底回波峰值位置之间的差值展开,即图3.8中T_1与T_2之间的差值。

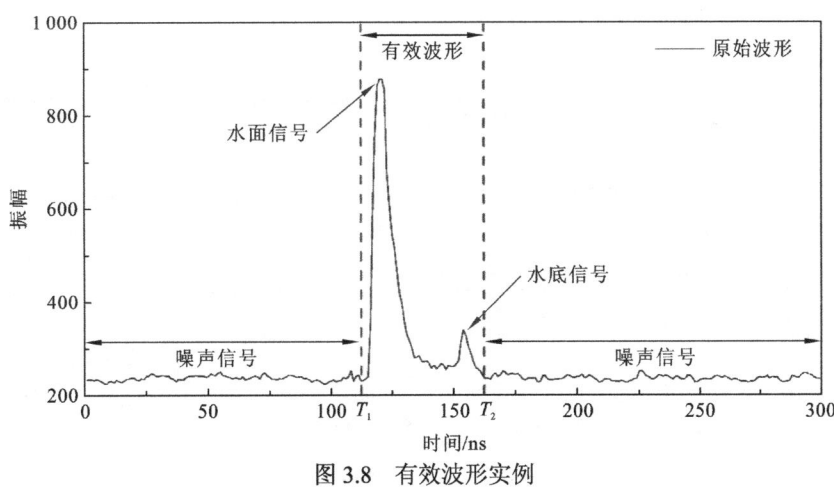

图 3.8 有效波形实例

3.2.2 全波形激光雷达水深测量方法与流程

1. 波形数据预处理

1)有效波形提取

全波形测深数据的原始格式中,考虑尽可能接收到回波信号被触发前后的完整信息,在真实信号前后通常含有一定时间的冗余数据。如图 3.8 所示,其中有效信号,仅占信号数据的 5%~10%(王丹萌 等,2018),这部分数据对于后期算法处理会增加运算量,实际应用中可以考虑将该帧数据中的有效部分进行截取,提高效率。基于波峰及波谷的统计特性,可以确定有效波形的区间。

由于累计标准差对于新数据的敏感性,当有偏离当前数据均值的数据出现时,累计标准差也会相应增大。对于全波形数据,如图3.9所示,当激光在水表和水面返回时,接收器接收到的能量增强,相对应的累计标准差也会增大,从而在有效波形边界处产生一个累计标准差的阶跃。当累计标准差突变程度大于某一阈值时,认为是有效波形的边界。

首先,基于原始波形序列 $f(x_i)$,提取局部极值点组成正向序列 $S_L(k)$:

$$S_L(k) = f(x_i), [f'(x_{i-1})>0 \cap f'(x_{i+1})<0] \cup [f'(x_{i-1})<0 \cap f'(x_{i+1})>0] \quad (3.16)$$

在计算水体回波的左边有效边界时,根据式(3.16),计算 $S_L(k)$ 的累计标准差序列 $\sigma_L(k)$。激光在经过后向散射截面反射之后,其回波大致符合高斯波形,因此通常选择极值点序列中的局部极小值作为有效波形的边界。当某个 $\sigma_L(k)$ 大于等于前一个累计

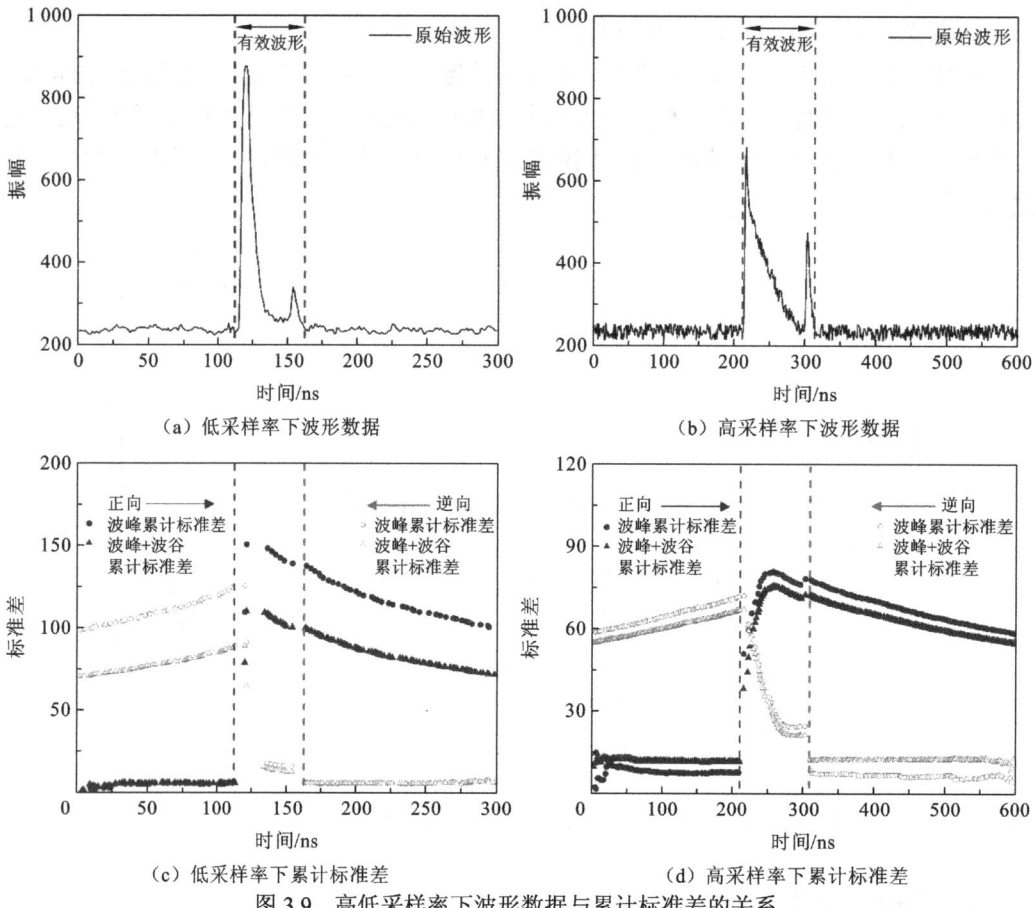

图 3.9 高低采样率下波形数据与累计标准差的关系

标准差的 a_L 倍时,令当前对应的波峰的前一个波谷对应的时间 t_L 作为水面信号的左侧边界,见式(3.18):

$$\sigma_L(k) = \sqrt{\frac{\sum_{m=1}^{k}\left[S(m) - \frac{1}{k}\sum_{m=1}^{k}S(m)\right]^2}{k}} \quad (3.17)$$

$$t_L = t(k-1), \quad \sigma_L(k) > a_L \times \sigma_L(k-1) \quad (3.18)$$

由于水底回波通常较弱,根据图 3.9 所示结果,可选择逆方向的波峰的累计标准差。将逆向提取的局部峰值点进行组合形成序列 $S_R(k)$[见式(3.19)],计算此时的波峰累计标准差 $\sigma_R(k)$:

$$S_R(k) = f(x_i), \quad [f'(x_{i-1}) > 0 \cap f'(x_{i+1}) < 0] \quad (3.19)$$

当逆向的波峰累计标准差 $\sigma_R(k)$ 大于等于上一次的 a_R 倍时,当前对应的波峰的前一个波谷对应的时间 t_R 作为有效波形的右边界。此时,任意一个脉冲波形的有效波形范围可表示为

$$T_{\text{interval}} = (t_L, t_R) \quad (3.20)$$

2）波形滤波去噪

在全波形激光水深测量中,一个困难而关键的问题是如何通过低频滤波器消除来自不同大气和水环境的仪器系统噪声和随机噪声,并从原始波形数据中保留有效部分,以确保和提高处理精度和效率(Schwarz et al.,2019;Kotilainen and Kaskela,2017)。部分常用信号处理滤波器有 SG 滤波器、λ-μ 滤波器(Press et al.,1990)、高斯滤波器等。

相关研究表明,背景噪声是概率密度函数服从高斯分布(即正态分布)的一类噪声。高斯滤波器是根据高斯函数的形状来选择权值的一种线性平滑滤波器。高斯滤波器对于抑制服从正态分布的噪声非常有效。过滤数据的平滑度取决于滤波核标准差。它的输出是邻域数据的加权平均值,离中心越近,参与计算的权重越高。因此,与均值滤波相比,它具有更柔和的平滑效果和更好的边缘保持能力。高斯滤波器用作平滑滤波器的根本原因是它是低通滤波器。对于激光雷达数据,高斯滤波器的滤波核由式(3.21)计算生成并归一化,可用于数据平滑(去毛刺)和噪声去除。

$$g(x)=\frac{1}{\sqrt{2\pi}\sigma}\mathrm{e}^{\left(-\frac{x^2}{2\sigma^2}\right)} \tag{3.21}$$

滤波过程:移动相关核的中心元素,使其位于待处理输入数据的正上方;以输入数据的回波强度为权重,乘以核函数,将上述步骤的结果相加并做归一化输出。

经过去噪平滑过滤后的数据的最小值可用作背景噪声(N_b),从分解数据中减去背景噪声即近似为探测过程中产生的回波能量。此外,还需要记录滤波前后数据的均方偏差,作为随机噪声(σ_r)[见式(3.22)],为后续分解步骤中的参考阈值。

$$\sigma_r=\sqrt{\sum_{i=1}^{n}\frac{(\Delta X_i)^2}{n}} \tag{3.22}$$

式(3.22)为随机噪声计算公式,ΔX_i 为滤波前后原始波形中第 i 个数据点能量的变化;n 为一条波形数据中能量点的个数。

2. 波峰探测方法

目前针对全波形激光雷达的波形数据处理方法主要分为三类:数值检测法、反卷积法和波形分解法。

1)数值检测法

数值检测法(Wagner et al.,2004)主要是根据数据的统计信息,对波形数据采用局部极值等方法搜索波峰的位置。一般而言,数值计算方法简单,效率较高,但是并不适用于较为复杂的激光回波信号,也无法获取脉冲宽度等波形信息,通常作为其他高精度回波检测方法的初始化方法。常见的数值检测法有峰值探测法、平均方差法、匹配滤波法等。

(1)峰值探测法:通过计算求导获取局部最大值的位置,作为波峰的目标探测位置。峰值探测法先确定水面回波的波峰,然后从左到右,再确定水底回波的波峰。然而,这样可能会将水体后向散射回波的峰值误判为水底回波的波峰。故提出了反向峰值探测法,先确定水面回波的波峰,然后从右到左,寻找并确定水底回波的波峰,以此避免水体后向散射对水底回波探测的干扰（Wagner et al.，2004）。

（2）平均方差法：通过使用平均方差函数计算原始波形和激光雷达回波之间的相关性，通过设定阈值，将阈值内的点对应的位置作为目标点（Wagner et al.，2007）。通常平均方差函数的表达式为

$$R(t) = \sum_{m=1}^{N}[w_T(mt) - w_R(m+t)] \quad (3.23)$$

式中：N 为估计窗口中的样本数量；t 为采样间隔；w_T 为激光发射波形；w_R 为激光回波波形；R 为原始波形和激光雷达回波波形之间的峰态差异值。通常，使用 $R(t)$ 的值来衡量原始波形和激光雷达回波波形之间的相关性，若 $R(t)$ 较小，则原始波形和回波波形之间高度相关。通常在使用平均均方法时，先将局部最小值假设为目标探测点，然后使用给定的最小距离阈值剔除掉靠近假定目标位置的其他点，最后剩余的最小值为目标探测点，从而可以精确地分辨水面回波的波峰和水底回波的波峰。

（3）匹配滤波法：在进行波形处理时，通常将回波信号 $f(x)$ 分解为多个沿激光传输路径的不同分量 $f_i(x)$ 的叠加，紧接着比较各个分量经过匹配滤波器输出幅值最大值的信噪比，从而确定水底波峰的位置（Bretar et al.，2008）。

$$y = f(x) = \sum_{i=1}^{n} f_i(x) \quad (3.24)$$

通常 $f_i(x)$ 可以使用高斯函数[简称 G，见式（3.25）]、对数正态函数[简称 LG，见式（3.26）]、广义高斯函数[简称 GG，见式（3.27）]。

高斯函数：

$$f_{G,i}(x) = a_i \exp\left[-\frac{(x-\mu_i)^2}{2\omega_i^2}\right] \quad (3.25)$$

对数正态函数：

$$f_{LG,i}(x) = a_i \exp\left\{-\frac{[\ln(x-c_i)-\mu_i]^2}{2\omega_i^2}\right\} \quad (3.26)$$

广义高斯函数：

$$f_{GG,i}(x) = a_i \exp\left(-\frac{|x-u_i|a_i^2}{2\omega_i^2}\right) \quad (3.27)$$

2）反卷积法

反卷积法中将激光回波信号视为发射脉冲与目标物体响应的卷积（Neuenschwander，2008），已知发射脉冲和接收回波的输出信息后，确定目标物体就转化为求解反卷积的过程，通过反卷积法确定不同目标物的波峰信息及位置信息。由于反卷积法的特性，不需要将回波波形拟和为简单的函数模型的叠加,回波结果与发射脉冲的波形也无直接关联，具有较强的通用性。然而，反卷积法复杂度较高，运算量极大，实际应用中通常要对数值计算做优化，且容易产生振铃效应。此外，反卷积法还需要各种环境和水体参数，此类参数均很难获取或获取成本较大（Wang et al.，2015；Ma and Li，2009）。

目前全波形激光雷达测深数据处理的反卷积法包括维纳滤波反卷积法、B 样条反卷积法、理查森-露西反卷积法和小波反卷积法等。

（1）维纳滤波反卷积法（Jutzi et al., 2006）：任何信号本身都存在随机干扰，通常把对信号或系统功能起干扰作用的随机信号称为噪声。需要寻找一种最佳的线性滤波器，当信号和干扰及随机噪声同时输入该滤波器时，在输出端就能将信号尽可能地精确表现出来。维纳滤波反卷积法就是解决这一类问题的方法。

对于一个线性系统，假定维纳滤波器是 $h(n)$，观测到的信号即观测值是 $x(n)$。维纳滤波反卷积法假定观测值包括噪声 $w(n)$ 及有用信号 $s(n)$，且噪声和信号相互独立，可得

$$x(n) = s(n) + w(n) \tag{3.28}$$

将 $x(n)$ 作为维纳滤波反卷积法的输入，可得

$$\hat{s}(n) = x(n) * h(n) \tag{3.29}$$

人们希望得到的 $\hat{s}(n)$ 与 $s(n)$ 足够接近，以上就是维纳滤波器的思想，其系统框图如图 3.10 所示。

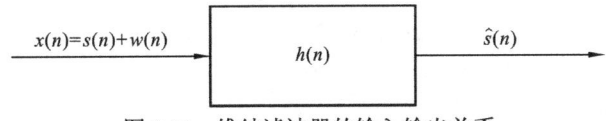

图 3.10　维纳滤波器的输入输出关系

维纳滤波反卷积法使用最小均方误差来最小化 $\hat{s}(n)$ 与 $x(n)$ 之间的误差，最小均方误差 μ 表达式为

$$\mu = [x(n) - \hat{s}(n)]^2 \tag{3.30}$$

将 $F(n)$ 替换为维纳滤波器，则式（3.29）变换为

$$\hat{s}(n) = F(n) * x(n) \tag{3.31}$$

式中：$F(n)$ 为维纳滤波器。

（2）理查森-露西反卷积法（Wu et al., 2011）：基于贝叶斯理论的一种极大似然估计法。通过迭代方式对参数进行迭代优化，获得可能性最大的估算结果。一般而言，使用该方法对全波形数据进行处理时，需要将回波数据看作 $1*N$ 的图像，同时将系统贡献视为高斯分布，对原始信号 $\bar{P}^i(t)$ 进行迭代，迭代公式为

$$\bar{P}^{i+1}(t) = \bar{P}^i(t) \cdot \left(\frac{W_R(t)}{\bar{P}^i(t) * W_T(t)} * \hat{W}_T(t) \right) \tag{3.32}$$

式中：$\bar{P}^{i+1}(t)$ 为第 i 次迭代后的目标横截面估计值；$W_T(t)$ 为激光发射波形；$W_R(t)$ 为接收波形；$\hat{W}_T(t)$ 为翻转波形。每一次迭代都会离最后结果更进一步，当回波波形与经过该方法得到的结果足够接近时，即当两者差值 S [见式（3.33）] 低于阈值时，终止迭代，此时的解视为局部最大似然解。

$$S = \| W_R(t) - \bar{P}^{i+1}(t) * W_T(t) \| \tag{3.33}$$

（3）小波反卷积法：由于频率域反卷积在重构时只能采用非常有限的频率谱，故而频率域反卷积的准确性将会大打折扣。小波反卷积法能够自动调整时域分辨率，故而能够适应不同频率的分辨率，并可以降低噪声的影响。小波反卷积法见式(3.34)和式(3.35)：

$$\Phi_{j,k}(x) = 2^{\frac{j}{2}} \Phi(2^j x - k) \tag{3.34}$$

$$\Psi_{j,k}(x) = 2^{\frac{\Psi j}{2}} \Psi(2^j x - k) \tag{3.35}$$

式中：Φ 为正交尺度函数；Ψ 为 Φ 对应的小波函数；$i, j, k \in Z$，则有集合式（3.36）：

$$\{\Phi_{i,k}, \Psi_{j,k} : j \geq i\} \tag{3.36}$$

形成正交基 $L^2(R)$。对于未知的周期函数 $f \in L^2(R)$，可以分解为

$$f = \sum_k \alpha_{i,k} \Phi_{i,k} + \sum_{j \geq i} \sum_k \beta_{i,k} \Psi_{j,k} \tag{3.37}$$

式中：$\alpha_{i,k}$ 和 $\beta_{i,k}$ 为 f 的小波系数，表达式分别为式（3.38）、式（3.39）：

$$\alpha_{i,k} = \int f \Phi_{i,k} \tag{3.38}$$

$$\beta_{i,k} = \int f \Psi_{j,k} \tag{3.39}$$

$$\Phi_{i,k}(x) = \sum_{l \in Z} \Phi_{i,k}(x+1) \tag{3.40}$$

$$\Psi_{j,k}(x) = \sum_{l \in Z} \Psi_{j,k}(x+1) \tag{3.41}$$

3）波形分解法

波形分解法将回波信号视为能量波形，即多个单一能量函数模型的叠加。在解算过程中，即可求解出回波位置、脉冲宽度和强度等信息。最常用的用来拟合水面和水底波形的能量分布函数有高斯函数、韦伯函数等（Wang et al.，2015；Chauve et al.，2008），拟合水体响应的能量分布函数有三角形函数（Abdallah et al.，2013）和四边形函数等（Abady et al.，2014）。

在得到能量波形的数据后，即对能量函数参数进行预估，通过选定适用于波形的函数描述它们之间的关系：$y = f(x)$，通过已知输入信息，优化确定函数中的参数项。例如，$f(x)$ 为一个线性函数 $y = kx + b$，即需要明确参数 k 与 b，同时该类方法往往需要涉及参数优化精确，即需要找到最优的参数组 P，满足式（3.42）最小：

$$S(p) = \sum_{i=1}^{m} [y_i - f(x_i, p)]^2 \tag{3.42}$$

即控制函数 $S(p)$ 最小，以最小二乘法拟合达到最优解，最终得到合理的参数值。通常反卷积法处理速度慢，并且可能造成噪声放大导致虚假波峰等问题。数值分解法处理速度快，但是对于复杂波形的拟合较差。波形分解法通过参数预估，参数优化后可直接获得每个高斯波的特征信息，如波峰位置、波宽和振幅等。因此，权衡之下，波形分解法成为当下最流行的全波形数据处理方法。常用的波形分解法有高斯分解算法、韦伯分解算法等。以下将会对这两种方法进行介绍，由于大部分机载激光雷达系统发射的激光波形在形状上接近于标准正态分布，所以通常使用高斯函数模型构造波形分解法，故将会着重对高斯分解算法进行详细讨论。

（1）韦伯分解算法：使用韦伯函数拟合波形。韦伯函数的表达式为

$$W_\mathrm{d}(t) = \frac{Af}{p}\left(\frac{t}{P}\right)^{(f-1)} \mathrm{e}^{-\left(\frac{t}{p}\right)^f} \tag{3.43}$$

式中：A 为回波波形的振幅，通过改变振幅可以改变曲线的大小，但是对曲线的形状不会产生影响；f 为形状参数，它决定回波波形的基本形状，通过改变 f，可将韦伯函数拟合为正态分布，指数分布；p 为激光回波波形的水底时间对应的位置。通过最小化函数 f_c，可以获取式（3.44）中的参数值：

$$f_\mathrm{c}(t) = \| w_\mathrm{R}(t) - \alpha_i \mathrm{e}^{-\frac{(t-\mu)^2}{\delta^2}} - W_\mathrm{d}(t) \| \tag{3.44}$$

（2）高斯分解算法：假定散射截面由 N 个高斯函数叠加而成，高斯函数的表达式如下：

$$W_\mathrm{d}(t) = a\mathrm{e}^{-\frac{(x-\mu)^2}{2\sigma^2}} \tag{3.45}$$

式中：a 为振幅；μ 为脉冲距离；σ 为脉冲宽度。通过最小化函数 f_c，可以获取式（3.45）中的参数值：

$$f_\mathrm{c}(t) = \frac{1}{N} \left\| w_\mathrm{R}(t) - \sum_{i=1}^{N} \alpha_i \mathrm{e}^{-\frac{(t-\mu_i)^2}{\delta_i^2}} \right\| \tag{3.46}$$

高斯分解算法在处理全波形数据时主要包括三个步骤：原始波形滤波去噪、波形分解与参数估计、波形参数优化。原始波形滤波去噪是对波形进行平滑处理，从而消除系统和环境噪声的影响；波形分解与参数估计是指用多个具有不同参数的标准高斯函数对激光回波波形进行分解拟合，从而获得各个高斯函数的特征参数初始值；波形参数优化是利用优化算法对拟合回波数据波形的多个高斯函数的参数进行精化。

3. 最优参数优化

最优参数优化（郭锴 等，2020）是对波形分解中的特征参数进行迭代计算，获取最优特征参数解的方法。常用的特征参数优化方法有列文伯格-马夸尔特（Levenberg-Marquardt，LM）优化算法和期望方差最大（expectation maximization，EM）优化算法。

1）LM 优化算法

LM 优化算法是一种广泛应用于参数优化的非线性最小二乘算法。传统的梯度下降法获取目标函数的最大（最小）值时，需要给定初始点 (x_0, y_0)，然后进行迭代不断寻找，直至梯度的模落在预设的范围内终止。但梯度下降法的不足之处在于：在远离极小值时梯度下降得很快，而在靠近极小值时下降会变得很慢，甚至在接近最优解时呈现 zig-zag 下降。而高斯-牛顿法作为一种非线性最小二乘优化算法，利用了目标函数的泰勒展开式，将非线性函数的最小二乘化问题转化为每次迭代的线性函数的最小二乘化问题。但高斯-牛顿法也存在明显的不足：若初始点在做任意选取时距离极小值点过远，设置的迭代步长过大会导致下一次迭代的函数值不一定小于上一次迭代计算的函数值。而 LM 优化算法在高斯-牛顿法中加入了迭代因子 μ，当 μ 取值较大时相当于梯度下降法，当 μ 取值较小时则相当于高斯-牛顿法。当使用 LM 优化算法时，通常设置一个较小的 μ 值，当发现目标函数反而增大时，需要将 μ 增大使用梯度下降法进行快速寻找，随后再将 μ 减小使

用高斯-牛顿法进行准确寻找。观测数据(x, y)被认为是多重高斯波的叠加,即目标函数如式(3.47):

$$y = f(x;\alpha,\mu,\sigma) = \sum_{i=1}^{N} a_i e^{\left(\frac{-(t-\mu_i)^2}{2\sigma_i^2}\right)} \quad (3.47)$$

$$F(x, \boldsymbol{p}) = f(x;\alpha,\mu,\sigma) - y = 0 \quad (3.48)$$

式(3.48)中,$\boldsymbol{p}$ 为未知参数 α, μ, σ 的向量,为非线性形式,不能直接形成最小二乘解的误差方程。首先,将未知数按泰勒级数展开,省略两次以上部分,即可得到雅可比矩阵如式(3.49):

$$\boldsymbol{J} = \begin{bmatrix} \frac{\partial F_1}{\partial a_1} & \frac{\partial F_1}{\partial \mu_1} & \frac{\partial F_1}{\partial \sigma_1} & \cdots & \frac{\partial F_1}{\partial a_N} & \frac{\partial F_1}{\partial \mu_N} & \frac{\partial F_1}{\partial \sigma_N} \\ \frac{\partial F_2}{\partial a_1} & \frac{\partial F_2}{\partial \mu_1} & \frac{\partial F_2}{\partial \sigma_1} & \cdots & \frac{\partial F_2}{\partial a_N} & \frac{\partial F_2}{\partial \mu_N} & \frac{\partial F_2}{\partial \sigma_N} \\ \vdots & \vdots & \vdots & & \vdots & \vdots & \vdots \\ \frac{\partial F_n}{\partial a_1} & \frac{\partial F_n}{\partial \mu_1} & \frac{\partial F_n}{\partial \sigma_1} & \cdots & \frac{\partial F_n}{\partial a_N} & \frac{\partial F_n}{\partial \mu_N} & \frac{\partial F_n}{\partial \sigma_N} \end{bmatrix} \quad (3.49)$$

每个高斯函数对三个参数的一阶导数为式(3.50)~式(3.52):

$$\frac{\partial F}{\partial a} = \exp\left(\frac{-(t-\mu)^2}{2\sigma^2}\right) \quad (3.50)$$

$$\frac{\partial F}{\partial \mu} = a \frac{x-\mu}{\sigma^2} \exp\left(\frac{-(t-\mu)^2}{2\sigma^2}\right) \quad (3.51)$$

$$\frac{\partial F}{\partial \sigma} = a \frac{(x-\mu)^2}{\sigma^3} \exp\left(\frac{-(t-\mu)^2}{2\sigma^2}\right) \quad (3.52)$$

LM 优化算法的迭代公式与终止条件如式(3.53)、式(3.54):

$$\hat{p} = p^{(0)} + [\boldsymbol{J}^T(x, p^{(0)})\boldsymbol{J}(x, p^{(0)}) + \lambda \boldsymbol{E}]^{-1} \cdot \boldsymbol{J}^T(x, p^{(0)})[y - f(x, p^{(0)})] \quad (3.53)$$

$$\| \hat{p} - p^{(0)} \| < \varepsilon \quad (3.54)$$

式中:$p^{(0)}$ 为待估参数向量初值;$\boldsymbol{E}$ 为单位矩阵;λ 为阻尼系数,以 $\| \hat{p} - p^{(0)} \|$ 作为判断迭代终止的准则。如果 $\| \hat{p} - p^{(0)} \|$ 的值大于阈值 ε,则 $\hat{p}$ 将被计算为新的 $p^{(0)}$,直到满足该终止条件,最终该次分解的向量组系数 (a_i, μ_i, σ_i) 得到优化解输出。

2)EM 优化算法

EM 优化算法是 Dempster 等在 1997 年提出的用于高斯混合密度参数估计的算法。用 EM 优化算法分解高斯波形,原始公式为式(3.55)~式(3.58):

$$Q_{ij} = \frac{p_j f_j(i)}{\sum_{j=1}^{k} p_j f_j(x_i)} \quad (3.55)$$

$$p_j = \frac{\sum_{i=1}^{n} Q_{ij}}{n} \quad (3.56)$$

$$\mu_j = \frac{\sum_{i=1}^{n} Q_{ij} i}{p_j \times n} \tag{3.57}$$

$$\sigma_j = \sqrt{\frac{\sum_{i=1}^{n} y_i Q_{ij}(i-\mu_j)^2}{p_j \times n}} \tag{3.58}$$

基于对雷达数据中反射强度（振幅）的考虑，在全波形数据处理中加入回波强度的 EM 优化算法公式为式（3.59）～式（3.62）：

$$Q_{ij} = \frac{p_j f_j(i)}{\sum_{j=1}^{k} p_j f_j(i)} \tag{3.59}$$

$$p_j = \frac{\sum_{i=1}^{n} y_i Q_{ij}}{n \times \sum_{i=1}^{n} y_j} \tag{3.60}$$

$$\mu_j = \frac{\sum_{i=1}^{n} y_i Q_{ij} i}{p_j \times n \times \sum_{i=1}^{n} y_j} \tag{3.61}$$

$$\sigma_j = \sqrt{\frac{\sum_{i=1}^{n} y_i Q_{ij}(i-\mu_j)^2}{p_j \times n \times \sum_{i=1}^{n} y_j}} \tag{3.62}$$

式中：n 为波形中采样的数量，也就是参与计算的点的个数；y_i 为当前点的回波强度；p_j 为波形 j 出现的概率，初值可以用波形的振幅比值来代替，所有波形出现的概率之和为 1，即 $\sum_{j=1}^{k} p_j = 1$；Q_{ij} 为点 i 属于波形 j 的概率。由于初始值的定义并不是 p_j、μ_j、σ_j 的最优值，需要迭代求解得到最优值，实际处理中可设置前后两次循环高斯波形位置 $\mu^{(k)}$ 和 $\mu^{(k+1)}$ 差异小于阈值作为结束条件。

3.2.3 海浪波与折射改正

在自然环境中，由于波浪、潮汐等因素的影响，水面并非静止的，而是会有一定的起伏，从而造成大气-水界面的几何形状改变，当激光进入大气-水界面时，倾斜的瞬时水面会造成光线路径偏移，从而对水底地形测量精度产生影响。为了获得折射改正后的水底坐标，需要进行折射改正。折射改正通常需要先构建瞬时海面模型，之后通过瞬时海面模型对光线进行追踪，获得折射改正后的水底坐标。

1. 海面激光点坐标计算

针对双频和单波束机载激光雷达接收的回波数据，通过 3.2.2 小节和 3.2.3 小节介绍的波形数据处理方法，可以提取水面和水底回波信号之间的时间差，根据激光光束发射角和光速，可以计算获取激光光束斜距长度和水深数据；同时根据激光传感器与载体平台的 GPS 天线和惯性测量单元（inertial measurement unit，IMU）之间的空间几何结构，结合激光光束空间斜距，构建激光光束出孔处与地面激光光斑点之间的空间坐标转换关系，从而计算得到每个地面光斑点在 GPS 坐标系下的空间三维坐标，即 WGS84 坐标系下的坐标。

通过这种方式，双频和单频的测深激光雷达可以在进行水深测量时，通过水面回波信号的提取，计算出每束激光与水−气交界面处的交点坐标，即瞬时离散的海面点。这些大量的高精度海面点可以用来表征瞬时的海浪波形态。如图 3.11 所示，针对圆扫描式 ALB 系统建立扫描仪坐标系，图中 O 点表示以激光发射中心为坐标原点，Y 轴指向飞机飞行方向，X 轴指向飞机右侧，Z 轴垂直向上，构成右手坐标 $O\text{-}XYZ$。

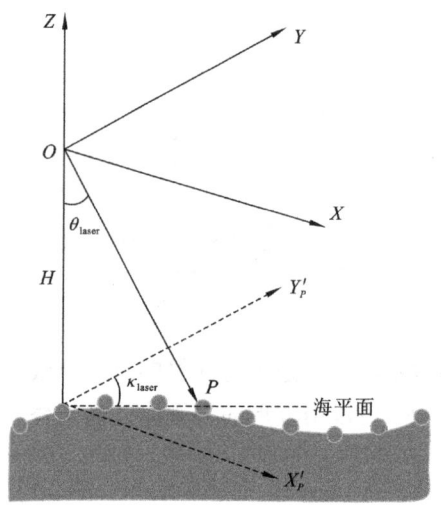

图 3.11 海面激光点示意图

根据激光发射中心 O 与激光光束在水−气交界面处交点 P 之间的空间几何关系，可通过式（3.63）计算出瞬时海面点 P 在 $O\text{-}XYZ$ 坐标系下的三维坐标值：

$$\begin{cases} X_P = \dfrac{1}{2}c\Delta t_1 \sin\theta_{\text{laser}} \sin\kappa_{\text{laser}} \\ Y_P = \dfrac{1}{2}c\Delta t_1 \sin\theta_{\text{laser}} \cos\kappa_{\text{laser}} \\ Z_P = -\dfrac{1}{2}c\Delta t_1 \cos\kappa_{\text{laser}} \end{cases} \quad (3.63)$$

式中：θ_{laser} 为扫描天底角；κ_{laser} 为激光入射点的扫描转角（即扫描方位角），以 OY 方向起顺时针为正；c 为激光在真空中的速度；Δt_1 为激光发射后经海面返回接收的时间差，可以通过 3.2.2 小节和 3.2.3 小节介绍的波形拟合方法获得。对于水-气界面激光点的折射改正，通常是在地心地固坐标系进行的，因此需要进行一系列的坐标转换，将 GPS 坐标系下的坐标转换为地心地固坐标系下的坐标(x_P, y_P, z_P)。

2. 海浪波拟合模型

利用提取的大量海面点，可以进行瞬时高精度的海浪波拟合。在拟合过程中，常采用分段多项式和海浪几何模型，各拟合模型的二维模型表示为式（3.64）和式（3.65），其对应三维模型表示为式（3.66）和式（3.67），其中 a_i、b_i、c_i、d_i、e_i、f_i 表示多项式系数，A_i、ω_i、ϕ_i、φ_i、g 分别表示海浪几何模型中各波形的振幅、角速度、方向角、初始相位和重力加速度。拟合过程中采用基于最小二乘法的 LM 优化算法进行瞬时海浪波参数优化。

$$z = \sum_{i=1}^{n} a_i x^2 + b_i x + c_i \tag{3.64}$$

$$z = \sum_{i=1}^{n} A_i \cos\left(\frac{\omega_i^2}{g} x + \varphi_i\right) \tag{3.65}$$

$$z = \sum_{i=1}^{n} a_i x^2 + b_i y^2 + c_i xy + d_i x + e_i y + f_i \tag{3.66}$$

$$z = \sum_{i=1}^{n} A_i \cos\left[\frac{\omega_i^2}{g}(x\cos\phi_i + y\sin\phi_i) + \varphi_i\right] \tag{3.67}$$

3. 基于海浪波的水体折射改正

根据已计算获取的水-气界面交点 P 的空间坐标、海浪面斜率 $\tan\vartheta_P$、法向量 N，结合水底激光点的坐标和指向角 θ，构建空间结构关系，并推演获得水体折射和水体光子速度变化导致的位置偏移和水深误差模型。基于海浪波与水气界面交点 P 的空间位置不同，将其分为两种情况，一种 $\tan\vartheta_P \geq 0$ 的情况，如图 3.12 所示；另一种是 $\tan\vartheta_P < 0$ 的情况，如图 3.13 所示。由于在激光雷达测量过程中，无法将激光光束在大气和水体中的整体传输时间分离开，但光子在水体中的传输时间是一定的，即传输时间不因水体折射和速度变化而改变。因此，根据 Snell 定律，原始入射光束的水下路径 L 与水体折射后的光子路径 R 之间的关系可表示为式（3.68），其中 n_w 为水体折射率；C_a 和 C_w 分别为光束在空气和水体中的传输速度；t 为光子在水体中的传输时间。

$$n_w = \frac{C_a \cdot t/2}{C_w \cdot t/2} = \frac{L}{R} \tag{3.68}$$

当 $\tan\vartheta_P \geq 0$ 时，首先基于空间结构可获取光束入射角 α。然后根据 Snell 定律获取折射角 β，表示为式（3.69）～式（3.71），其中 n_w 为水体折射率。最后依据原始入射光子与水体折射后的光子路径之间的关系，构建光束在不同方向上的位移误差模型，并计算出不同方向上的位移误差 Δ_x 和 Δ_z，在高程 z 方向上的差值为水深误差，如式（3.72）所示。

$$a = \vartheta_P - \theta, \quad \vartheta_P \geq 0 \tag{3.69}$$

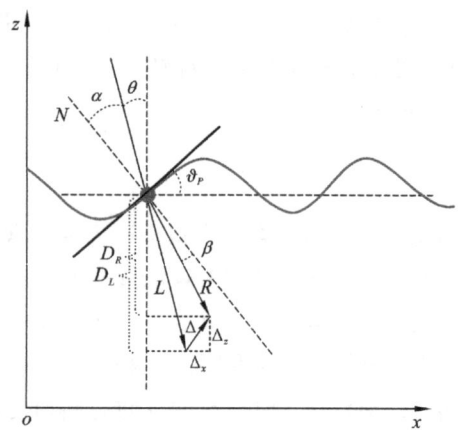 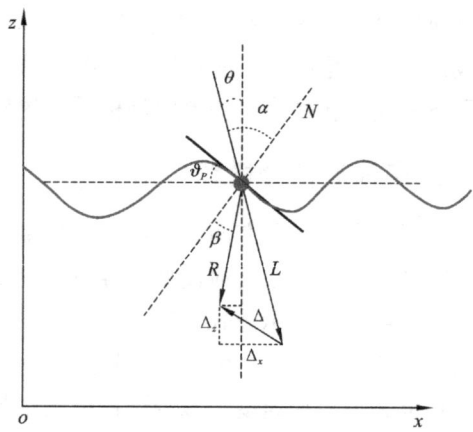

图 3.12　海浪面斜率≥0 时的水体折射和激光光束的速度变化导致位移误差的空间结构示意图　　图 3.13　海浪面斜率<0 时的水体折射和激光光束的速度变化导致位移误差的空间结构示意图

$$n_\mathrm{w}=\frac{\sin\alpha}{\sin\beta} \tag{3.70}$$

$$\beta=\sin^{-1}\frac{\sin a}{n_\mathrm{w}}=\sin^{-1}\frac{\sin(\vartheta_P-\theta)}{n_\mathrm{w}},\quad \beta<90° \tag{3.71}$$

$$\begin{cases}\Delta_x=R\sin(\vartheta_P-\beta)-L\sin\theta=L\left[\sin(\vartheta_P-\beta)\dfrac{1}{n_\mathrm{w}}-\sin\theta\right]\\ \Delta_z=L\cos\theta-R\cos(\vartheta_P-\beta)=L\left[\cos\theta-\cos(\vartheta_P-\beta)\dfrac{1}{n_\mathrm{w}}\right]\end{cases} \tag{3.72}$$

当 $\tan\vartheta_P<0$ 时，光束与水−气界面的交点的法向量方向与 $\tan\vartheta_P\geq 0$ 时不同，因此需要重新基于空间结构获取光束的入射角 α，然后根据 Snell 定律获取折射角 β，表示为式（3.73）和式（3.74）；最后依据原始入射光子与水体折射后的光束路径之间的关系，构建光束在不同方向上的位移误差模型，并计算出不同方向上的位移误差 Δ_x 和 Δ_z，在高程 z 方向上的差值为水深误差，如式（3.75）所示。

$$a=\vartheta_P+\theta,\quad 0<\vartheta_P<90° \tag{3.73}$$

$$\beta=\sin^{-1}\frac{\sin a}{n_\mathrm{w}}=\sin^{-1}\frac{\sin(\vartheta_P+\theta)}{n_\mathrm{w}},\quad \beta<90° \tag{3.74}$$

$$\begin{cases}\Delta_x=R\sin(\vartheta_P-\beta)+L\sin\theta=L\left[\sin(\vartheta_P-\beta)\dfrac{1}{n_\mathrm{w}}+\sin\theta\right]\\ \Delta_z=L\cos\theta-R\cos(\vartheta_P-\beta)=L\left[\cos\theta-\cos(\vartheta_P-\beta)\dfrac{1}{n_\mathrm{w}}\right]\end{cases} \tag{3.75}$$

模型同样适用于三维空间。在三维空间结构中，水下激光点的位移和水深误差校正模型如式（3.76）和式（3.77）所示，其中 (θ_x,θ_y)、$(\vartheta_P^x,\vartheta_P^y)$、$(\beta_x,\beta_y)$ 分别表示光束指向角、海浪面斜率角、折射角在 $\angle zox$ 和 $\angle zoy$ 上的投影分量。

$$\begin{cases} \Delta_x = L\left[\sin(\vartheta_P^x - \beta_x)\dfrac{1}{n_w} - \sin\theta_x\right], \\ \Delta_y = L\left[\sin(\vartheta_P^y - \beta_y)\dfrac{1}{n_w} - \sin\theta_y\right], \\ \Delta_z = \dfrac{L\left[\cos\theta_x - \cos(\vartheta_P^x - \beta_x)\dfrac{1}{n_w}\right] + L\left[\cos\theta_y - \cos(\vartheta_P^y - \beta_y)\dfrac{1}{n_w}\right]}{2} \end{cases} \quad \tan\vartheta_P \geq 0 \quad (3.76)$$

$$\begin{cases} \Delta_x = L\left[\sin(\vartheta_P^x - \beta_x)\dfrac{1}{n_w} + \sin\theta_x\right], \\ \Delta_y = L\left[\sin(\vartheta_P^y - \beta_y)\dfrac{1}{n_w} + \sin\theta_y\right], \\ \Delta_z = \dfrac{L\left[\cos\theta_x - \cos(\vartheta_x^y - \beta_x)\dfrac{1}{n_w}\right] + L\left[\cos\theta_y - \cos(\vartheta_P^y - \beta_y)\dfrac{1}{n_w}\right]}{2} \end{cases} \quad \tan\vartheta_P < 0 \quad (3.77)$$

3.2.4 深度基准转换

深度基准转换的目的是将各种测深设备所获得的水深数据归算至以深度基准面为起算基准面的海底点空间三维坐标，以便制作各种海图数据，为船只安全通航提供保障。其中大地水准面、平均海水面、深度基准面等是建立海图和地形图垂直基准转换模型关键的基准面，本小节将先介绍三个重要的测深基准面，再分析不同的海洋深度归算改正模型。

1. 基本基准面

1）参考椭球面

长期的测量工作数据表明，地球的形状近似于一个可由椭圆绕短轴旋转而成的椭球体。与一个国家或地区的大地水准面最为吻合的椭球体即为参考椭球。参考椭球可以用数学公式准确地表达，计算较为简单。因此，在测量工作中，常用这样一个规则的参考椭球面代替大地水准面。由于GPS技术的广泛应用，WGS-84椭球成为目前最常用的参考椭球。我国自2008年起启用2000国家大地坐标系（China Geodetic Coordinate System 2000，CGCS2000），CGCS2000的参考椭球既是几何计算的参考面，又是地球表面上及空间正常重力场的参考面。

2）大地水准面

大地水准面是一个特殊的、假想的水准面，它与静止的平均海水面重合并且包围了整个地球。大地水准面是正高的基准面，也是外业测量工作的基准面，一般将地面点到大地水准面的垂直距离称为绝对高程（高程）或海拔。大地水准面可以通过它与参考椭球面的间距来确定。

3）平均海水面

在海洋测绘中，平均海水面是一个重要的起算基准面，指在一定时间段内，消除了潮汐、海浪影响的近似理想的海平面，简称平均海面。通常，采用平均海水面代替大地水准面作为高程基准面。平均海平面一般可由验潮站验潮确定，根据观测周期的时间长短，可以分为日、月、年和多年平均海面。

4）深度基准面

1957年以后，我国采用理论最低潮面作为深度基准面，深度基准面以当地平均海平面作为基准面起算，一般略低于平均海水面，常用 L 表示深度基准面与平均海平面之间的垂直基准偏差，可由潮汐调和常数计算获得。根据《海道测量规范》的相关规定，各种海洋制图中所需描述的要素，如各种水深注记、灯塔等要素，需要以当地的深度基准面作为表达的基准面，同时深度基准面的确定，主要也是出于船只在航道中的航行安全及能够充分利用航道的考虑。

2. 深度基准转换

机载激光系统的海洋深度归算改正模型以是否对波浪和潮汐进行改正可分为三种：无修正法深度归算改正模型、波浪潮汐改正法深度归算改正模型及惯导辅助修正法深度归算改正模型（欧阳永忠 等，2003）。图3.14表示机载激光系统海底地形测深的空间几何结构图，图中表示了瞬时海面、平均海水面、参考椭球面、大地水准面、深度基准面等垂直参考面之间的关系。

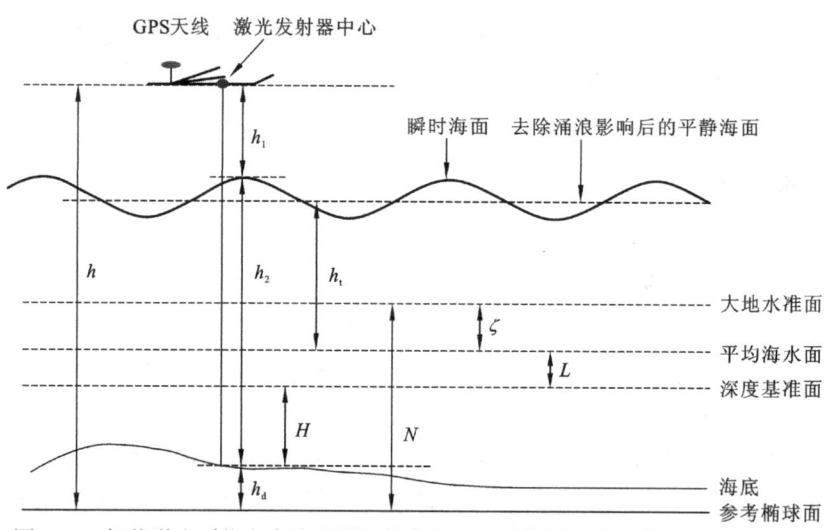

图3.14 机载激光系统海底地形测深的空间几何结构图（欧阳永忠 等，2003）

如图3.14所示，N 表示大地水准面到参考椭球面的垂直距离，即大地水准面高度。H 表示以深度基准面起算的海底深度。L 表示从平均海水面到深度基准面的数值，即深度基准面与平均海平面之间的垂直基准偏差，可由潮汐调和常数和节点因子采用弗拉基米尔斯基算法计算得到。ζ 表示平均海水面与大地水准面之间的垂直偏差，即基于大地水准面表示的海面地形。h表示飞机平台到参考椭球面的垂直距离。h_1表示飞机平台到瞬时海面的垂直距离。h_2表示瞬时海面入射点到海底的垂直距离。h_d表示海底到参考椭球面的垂直距离,即海底点的大地高。h_t表示去除涌浪影响后的平静海面到平均海水面之间的垂直距离,即潮位改正数,可以通过验潮站的潮汐数据预报或水位观测值计算得出。

1) 无修正法深度归算改正模型

深度归算改正是求以深度基准面为起算面的海底点H值,但测深设备系统获取的数据一般是以参考椭球面作为起算面,因此需要将获得的数据从参考椭球面换算到深度基准面。无修正法不需要考虑波浪改正和潮汐改正,在模型计算中完全回避了这两个干扰项。具体推导过程如下。

以海底一点为例,已知该点的大地高h_d可由已知的测深数据进行计算获得,具体可表示为

$$h_d = h - (h_1 + h_2) \tag{3.78}$$

计算平均海水面至参考椭球面的距离h_m:

$$h_m = N - \zeta \tag{3.79}$$

计算该点相对于平均海水面的深度H_m:

$$H_m = h_m - h_d \tag{3.80}$$

计算该点相对于深度基准面的深度H,即得到由深度基准面作为起始面的数值,也就是将海底点归算至深度基准面:

$$H = H_m - L \tag{3.81}$$

由上述的推导过程可知,波浪改正和潮汐改正不需要考虑,所需的测深数据也可由相关的测深设备获取,因此模型解算的关键转换为如何获取较为准确的平均海水面的大地高h_m,除由大地水准面模型与海面地形做差值外,平均海面高度h_m还可以由卫星测高获取和验潮站永久水准点GPS高程测量,间接求得当地的平均海面高度h_m。

2) 波浪潮汐改正法深度归算改正模型

无修正法的推导过程,完全回避了波浪和潮汐改正干扰项,但其中关键的平均海面高度h_m并不容易获取,因此波浪潮汐改正法可作为无修正法的一种检验方案,具体的推导过程如下。

激光发射器中心大地高H和发射器中心至瞬时海面的垂直距离h_1做差值,求得瞬时海面的大地高h_s:

$$h_s = h - h_1 \tag{3.82}$$

计算一定时间段内h_s的平均值,即获得去除涌浪影响后的平静海面的大地高$\bar{h}_s$:

$$\bar{h}_s = \sum h_s / n \tag{3.83}$$

式中:n为参加平均值计算的样本个数。

计算波浪改正数Δh_s,即求取h_s和$\bar{h}_s$的差值:

$$\Delta h_s = h_s - \bar{h}_s \tag{3.84}$$

计算海底点相对于平均海面的深度 H_m，即从 h_2 中扣除波浪改正数 Δh_s 和潮位改正数 h_t：

$$H_m = h_2 - \Delta h_s - h_t \tag{3.85}$$

计算海底点相对于深度基准面的深度 H 为

$$H = H_m - L \tag{3.86}$$

波浪潮汐改正法需要附近验潮站的潮汐数据，因此该方案适用于海岸带附近海域的测深作业，同时也可以与无修正法互相检核，保证测深工作所得数据的质量。

3）惯导辅助修正法深度归算改正模型

上述两种深度归算改正模型的前提都是要能够获取准确的大地高观测值数据，因此可以在平台上安装高精度惯导系统，同时提供载体在高度方向上的变化量 Δh，具体推导过程如下。

计算 t 时刻的瞬间海面起伏的高度变化值 h_1'：

$$h_1' = h_1 - \Delta h \tag{3.87}$$

式中：Δh 为以时间 t_1 为基准，计算蓝绿激光器发射中心在时间段 $t_1 \sim t_2$ 内某一时刻 t 的高度变化量（因为蓝绿波段穿透水体能力强，被水体吸收损耗小）。

在 $t_1 \sim t_2$ 时间段内求 h_1' 的平均值 $\overline{h_1'}$：

$$\overline{h_1'} = \sum h_1' / n \tag{3.88}$$

式中：n 为参加平均值计算的样本个数。

计算波浪改正数 Δh_s：

$$\Delta h_s = \overline{h_1'} - h_1' \tag{3.89}$$

计算海底点相对平均海面的深度 H_m：

$$H_m = h_2 - \Delta h_s - h_t \tag{3.90}$$

计算海底点相对深度基准面的深度 H：

$$H = H_m - L \tag{3.91}$$

无修正法和波浪潮汐改正法由于要获取准确的大地高观测值数据，需要配备高精度的实时动态（real-time kinematic，RTK）定位系统，但 RTK 的高精度的有效距离只有 10 km，如果要扩大作业范围，则需要再配备专业的后处理软件。而由惯导辅助修正法的推导过程可知，该方案并不涉及大地高观测值数据，因此无须配备 RTK 定位系统，既可以在海岸线附近进行测量作业，也可以在远离大陆的岛礁海域作业。

3.3 全波形激光雷达海岛礁环境要素测量

3.3.1 海面风速测量

海面风速是海岛礁环境中重要的参数之一，风能直接影响大气的温度和大气-海洋之间的热流量。掌握海面风场的变化对海洋动力研究，对海岛礁环境的监测有重要意义。最初测量海面风速是通过船舶、海上浮标、沿岸和岛屿气象站及走航调查等常规观测系统测量，随着传感器技术的提高和卫星遥感的发展，微波辐射计、雷达高度计和合成孔径雷达被应用到海风测速中。另外，使用星载激光雷达数据经过反演之后也可得到小尺度的海表面风速信息，为卫星测风提供了新的数据源。

风可以造成海面波浪起伏形成粗糙的水面，激光在海面的后向散射可用几何光学来说明，激光后向散射可以看成是光斑覆盖区域内许多微小镜面反射点的贡献。从物理学上看，海面风速越高，波浪起伏引起的海面越粗糙，波浪斜率越大，激光雷达接收的镜面后向散射信号越小。根据这种相关性，目前有三种典型的海面均方斜率与风速的关系模型（Hu et al.，2008；Wu，1972；Cox and Munk，1954）（表3.2）。

表3.2 三种典型的海面均方斜率与风速的关系模型

时间/年	作者	模型
1954	Cox 和 Munk	$\sigma^2 = 0.003 + 0.00512 U_{12.4}$
1972	Wu	$\sigma^2 = \begin{cases} 0.01\ln U_{10} + 0.012, & U_{10} \leqslant 7 \text{ m/s} \\ 0.085\ln U_{10} - 0.145, & U_{10} > 7 \text{ m/s} \end{cases}$
2008	Hu	$\sigma^2 = \begin{cases} 0.0146\sqrt{U_{10}}, & U_{10} \leqslant 7 \text{ m/s} \\ 0.003 + 0.00512 U_{10}, & 7 \text{ m/s} \leqslant U_{10} \leqslant 13.3 \text{ m/s} \\ 0.138\lg U_{10-0.084}, & U_{10} \geqslant 13.3 \text{ m/s} \end{cases}$

另外2011年贾佳基于CALIPSO气溶胶产品雷达夜间数据对模型中风速小于等于7 m/s时进行修正，保留了其他两段公式。激光雷达通过接收海面后向散射信号来探测海面信息。海面散射信号包括三部分：海面白帽后向散射γ_{WC}、海面镜面后向散射γ_S和次表层水体散射γ_u，可表示为

$$\gamma = T^2 \cdot (\gamma_{WC} + \gamma_S + \gamma_u) \tag{3.92}$$

1968年Barrick运用物理光学的方法推导出雷达后向散射截面和入射角、粗糙表面均方斜率理论关系，其表达式见式（3.93），后续很多研究者对于海风的测量都是基于该理论：

$$\gamma_S = \frac{\rho}{4\pi\sigma^2\cos^4\theta}\exp\left(-\frac{\tan^2\theta}{2\sigma^2}\right) \tag{3.93}$$

式中：γ_S为海面镜面后向散射值；ρ为海面Fresnel反射率，对于532 nm通道$\rho \approx 0.0209$，对于1064 nm通道$\rho \approx 0.0193$；θ为激光发射角；σ^2为具有统计意义的反映海面粗糙程度的海面均方斜率。对于星载激光雷达，要建立海面风速与均方斜率的关系，必须计算得出激光雷达海面镜面后向散射γ_S。根据式（3.92）推出公式如下：

$$\gamma_S = (\gamma - \gamma_{WC} - \gamma_u)/T^2 \tag{3.94}$$

对于CALIPSO星载激光雷达，归一化激光雷达方程可表示为

$$\beta'(z) = \beta(z)T^2(z) \tag{3.95}$$

$$T^2(z) = \exp\left[-2\int_z^{z_{sat}} \sigma(z')\mathrm{d}z'\right] \tag{3.96}$$

式中：z 为海拔；z_{sat} 为卫星的海拔；σ 为消光系数。根据上述公式，激光雷达海面镜面后向散射为

$$\gamma_S = \beta_S(0) = \beta_S'(0)/T^2(0) = (\beta_S'(0) - \gamma_{wc} - \gamma_u)/T^2(0) \tag{3.97}$$

3.3.2 海水温度及盐度测量

在海洋学研究中，海水的温度、盐度、密度、压强等参数是极为重要的海洋基本物理参量，这些参量对于舰艇活动和海军作战具有重要的影响，在军事领域都有着至关重要的意义。研究海水的温度、盐度、密度、压强等要素的分布和变化规律不仅是认识海洋环境和利用海洋资源的基础，同时也具有非常重要的军事科研价值。因此，发展一种能够快速精确测量海洋物理参量的遥感技术一直是海洋技术领域的研究热点。海水中存在大量的散射光，按照散射激光频率与入射激光频率的关系，可大致将海水激光散射分为弹性散射和非弹性散射。其中绝大部分是弹性散射光，布里渊散射和拉曼散射作为弹性散射光，与海水水分子的状态有密切的联系，因此可以作为遥测海水温度的有力工具。同时，蓝绿激光能够穿透海水，加之激光的方向性好、亮度高等固有特性，使得激光技术与空间遥感技术相结合的机载海洋激光雷达技术受到了重视，基于布里渊散射和拉曼散射的遥测技术取得了较大的进步，但在实际场景中应用存在尚未克服的困难（任秀云，2016）。

1. 海水温度

海水温度可度量海水冷热程度，是海水状态最重要的参数。海水温度的监测对研究海洋学、海洋环境监测及海洋渔业等有十分重要的实用意义。布里渊雷达遥测海洋温度的方法是根据布里渊频移与温度的关系，利用高精度法布里-珀罗干涉仪或边缘滤波技术测量出布里渊频移的大小，推算出海水的温度（高玮等，2008）。由于布里渊散射的产生与媒介内部的特性密切相关，而海水各个物理量相互之间又有联系，通常布里渊散射信号的频移量可以由式（3.98）得出（Hirschberg et al.，1984）。

$$v_B(S,T) = \frac{2n(S,T,\lambda)V(S,T)}{\lambda}\sin\frac{\theta}{2} \tag{3.98}$$

式中：v_B 为布里渊散射信号的频移，是海水温度 T 和海水盐度 S 的函数；λ 为入射光波长；n 为介质折射率；θ 为散射角；V 为介质中的声速。当激光波长 $\lambda = 532\,\mathrm{nm}$ 时，布里渊散射频移随海水温度和盐度的变化发生改变，如图 3.15 所示（任秀云，2016）。

2. 海水密度

海水密度是影响海洋环流分布和海冰形成的重要物理参数，同时也是航海通行所要考虑的重要因素。海水的不均匀分布会导致海水密度跃层现象，从而干扰水下武器的发射准确性，对军事作业产生极大的影响。同时，海水密度会受到温度和盐度的影响而发

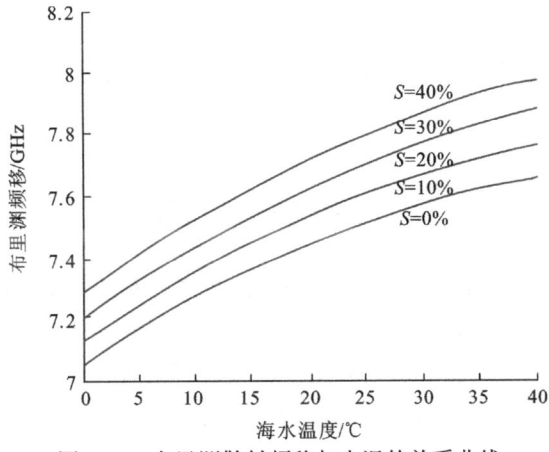

图 3.15　布里渊散射频移与水温的关系曲线

生变化，海水密度的变化也会引起布里渊散射的变化。海水密度是温度、盐度和压力的函数，可以用海水状态方程以数学形式表达出来。1980 年一个大气压下国际海水状态方程定义（冯士筰，1999）：在一个标准大气压下，海水密度 ρ_{sw}（单位 kg/m³）与海水温度 T（℃）和盐度 S（‰）之间的关系可以表示为

$$\rho_{sw}(S,T) = \rho_w + A_1 S + B_1 S^{3/2} + C_1 S^2 \tag{3.99}$$

式中：ρ_w 为纯水的密度，该状态方程适用于 $T=-2\sim40\ ℃$，$S=0\sim42‰$。由式（3.99）可以计算得到任意温度和任意盐度情况下的海水密度。图 3.16（冯士筰，1999）给出了海水密度与海水温度和盐度的变化情况。

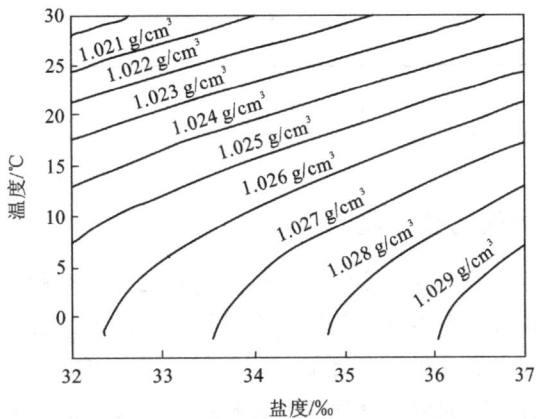

图 3.16　海水密度随温度和盐度的变化情况

3. 海水盐度、压强

海水盐度通常以每千克海水中所含盐的克数表示，海水压强以海洋中某点单位面积之上铅直水柱的重力表示。海水盐度和压强是海水的重要特性，也是研究海水的物理和化学过程的重要参数。海洋中发生的许多现象和过程，常与盐度和压强的分布和变化有关。高玮等（2008）对布里渊频移和盐度与压强之间的关系进行了分析，并给出了经验方

程中的系数（表 3.3），利用非线性拟合的方法获得了适用范围更广的以布里渊频移、盐度和水下压强为独立变量的海水温度方程，定量计算了给定布里渊频移条件下，盐度和压强对温度测量精度的影响。不同盐度和压强下，温度随布里渊频移的变化规律，具体方程为

$$\theta(\gamma_B, S, p) = \sum_{i=0}^{4} t_i \gamma_B^i + S(t_5 + t_6 \gamma_B + t_7 \gamma_B^2) \\ + p(t_8 + t_9 \gamma_B + t_{10} \gamma_B^2 + t_{11} \gamma_B^3 + t_{12} S + t_{13} \gamma_B S) \tag{3.100}$$

式（3.100）是由 396 个数据利用非线性最小二乘法拟合得到的经验方程。其适用条件为 $0 \leq \theta \leq 25°$，$25‰ \leq S \leq 35‰$，$1.01 \times 10^5 \mathrm{Pa} \leq p \leq 1.01 \times 10^7 \mathrm{Pa}$，$\lambda = 532$ nm。γ_B 为布里渊频移，S 为海水盐度，p 为海水压强，表 3.3 中的 $t_0 \sim t_{13}$ 表示经验方程的系数。

表 3.3　经验方程 $\theta(\gamma_B, S, p)$ 中的相关系数

系数	值	系数	值
t_0	4 445.252	t_7	−1.124
t_1	−5 828.259	t_8	10.524
t_2	1 918.096	t_9	−5.824
t_3	−243.911	t_{10}	-2.039×10^{-2}
t_4	10.840	t_{11}	0.867
t_5	−59.492	t_{12}	−0.047
t_6	16.307	t_{13}	2.798×10^{-3}

3.3.3　荧光海洋污染监测

1. 基于激光荧光的污染检测

当前江河湖海中存在的不同浓度的各种有机物有 2 000 多种，其中许多有机污染物直接威胁人类健康或伤害水中生物。各种油类是最常见和数量最多的水体污染物。据统计，每年约有全球石油产量 0.5%的石油通过各种渠道流入海洋，我国每年会发生约 500 起海上溢油事故，沿海地区的海水含油量严重超标，海洋石油污染十分严重（Ha et al., 2012）。此外，水中的浮油可以形成亚微米厚的薄膜，油膜会阻碍大气进入海水，从而降低海洋对温室气体的吸收能力。此外，油膜会造成进入海水的阳光减少，严重影响海洋中藻类的光合作用。因此，极少量油污便能形成严重的危害（贺世杰 等，2013）。

对于海洋生态环境保护和治理，当前最重要的因素是探测和鉴别油污。海面油膜激光荧光探测是目前鉴别水体污染的主要方法。其主要原因在于激光荧光方法对烃类物质十分敏感，其灵敏度可以达到 10^{-9} 量级（景敏 等，2016）。同时，其在潜艇尾迹（渗油）探测中，具有很大潜力，因此也受到军事部门的重视。

物质经过一定波长的光照射后，会发生光子辐射现象，即会辐射出波长比激发光波长更长的光。荧光的产生就是基于此原理。荧光是光的能级跃迁过程中的一种自然现象。荧光物质在激发光源的照射下发射荧光，但荧光却并不会随着激发光的停止而立即消失，荧光会在激发光停止后的一段时间内逐渐消失，其时间通常在 $10^{-10} \sim 10^{-7}$ s（李建平，2007）。

当撤掉激发光后，分子荧光强度衰减到荧光最大强度的 1/e 的时间称为荧光寿命，用 τ 表示，荧光衰减符合指数衰减规律，其规律为

$$I_t = I_0 \exp(-kt) \tag{3.101}$$

式中：I_0 为荧光的最大强度；I_t 为 t 时刻的荧光强度；k 为衰减系数。

荧光寿命是荧光物质的重要发光参数，与其自身结构有关。而荧光寿命在一定程度上与探测荧光光谱的强度有关，荧光寿命越长，探测到的荧光光谱强度也可能越大。对于石油产品中包含的多种发射荧光基质，当受到适当波长和能量的激光照射后，便会发射特有波长的荧光。因此，通过荧光探测，即荧光光谱强度和形状，分析识别相应的分子结构，作为鉴定物体的依据。

激光荧光方程通过将遥感探测中的发射激光参数、荧光传输参数及遥感接收参数结合起来，从而反映遥感探测系统的整个工作过程（贺岩和吴东，2004；魏志强，2004）。

假设遥感探测系统发射端与海面的距离为 H，海水与大气是均匀分布的，则激光发射到海面辐射的荧光强度表示为

$$P_{L1} = P_L(1-\rho_L)\exp(-\alpha_L H)\exp\left[-\int_0^z k_L(z)\mathrm{d}z\right] \tag{3.102}$$

式中：$\mathrm{d}z$ 为假设均匀的油膜厚度；P_L 为激光发射功率；ρ_L 为海水表面反射系数；α_L 为大气衰减系数；k_L 为海水衰减系数。遥感系统发射激光照射海面油膜上激发油膜荧光强度可表示为

$$\Delta P_{F1} = P_{L1}\Delta z n_F \sigma_F \tag{3.103}$$

式中：n_F 为油膜厚度；σ_F 为荧光辐射面积。在自然环境中，当发射激光照射到油膜上时，荧光辐射方向为四面八方。因为望远镜为固定口径，则荧光辐射处的立体角为 $\dfrac{A}{(z+mH)^2}$，所以遥感系统探测到的激光荧光强度为

$$\Delta P_F(z) = \dfrac{\Delta P_{L1}(1-\rho_F)\exp(-\alpha_L H)\exp\left[-\int_0^z k_L(z)\mathrm{d}z\right]A\xi_F}{4\pi(z+mH)^2}\dfrac{\delta\lambda_D}{\delta\lambda_F} \tag{3.104}$$

式中：ρ_F 为海水表面反射系数；α_L 为大气衰减系数；k_L 为海水衰减系数；$\delta\lambda_D$、$\delta\lambda_F$ 分别为遥感系统光谱滤波器带宽及荧光带宽。假定海水衰减系数固定，化简式（3.104），可得

$$P_F(z) = \dfrac{P_L K_F \exp[(-\rho_F + k_F)z]n_F(z)\sigma_F \Delta z}{4\pi(z+mH)^2} \tag{3.105}$$

式中：K_F 为常数。由式（3.105）可得，海面油膜厚度与系统探测到的荧光强度呈正比。当前，对于石油污染的检测主要包括两个方面：石油种类的识别和对海洋上石油厚度的测量。石油种类的识别主要基于不同石油的荧光光谱；石油厚度的测量主要基于油膜的荧光和拉曼特性。以下将对这两方面进行讨论。

石油是多组分的复杂混合物，由数千种不同的有机分子组成，烃类化合物是石油的主要成分，占 95%～99%。石油中的荧光物质主要有芳香族化合物和含有共轭双键的化合物，不同种类石油和石油类产品含有不同的荧光物质和不同比例的荧光物质，使得不同种类的石油产品具有特定的荧光发射光谱，给定特定的激发光谱，就能获得不同石油类产品的荧光光谱，从而可以判断石油类产品的种类。一般来说，激发光的波长越长，油膜的吸收系数就越大。在紫外光及蓝紫光波段，油膜呈现的光学性质与水体的光学性质差别很大，因此使用此激光波段进行石油类产品种类分类是可能的。

借助计算机技术，通过比较相同条件下的光谱数据，与已知的光谱信号进行比较，判断其相似程度，从而得到其化学组成关系，即可达到识别的目的（熊宇虹 等，2005）。当前光谱识别的主要流程如图 3.17 所示。

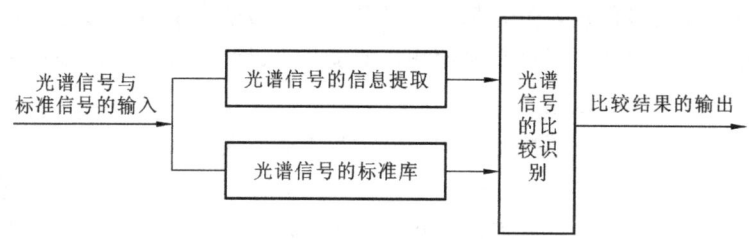

图 3.17 当前光谱识别的主要流程

激光诱导荧光光谱法具有灵敏度高、不受样品均匀性影响、对激光光源能量稳定性要求低等特点，因此成为目前主要的石油类产品识别方法（苑媛媛 等，2017；刘晓华 等，2014）。目前除了通过石油类产品荧光光谱进行种类识别，多数采用光谱匹配的算法实现，即通过比较被测油膜光谱曲线与已知标准光谱库中的光谱曲线的相似度来判断油膜种类。目前集中常用于遥感探测领域的光谱匹配算法有光谱角度匹配识别算法、光谱相关匹配算法、光谱信息散度匹配算法、光谱梯度角度匹配算法、光谱相关角度匹配算法等。

1）光谱角度匹配识别算法

光谱角度匹配（spectral angle matching，SAM）通过未知光谱与标准光谱的夹角来判断两光谱的相似性，通常用余弦相似度来衡量，两光谱越相似，向量之间的夹角越小。光谱角度匹配算法的公式为

$$\mathrm{SAM}(x,y) = \arccos \frac{\langle x,y \rangle}{\|x\|_2 \|y\|_2} \tag{3.106}$$

式中：$\|x\|_2$、$\|y\|_2$ 分别为两条光谱曲线数据的 2 范数。SAM 匹配值越小，表明两条光谱曲线越相似。

2）光谱相关匹配算法

光谱相关匹配（spectral correlation matching，SCM）算法使用相关系数来衡量两个光谱之间的相似性。两光谱数据之间的相关系数越大，越相似（丁宁，2009）。光谱相关匹配算法见式（3.107）：

$$\mathrm{SCM}(x,y) = 1 - \left| \arccos \frac{\langle x-\bar{x}, y-\bar{y} \rangle}{\|x-\bar{x}\|_2 \|y-\bar{y}\|_2} \right| \tag{3.107}$$

式中：$\bar{x}$、$\bar{y}$ 分别为两条光谱曲线 x、y 的均值，光谱匹配结果在 0~1，匹配值越小，两光谱曲线越接近。

3）光谱信息散度匹配算法

光谱信息散度匹配（spectral information divergence matching，SID）基于统计理论分析计算两个光谱的相似性。将两光谱数据看作随机变量，将两光谱 x、y 的概率分布差异性表示为 x 相对于 y 的平均偏差 $D\|x\|y\|$ 和 y 相对于 x 的平均偏差 $D\|y\|x\|$ 之和（张修宝 等，2011）。光谱信息散度匹配算法见式（3.108）：

$$\mathrm{SID}(x,y) = D\|x\|y\| + D\|y\|x\| \tag{3.108}$$

4）光谱梯度角度匹配算法

光谱梯度角度匹配（spectral gradient angle matching，SGA）算法通过光谱梯度向量计算两个光谱数据的相似度。首先分别得到 x、y 两条光谱数据的梯度向量，见式（3.109），之后根据光谱角度匹配的方法，计算两光谱曲线梯度向量的向量夹角见式（3.110）。由于考虑了光谱数据的梯度信息，这种方法得到的光谱相似度能够反映光谱曲线的局部特征差异，特别是光谱曲线斜率的变化。

$$\begin{array}{l}\mathrm{SGA}(x) = [x_2-x_1, x_3-x_2, x_4-x_3, \cdots, x_n-x_{n-1}] \\ \mathrm{SGA}(y) = [y_2-y_1, y_3-y_2, y_4-y_3, \cdots, y_n-y_{n-1}]\end{array} \tag{3.109}$$

$$\mathrm{SGA}(x,y) = \mathrm{arcos}\frac{|\langle \mathrm{SGA}(x),\mathrm{SGA}(y)\rangle|}{\|\mathrm{SGA}(x)\|\|\mathrm{SGA}(y)\|} \tag{3.110}$$

5）光谱相关角度匹配算法

光谱相关角度匹配（spectral correlation angle matching，SCA）算法结合了光谱角度匹配识别算法和光谱相关匹配算法，兼具两者优点。光谱相关角度匹配算法的表达式见式（3.111）。t 和 r 表示两条光谱数据；$\mathrm{SC}(t,r)$ 表示 t、r 的线性相关程度。该匹配算法的返回值介于 0 和 1.570 796 幅度之间，越接近 0，相关角度越小，两光谱越匹配。

$$\mathrm{SCA}(t,r) = \mathrm{arcos}\left[\frac{\mathrm{SC}(t,r)+1}{2}\right] \tag{3.111}$$

2. 基于拉曼光的污染检测

海面油膜的厚度检测主要基于荧光和拉曼散射原理。激光束照射油膜覆盖的水面，激光透过油膜在水油界面产生水的后向拉曼散射光，再次通过油膜被探测器接收，即可精确计算油膜厚度。

拉曼散射是入射光的光子与介质分子相互作用时发生非弹性碰撞，入射光子转移一部分能量给介质分子，或者光子吸收介质分子的一部分能量，从而使散射光子频率和运动方向都发生变化，其中前者对应入射光子损失能量的情况，散射光频率小于入射光频率，被称为斯托克斯拉曼散射光；后者对应入射光子增加能量的情况，散射光频率大于入射光频率，称为反斯托克斯拉曼散射光（夏健，2011）。通常情况下，由于反斯托克斯拉曼散射光强度远小于斯托克斯拉曼散射光强度，应用中接收的都是斯托克斯拉曼散射光。散射光频率与入射光频率之差 Δv 称为拉曼频移。拉曼频移由散射介质分子的振动或转动能级决定，与入射光频率无关。因此对于同一种散射介质，其拉曼频移是固定不变的，但拉曼散射光的频率随着入射光频率的改变而改变。如上所述，拉曼散射的一个重要特征就是频移，拉曼散射的频移只与散射物质本身的分子及结构有关，与入射光频率无关。

当激光照射到海面油膜表面时，激发出油膜荧光信号及水体拉曼散射信号。图 3.18（金琦，2018）为海面上有油膜存在和无油膜存在时的两种激光诱导光谱模型及其相关参数，虚线表示有油膜时的海水荧光光谱，实线表示无油膜时的海水荧光光谱。

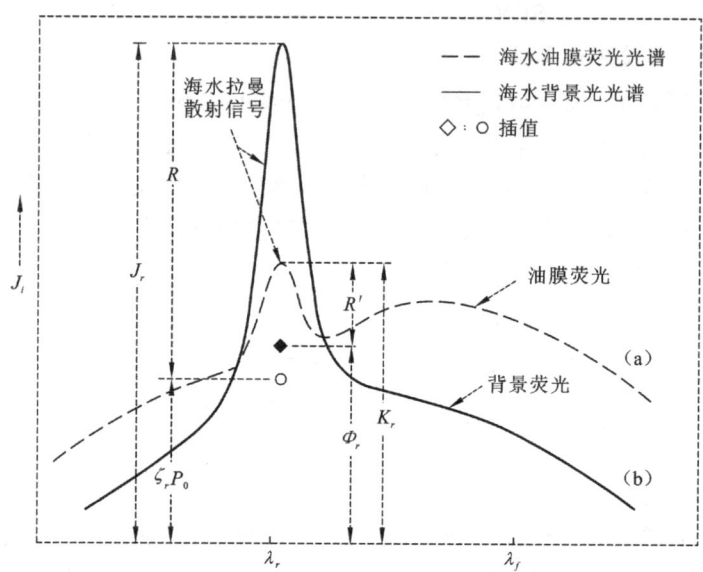

图 3.18　海面上有油膜和无油膜时的激光诱导荧光光谱模型及其参数

图 3.18 中，J_i 为激光雷达探测到的回波信号；J_r 和 K_r 分别为无油膜和有油膜时的海水拉曼散射信号；$\zeta_r P_0$ 和 Φ_r 分别为海表面无油膜和有油膜时的背景光信号；R 和 R' 分别为清洁海水拉曼散射光信号和海表存在油膜时的海水拉曼散射光信号。当激光荧光遥感探测系统照射到海面油膜表面时，探测器接收到激光发出的油膜荧光及水体拉曼信号在波长 i 处的荧光强度可以表示为式（3.112），η_i 为该油膜在第 i 个波长通道的荧光转换系数；P_0 为发射激光强度；k_e、k_i 分别为发射波长和第 i 个波长通道处的油膜消光系数；d 为油膜厚度；ξ 为无拉曼信号时波长 i 处的荧光转换系数；ψ_i 为海水拉曼散射转换系数；δ_{ir} 为 δ 函数。当前常用的油膜测厚方法有拉曼法、荧光法和荧光拉曼法。

$$K_i = \eta_i P_0 \{1 - \exp[-(k_e + k_i)d]\} + \xi_i P_0 \exp[-(k_e + k_i)d] + \delta_{ir} \psi_i P_0 \exp[-(k_e + k_i)d] \tag{3.112}$$

1）拉曼法

在特定波长激光下，拉曼信号在海水荧光光谱中的位置是固定的，是水的固有性质。当水面存在油膜时，拉曼散射光会因为油膜吸收而按朗伯-比尔吸收规律衰减。因此，可以利用海水表面油膜对海水拉曼散射信号的抑制程度来计算油膜厚度。不同的油膜厚度会吸收不同程度的拉曼散射光，因此可以从拉曼信号的抑制程度推导出油膜厚度。根据式（3.112），激光荧光遥感系统接收的海面荧光信号包括油膜荧光信号、海面背景光信号及海水的拉曼散射光信号。

2）荧光法

将一束平行的、单色的、强度为 I 的光束垂直地射向海面上厚度为 d 的原油层，辐射出的荧光来自原油及海水中溶解物质等多种物质。除原油外的其他物质辐射出的荧光为背景光，荧光辐射的强度包括两项，可写为

$$I_f(\lambda_0,\lambda_f) = I_d(\lambda_0,\lambda_f) + I_w(\lambda_0,\lambda_f) \tag{3.113}$$

式中：$I_d(\lambda_0,\lambda_f)$ 为原油油膜厚度为 d 时的荧光强度；$I_w(\lambda_0,\lambda_f)$ 为背景光强度。同时，$I_d(\lambda_0,\lambda_f)$ 和 $I_w(\lambda_0,\lambda_f)$ 可表示为

$$I_d(\lambda_0,\lambda_f) = I_0(\lambda_0)\eta_r(\lambda_0,\lambda_f)T_0^2 \frac{k_0}{k_0+k_f}\{1-\exp[-(k_0+k_f)d]\} \tag{3.114}$$

$$I_w(\lambda_0,\lambda_f) = I_0(\lambda_0)\eta_w(\lambda_0,\lambda_f)T_0^2 \frac{k_0}{k_0+k_f}\{1-\exp[-(k_0+k_f)d]\} \tag{3.115}$$

式中：$I_0(\lambda_0)$ 为激发光强度；k_0,k_f 为原油在 λ_0,λ_f 处的消光系数；$\eta_r(\lambda_0,\lambda_f)$ 为在 λ_f 处原油的荧光光谱效率；$\eta_w(\lambda_0,\lambda_f)$ 为在 λ_f 处海水背景的荧光光谱效率；T_0 为在气油界面的转换效率。结合式（3.113）~式（3.115），原油油膜厚度为 d 时的荧光强度可以表示为

$$I_f(d) = I_f(\infty)\{1-\exp[-(k_0+k_f)d]\} + I_f(0)\exp[-(k_0+k_f)d] \tag{3.116}$$

可简写为

$$I = B\{1-\exp[-(A)d]\} + C\exp(-Ad) \tag{3.117}$$

对式（3.117）进行转换，即可得到油膜厚度的计算公式

$$d = \frac{1}{A}\ln\frac{B-C}{B-I} \tag{3.118}$$

扣除背景光干扰，式（3.118）可简化为

$$d = \frac{1}{A}\ln\frac{B}{B-I} \tag{3.119}$$

3）荧光拉曼法

根据式（3.112），当海水表面存在厚度为 d 的油膜时，探测器接收的荧光信号强度 $I_f(d)$ 及拉曼信号强度 $I_r(d)$ 可表示为

$$I_f(d) = \eta_i P_0\{1-\exp[-(k_e+k_i)d]\} = I_f(\infty)\{1-\exp[-(k_e+k_i)d]\} \tag{3.120}$$

$$I_r(d) = \delta_{ir}\psi_i P_0 \exp[-(k_e+k_i)d] = I_f(0)\exp[-(k_e+k_i)d] \tag{3.121}$$

荧光信号强度 $I_f(d)$ 与拉曼信号强度 $I_r(d)$ 的比值用 $R(d)$ 表示：

$$R(d) = \frac{I_f(d)}{I_r(d)} = \frac{\eta_i P_0\{1-\exp[-(k_e+k_i)d]\}}{\delta_{ir}\psi_i P_0 \exp[-(k_e+k_i)d]} \tag{3.122}$$

令 $f=r$，将荧光强度统一到拉曼峰波长 r 处，整理得

$$R(d) = \frac{\eta_r}{\psi_i}\exp[(k_e+k_i)d] - \frac{\eta_r}{\psi_i} \tag{3.123}$$

化简得

$$R(d) = C[\exp(AD) - 1] \tag{3.124}$$

式中：$C = \dfrac{\eta_r}{\psi_i}$ 为常数。

式（3.124）中荧光转换系数 η_r 和拉曼转换系数 ψ_i 为常数，$A = k_e + k_i$ 为常数，从式（3.124）得 $R(d)$ 是一个与厚度 d 有关的 e 指数函数。荧光拉曼比值法测量油膜厚度的表达式为

$$d = \dfrac{1}{A} \ln \dfrac{R+C}{C} \tag{3.125}$$

3.4 光子计数激光雷达原理与探测方法

3.4.1 光子计数激光雷达原理

1. 光子计数激光雷达理论与历程

单光子探测是一种极微弱光探测法，是超灵敏光电探测应用中的重要技术，它将发射的激光脉冲看作若干个光子，探测器能够以一定概率响应不同时间到达的光子信号，通过对多个激光脉冲的光子事件进行统计来实现探测，在生成的直方图中提取水面和水底信号来计算水深信息。与传统的全波形激光雷达相比，光子计数激光雷达一般具有 10~20 倍的重复频率提升，因此可以获取更高的测量精度，加上其具有体积小、重量轻、功耗低和高时间分辨率等优势，其代表着新一代空天基激光雷达的未来发展趋势。

光子计数激光雷达正式出现于 20 世纪 90 年代，由于其微弱信号的探测能力，很快被欧洲航天局正式提名为航天器的探测设备中最具有发展潜力的激光雷达机制。1998 年 Massa 等人首次研制出基于光子计数技术（时间相关单光子计数技术）的激光测距仪器，使用 10 ps 脉冲宽度的脉冲激光光源、单光子雪崩光电二极管及光子计数时间电路，实验室内探测精度最高可以达到 30 μm。2002 年，Massa 等人研制出了基于时间相关单光子计数技术的三维成像系统，该系统在 25 m 之内，重复精度小于 30 μm，空间分辨率达到 60 μm。美国 NASA Goddard Space Flight Center 研究团队的 Hadfield（2009）研究了机载和星载背景下光子计数激光高度仪的优化方案，采用了重频为千赫兹量级的低脉冲能量的激光器，发射激光的脉宽为纳秒量级。Becker 等（2007）采用 16 通道光电倍增管实现了多波长激光扫描显微实验。Michael 等（2011）在多波长时间相关单光子计数扫描显微系统的基础上，对皮肤等生物组织进行了三维空间、时间、光谱、荧光寿命的多维成像。美国佛罗里达大学也在 2011 年研制了光子计数测绘系统原型机（coastal tactical-mapping system，CATS），并成功将其用于海岸带地区的地形测绘，测得了水深在 2.5 m 附近的水下地形。

NASA 设计了多个机载验证系统，斜率成像多极化光子计数激光雷达（slope imaging

multi-polarization photon-counting LiDAR，SIMPI)、多高度计光束实验激光雷达（multiple altimeter beam experiment LiDAR，MABEL）和单光子激光雷达（single photon LiDAR，SPL)（Hadfield，2009），用于验证 ICESat-2 计划所采用的光子计数探测体制的可行性。MABEL 进行了光子计数推扫测量试验，获取了连续地表高精度高程剖面数据和云及气溶胶数据。同样，光子计数探测体制使得 MABEL 对植被具有较强的穿透能力，试验获得了有价值的真实地表高程模型和植被覆盖情况。此外 MABEL 还具有一定的水下地形探测能力（Eisaman et al.，2011）。2018 年 9 月，NASA 已经发射第一颗对地观测单光子多波束激光雷达卫星 ICESat-2，ICESat-2 作为 ICESat-1 的后续卫星其主要搭载了具有 6 波束的高级地形测量激光高度计系统（advanced topographic laser altimeter system，ATLAS），10 kHz 的激光脉冲重复频率，沿轨激光脚点间隔仅为 0.7 m；预计 2025 年，更为先进的激光雷达地表地形图（LiDAR surface topography，LIST）卫星将发射升空，该卫星搭载的单光子激光雷达发射系统由 40 组激光器构成，其中每组激光器由衍射光学元件分束形成 25 束，每一束激光点云直径 5 m，1 000 束激光光束产生 5 km 长的光带，将彻底改变传统的航天摄影测量格局（Grau et al.，2015）。

在基于单光子探测的星载和机载激光测高领域，以美国为代表的西方发达国家已经开展了大量工作，目前我国研究相对较少，中国科学院上海光学精密机械研究所曾完成了机载水域探测激光雷达原理样机的研制，并在南海进行了飞行测量实验，获得了有价值的实验数据。2017 年 6 月，由中国科学院上海技术物理研究所牵头的基于光子计数激光雷达的潮间带测绘项目正式开展，项目致力于使用 532 nm 波段、脉宽小于 1 ns 的高重频激光器，实现 10～500 m 作业高度下，测距精度达 5 cm 的潮间带地形测绘，以及 2～3 倍透明盘深度的潮池水深探测。几种国际光子计数激光雷达主要技术指标见表 3.4。

表 3.4 几种国际光子计数激光雷达主要技术指标

类别	NMLA	IPA	Jigsaw	ATLAS	SIMPL	MABEL	LIST	CATS	HRQLS
激光波长/nm	532	532	532	532	532/1 064	532/1 064	532	532	532
单脉冲能量/μJ	2	6	—	25	6	3～5	100	35	10
扫描方式	旋转棱镜	双光楔	双光楔	6 波束推扫	16 波束推扫	13 波束推扫	线阵推扫	双光楔	双光楔
激光重频/kHz	3.8	22	16	10	11.4	5～25	10	8	25
脉冲宽度/ns	—	0.71	0.3	<1.5 ns	～1 ns	—	<1.5 ns	0.48	0.7
探测器	4×4 PMT	10×10 PMT	32×32 APD	—	16 PMT	16 PMT	4×4 APD	10×10 PMT	10×10 PMT
死时间/ns	—	1.6	—	—	50	50	—	<1	1.6
距离分辨率/cm	5	—	—	20	—	29	—	10	5
接收口径/cm	0.14	0.075	—	60	0.20	0.15	0.13/2	8.8	—
作业高度/km	6	1	0.15	600	3.7	20	10/400	0.5	1.8～4.5

注：APD 为雪崩光电二极管（avalanche photodiode）；PMT 为光电倍增管（photomultiplier tube）。

2. 光子计数激光雷达测量机理

传统的线性机制激光雷达采用的激光器的能量一般在 50~500 mJ，每一次激光脉冲发射都可以获得对应的明确的回波信号，回波信号中往往包含数百甚至上千个光子。为了保证系统的信噪比和可靠性，实际采用的激光器能量还可能更大，回波脉冲中的光子信号量级可以达到数千个。通过较高的信噪比在回波探测电路中设置阈值电平将目标信号提取出来。然而，高能量激光器的使用不仅造成回波信号中大量光子信号的浪费，而且限制发射激光重复频率和系统采样率的提高，较高的激光能量还会导致光学镀膜受损，降低系统中光学器件的寿命。

与传统线性机制激光雷达不同，光子计数激光雷达采用高重频、低脉冲能量的激光器，激光器重频通常在千赫兹量级以上，单脉冲激光能量通常小于 1 mJ。高重频低能量激光器的采用，不仅可以有效解决传统激光雷达在小目标远程激光测距时激光能量和激光重复频率之间的矛盾，还可以避免传统激光雷达激光能量过高对光学系统带来的损害，有效延长激光雷达寿命。光子计数激光雷达的探测方式主要分为相干探测和直接探测两种类型。相干探测主要是利用从目标反射回的激光回波信号与激光主波信号在光电探测器上进行混频，通过对两者相干产生的信号进行测量来完成对激光回波的探测。目前相干探测方式主要用于目标测速和较低精度的测距。在目标激光测距和目标三维成像等领域，光子计数激光雷达主要采用了直接探测方式（侯利冰，2013），如图 3.19 所示。

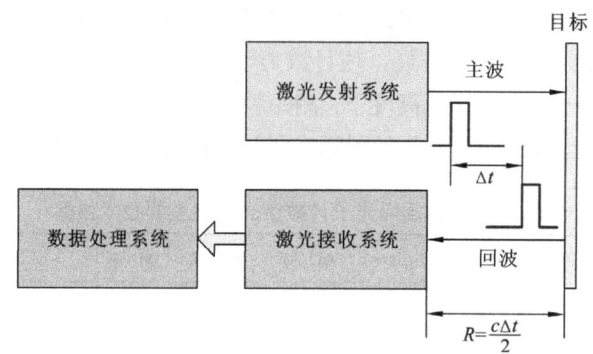

图 3.19 直接探测方式原理示意图

如图 3.19 所示，激光从激光发射系统发射到探测目标后，在目标上发生反射，激光接收系统探测到目标散射回来的回波信号，在光电探测器上发生光电转换生成回波电流信号；通过测量激光主波信号与目标回波信号之间的时间间隔即可得到目标的距离信息。对光子计数激光雷达数据处理技术的理论研究主要是针对应用直接探测方式的激光雷达（Gwenzi et al., 2016）。

采用直接探测机制的光子计数激光雷达与传统线性激光雷达相同，都是通过测量发射激光脉冲与回波脉冲之间的时间间隔来获得目标的距离信息。与传统线性机制激光雷达不同的是，光子计数激光雷达使用了雪崩光电二极管等灵敏度极高的单光子探测器，可以有效响应回波脉冲中的每一个光子信号，将线性机制下包含大量光子信号的回波波形探测转变为对单个回波光子事件的计数，利用光子事件的多次累积实现目标信号的提取,提高探测概率。光子计数激光雷达的基本探测原理如图3.20所示,激光探测单元对光子发射时刻之后的光子回波脉冲发生时间进行标记,通过多次发射进行光子事件累积,提取目标回波光子到达时刻,通过与光速常量的计算,获得目标相对距离。

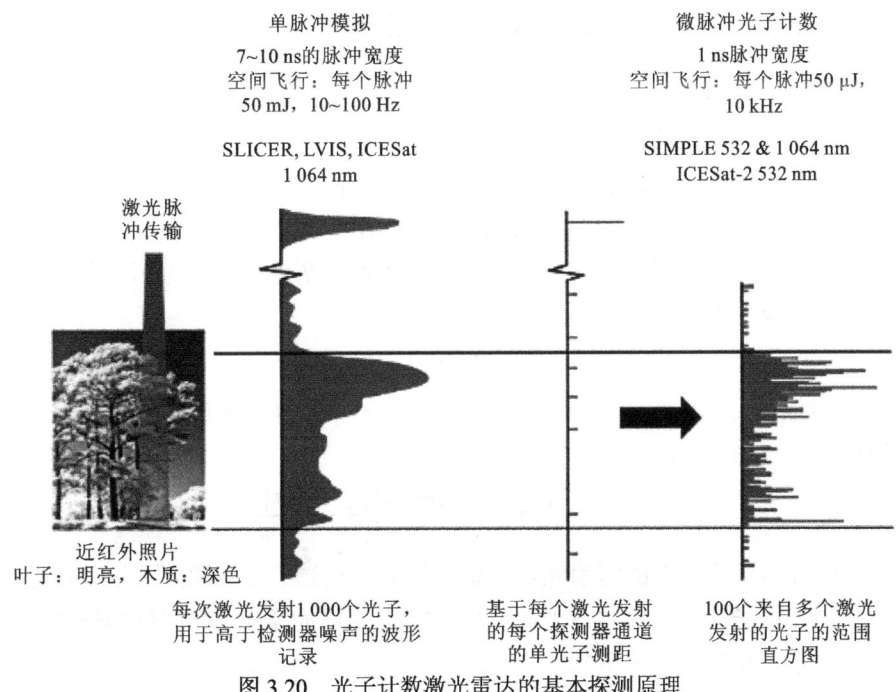

图 3.20 光子计数激光雷达的基本探测原理

如图 3.20 所示,传统线性机制激光雷达单脉冲激光能量为 50 mJ,脉宽为 7~10 ns,激光重复频率为 10~100 Hz;光子计数激光雷达的脉宽为 1 ns,单脉冲激光能量仅为 50 μJ,比传统线性机制激光雷达下降了三个量级,激光发射能量的降低使得激光重复频率大大提高,从而可以获得较高的系统采样率。除了采样率的提高,相较于传统线性机制激光雷达,光子计数激光雷达是通过对光子事件累积来实现噪声信号的滤除,本质上是一种概率探测,极差的目标特性和工作环境只会影响其探测概率,而不会出现完全探测不到目标的情况,可靠性高(郭颖,2011)。

3.4.2 光子计数激光雷达测量模型

1. 光子计数激光雷达概率模型

对于采用直接探测模式的光子计数激光雷达,光学接收系统从一个漫反射目标接收到的回波光子数遵循负二项分布(Gatt and Henderson,2001)。而当负二项分布的均值被满足伽马分布的散斑噪声调制时,负二项分布可以简化为泊松分布。在光子计数激光雷达应用背景下,由于光子计数激光雷达的激光脉冲宽度很短,激光雷达系统接收的光子数通常比散斑噪声多样度小得多,在此种情况下可以很好地用泊松分布来近似负二项分布（朱磊，2008）。在光子计数激光雷达系统中，假设采样时间比激光脉冲宽度小得多，那么在第 m 个采样间隔的信号光子数满足泊松分布，设其平均值为 $K_s[m]$，如果用一个随机变量 K 来表示这个泊松分布过程，可以得到 K 的概率密度函数如式（3.126）所示：

$$P(k;m) = \frac{K_s[m]^k \exp(-K_s[m])}{k!} \quad (3.126)$$

式中：k 为第 m 个采样间隔的信号光子数。相关研究证明，泊松过程被伯努利分布衰减后仍然为泊松过程，只是其量子效率会有所减小（Teich and Saleh，1982）。在第 m 个采样间隔产生的信号光电子数也满足泊松分布，其平均值为

$$N_s[m] = \eta K_s[m] \quad (3.127)$$

式中：$N_s[m]$ 为第 m 个采样间隔产生的信号光电子数；η 为单光子探测器在整个雪崩过程中的光子转换率，有

$$\eta = \eta_a \eta_q \quad (3.128)$$

式中：η_a 为雪崩触发概率；η_q 为量子效率。在第 m 个采样间隔产生的信号光电子数的概率密度函数为（朱磊，2008）

$$P_s(k;m) = \frac{N_s[m]^k \exp(-N_s[m])}{k!} \quad (3.129)$$

对于工作在盖革模式下的雪崩光电二极管而言，在光子计数激光雷达工作过程中产生的主要噪声光电子信号来自雪崩光电二极管吸收太阳光等背景光产生的噪声光电子和雪崩光电二极管自身暗电流产生的电子：

$$N_n = N_b + N_d \quad (3.130)$$

式中：N_n 为噪声光电子总数；N_b 为由于太阳光等背景光产生的噪声光电子数；N_d 为雪崩光电二极管自身暗电流产生的噪声光电子数。由太阳光等背景光产生的噪声光电子和雪崩光电二极管自身暗电流产生的噪声光电子的分布情况也可近似为泊松分布，而两个泊松分布变量之和仍然为泊松分布，因此噪声光电子总数也服从泊松分布，其概率密度函数可以表示为

$$P_n(k) = \frac{N_n^k \exp(-N_n)}{k!} \quad (3.131)$$

由于信号光电子和噪声光电子都可近似为泊松分布，结合式（3.129）和式（3.131）可以得到在光子计数激光雷达系统中回波光电子数的概率密度函数：

$$P_{sn}(k;m) = \frac{N_{sn}[m]^k \exp(-N_{sn}[m])}{k!} \quad (3.132)$$

式中：$N_{sn}[m]$ 为在第 m 个采样间隔内信号光电子和噪声光电子数之和，有

$$N_{sn}[m] = N_s[m] + N_n[m] \quad (3.133)$$

2. 光子计数激光雷达的背景光噪声

由于目标相对于海平面的高度通常远远小于地球的半径（6378 km），可以把大气层等效视为一系列分层的矩形面，目标位于矩形面的最底层。假设大气消光系数 $\mu(z)$ 与

垂直高度有关，水平梯度对其没有影响，此时大气透过率可以由式（3.134）表示（Massa et al.，2002）：

$$T_a = \exp\left[-\int_{h_1}^{\infty} dz \mu(z)\right] \tag{3.134}$$

式中：h_1 为目标表面距离海平面的高度；$\mu(z)$ 为与海拔相关的大气消光系数。太阳辐照度可以看作是以太阳顶角 θ 在大气顶层发生的平面波事件。当忽略太阳光线在穿过大气层时发生的弯曲时，太阳光到达任意海拔 z 处的大气层辐照度为

$$N_\lambda^0 \exp\left[-\sec\theta \int_z^{\infty} dz \mu(z)\right] = N_\lambda^0 [T(z,\infty)]^{\sec\theta} \tag{3.135}$$

式中：N_λ^0 为太阳光在大气层的辐照度；λ 为光的波长。激光雷达光学接收系统的视场立体角可由式（3.136）决定：

$$\Omega_r = \pi \theta_r^2 \tag{3.136}$$

式中：Ω_r 为激光雷达光学接收系统的视场立体角；θ_r 为光学接收系统的观测锥形视场半角。光学接收系统探测到的散射太阳光功率为

$$\begin{aligned} P_{as} &= \int_{h_1}^{\infty} dz N_\lambda^0(\Delta\lambda) \frac{A_r}{(R-z)^2} \frac{\beta(z)}{4\pi} [\pi \theta_r^2 (R-z)^2][T(z,\infty)]^{1-\sec\theta_r} \\ &= \frac{N_\lambda^0(\Delta\lambda) A_r \Omega_r}{4\pi} \int_{h_1}^{\infty} dz \beta(z) [T(z,\infty)]^{1-\sec\theta_r} \end{aligned} \tag{3.137}$$

式中：A_r 为光学接收系统的光圈大小；$\Delta\lambda$ 为光谱宽度；$R-z$ 为太阳到目标散射面的距离；$\beta(z)$ 为假设散射方式为各向同性时，海拔 z 处的目标的散射系数。当光的波长远离吸收谱线时，大气稀薄程度完全由太阳光散射决定，此时满足

$$\beta(z) = \mu(z) \tag{3.138}$$

在这种条件下，利用式（3.134）和式（3.135）可以得到大气散射的太阳光经由光学接收系统的光电转换后的光电子数为

$$\begin{aligned} n_{as} &= \frac{n_q n_r}{h_\gamma} \frac{N_\lambda^0(\Delta\lambda) A_r \Omega_r}{4\pi} \int_{h_1}^{\infty} dz \beta(z) [T(z,\infty)]^{1-\sec\theta_r} \\ &= \frac{n_q n_r}{h_\gamma} \frac{N_\lambda^0(\Delta\lambda) A_r \Omega_r}{4\pi} \int_{h_1}^{\infty} dz \mu(z) \exp\left\{-[1+\sec(\theta_r)] \int_z^{\infty} dz' \mu(z')\right\} \end{aligned} \tag{3.139}$$

式中：n_q 为单光子探测器的量子效率；n_r 为光学接收系统的输出效率；h_γ 为一定波长激光器的单光子能量，定义一个新的变量 ξ：

$$\xi = [1+\sec(\theta_r)] \int_z^{\infty} dz' \mu(z') \tag{3.140}$$

可以得

$$d\xi = -[1+\sec(\theta_r)]\mu(z)dz \tag{3.141}$$

结合式（3.139）～式（3.141）可以得

$$n_{as} = \frac{n_q n_r}{h_\gamma} \frac{N_\lambda^0(\Delta\lambda) A_r \Omega_r}{4\pi} \left(\frac{1-T_a^{1-\sec\theta_r}}{1+\sec\theta_r}\right) \tag{3.142}$$

由式（3.142）可以看出，当没有大气散射时（$T_\alpha=1$），对于任意光学接收系统的观测锥形视场半角 θ_r，背景光引起的光子计数都为 0。当太阳顶角为 0 时，由大气散射产生的背景光电子数达到最大值，如式（3.143）所示。

$$n_{as} \leqslant \frac{N_\lambda^0(\Delta\lambda)n_q n_r A_r \Omega_r}{4\pi h_\gamma}\left(\frac{1-T_\alpha^2}{2}\right) \tag{3.143}$$

3. 死时间效应对探测概率的影响

光子计数激光雷达通常采用雪崩光电二极管作为单光子探测器（Albota et al., 2002）。与光电倍增管等其他微弱光信号探测器件相比，雪崩光电二极管是一种建立在内光电效应基础上的光敏元件，具有内部增益和放大作用，在电场力的作用下，雪崩光电二极管中的光生电子-空穴对在经过高电场区时被加速，从而获得足够的能量。这些光生电子-空穴对在高速运动中与晶格原子碰撞，造成晶格原子电离产生新的电子-空穴对。新产生的电子-空穴对又会在电场的作用下被加速并与其他晶格原子碰撞，这样多次碰撞电离的结果，使得雪崩光电二极管结区载流子的数目迅速增加，形成雪崩倍增效应。雪崩光电二极管就是利用雪崩倍增效应使光子触发得到的光电流迅速倍增的高灵敏度探测器。

应用于光子计数激光雷达系统中的雪崩光电二极管都工作在盖革模式下，即将雪崩光电二极管的偏置电压设置为略高于器件自身的雪崩击穿电压，此时理论上的雪崩倍增因子为无穷大。在盖革模式下，当雪崩光电二极管感应到单个光子时，在交界处的耗尽层光子被吸收，光生电子-空穴对能够以一定的概率触发雪崩，并产生一个自持的雪崩电流，该电流能在纳米或亚纳米的时间内达到毫安量级（Cova et al., 1996）。在进行光子信号探测时，光子脉冲的到达时刻对应着雪崩电流的前沿。然而，雪崩时间过长会造成由后脉冲等原因产生的暗计数的增加，造成雪崩光电二极管光子探测误差。此外，如果不能及时淬灭持续的雪崩电流，过大的感应电流持续过长时间还会使得探测器性能和可靠性退化，同时也无法及时进行下一个光子的探测。因此，在检测到光子脉冲到来后，必须立刻通过淬灭电路来淬灭雪崩电流。但是淬灭电路及后续电路在淬灭由光子信号到达产生的雪崩电流的同时，也引起了死时间效应（Gatt et al., 2007），即探测器在探测到一个光子信号后，需要一段时间来恢复到初始工作状态，以准备好对下一个光子信号的探测。常见的商用雪崩光电二极管，其探测死时间一般在 10~100 ns。受雪崩光电二极管死时间和热运动等原因产生的探测器内部噪声的综合影响，在一次有效探测中，前一次探测到的光子信号会对后续光子信号的探测产生一定的抑制作用，随着探测次数的增加，光子信号的探测概率会出现一定程度上的衰减。在综合考虑死时间效应（杨子健和陈峰，2015）后，第 i 个采样间隔产生的信号的探测概率可表述为

$$P_{sn}(i) = \exp(-k_d N_n)\{1-\exp[-N_{sn}(i)]\} \tag{3.144}$$

式中：k_d 为单光子探测器死时间所占据的距离栅格数量；N_n 为噪声光电子总数；$N_{sn}(i)$ 为第 i 个采样间隔内信号光电子和噪声光电子数之和。图 3.21 为探测器死时间对光子计数激光雷达探测概率的影响示意图。

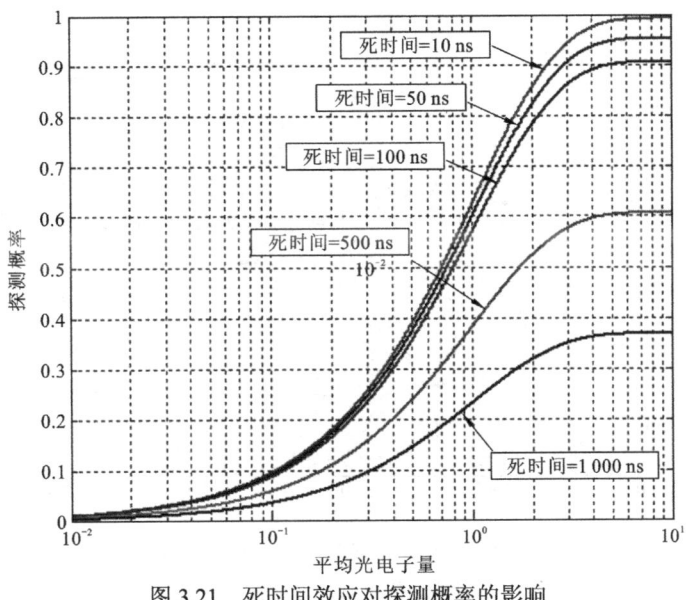

图 3.21 死时间效应对探测概率的影响

在图 3.21 中，假定背景噪声信号强度为 0.001 counts/ns。由式（3.144）可以看出，在光子计数激光雷达系统中，信号探测概率随着死时间的增大而逐渐减小。

3.4.3 光子数据特征与滤波预处理

1. 单光子计数激光雷达数据特征

光子计数激光雷达系统发射和接收信号相较于传统激光雷达均为弱信号，故极容易受噪声干扰，给光子计数系统数据应用于浅水测深研究带来了巨大挑战。与常规 LiDAR 点云的噪声分布不同，光子噪声的空间分布较广，在大气、水面、水体中的空间密度分布不同，并且还会受水面和水深变化产生折射和散射效应，进而影响浅水水深估算精度，因此如何有效地剔除噪声光子是光子计数数据处理的难点。图 3.22 为新一代星载 LiDAR 卫星 ICESat-2 采用光子计数技术获取到的树冠部分数据。

从直观角度可以观察到噪声光子分布比较随机，且与外部观测环境具有关联关系，无法准确预测真实信号点的位置。出于此类原因，将传统滤波方法应用于浅水测深的光子点云数据时缺乏普适性，仍然不够成熟。

传统方法一般采用的是统计滤波，较为成熟的光子数据处理方法有泊松滤波算法，已广泛应用在激光测高领域。泊松滤波是基于概率探测的数据处理方法。其数学含义为在样本总数为 N 的样本集合中，有 k 个随机的时间在给定的时间间隔 x 内发生的概率。一般来说，光子计数激光雷达测深系统的入射信号平均光电子数与探测器接收光电子数满足泊松分布，信号探测概率曲线与探测发射的激光能量呈现非线性的正相关关系。

泊松滤波算法的处理过程分为点云区域栅格划分、设定栅格阈值、选中栅格进行滤波、输出结果数据。在泊松滤波算法中，核心在于栅格的合适划分与阈值的选取，而该

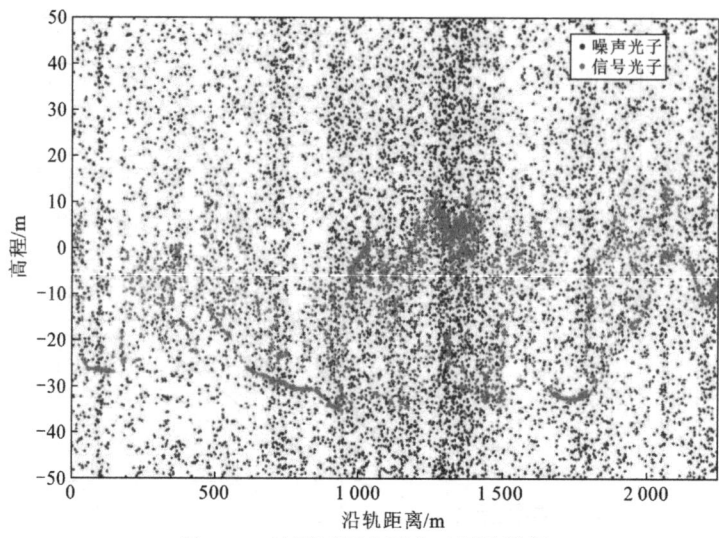

图 3.22　地面树冠光子点云原始数据

灰色为信号点，黑色为噪点

参数在应用中通常要考虑数据自身特征、仪器参数、设备工作环境等影响因素，需要合理确定算法的提取参数，才能有效滤波去噪。泊松滤波算法阈值的确定，Degnan（2002）做了如下经验式

$$n_{\text{bins}} = \frac{t_{\text{gate}}}{t_{\text{bin}}} \quad (3.145)$$

$$C = \frac{N_{\text{S}} + N_{\text{n}}}{N_{\text{n}}} \quad (3.146)$$

$$K = \frac{N_{\text{S}} + \ln n_{\text{bins}}}{\ln C} \quad (3.147)$$

式中：t_{gate} 为激光发射器门控时间；t_{bin} 为单个距离对应的时间；n_{bins} 为划分的栅格数目；C 为单个距离栅格内回波信号和噪声信号比值；K 为选取的最优阈值；N_{S} 为信号光电子数；N_{n} 为噪声光电子数。

2. 单光子坐标系定义及其转换

为了实现激光三维点云地理坐标的计算，需要经过不同坐标系的转换，涉及的坐标系主要包括传感器坐标系、IMU 惯导坐标系和 GPS 大地坐标系，如图 3.23 所示。

1）传感器坐标系

以卵形扫描结构的机载单光子激光雷达为例，传感器坐标系的原点定义为激光雷达扫描反射镜中心，X 轴指向出射激光的负方向，Y 轴指向飞行方向，Z 轴垂直向上，构建右手坐标系（X, Y, Z）。下文将针对椭圆扫描结构的成像方式对该坐标系进行详细描述，在此就不再赘述。

2）IMU 惯导坐标系

IMU 惯导坐标系参考惯导内部定义，坐标系的中心位于惯导中心，X 轴指向飞行方

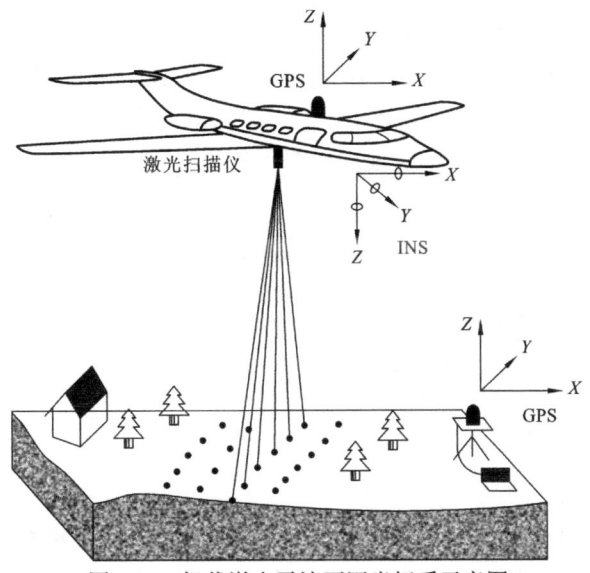

图 3.23 机载激光雷达不同坐标系示意图

向，Y 轴指向右侧机翼，Z 轴垂直向下，构建右手坐标系。通过简单地旋转矩阵就可以完成坐标系之间的变换，其旋转矩阵的公式（3.148）为

$$\begin{aligned}\boldsymbol{R}(\omega,\varphi,\kappa) &= \boldsymbol{R}_3(\varphi)\boldsymbol{R}_2(\omega)\boldsymbol{R}_1(\kappa) \\
&= \begin{bmatrix} \cos\varphi & 0 & -\sin\varphi \\ 0 & 1 & 0 \\ \sin\varphi & 0 & \cos\varphi \end{bmatrix} \begin{bmatrix} 1 & 0 & 0 \\ 0 & \cos\omega & \sin\omega \\ 0 & -\sin\omega & \cos\omega \end{bmatrix} \begin{bmatrix} \cos\kappa & \sin\kappa & 0 \\ -\sin\kappa & \cos\kappa & 0 \\ 0 & 0 & 1 \end{bmatrix} \\
&= \begin{bmatrix} \cos\varphi\cos\kappa - \sin\varphi\sin\omega\sin\kappa & \cos\varphi\sin\kappa + \sin\varphi\sin\omega\cos\kappa & -\sin\varphi\cos\omega \\ -\cos\omega\sin\kappa & \cos\omega\cos\kappa & \sin\omega \\ \sin\varphi\cos\kappa + \cos\varphi\sin\omega\sin\kappa & \sin\varphi\sin\kappa - \cos\varphi\sin\omega\cos\kappa & \cos\varphi\cos\omega \end{bmatrix}\end{aligned} \quad (3.148)$$

由于 IMU 惯导坐标系与传感器坐标系定义的中心和坐标轴的指向不同，坐标变化的表达式如下：

$$\begin{bmatrix} X_{\text{IMU}} \\ Y_{\text{IMU}} \\ Z_{\text{IMU}} \end{bmatrix} = \begin{bmatrix} \Delta X \\ \Delta Y \\ \Delta Z \end{bmatrix} + \boldsymbol{R}_{\text{B}}(\Delta\omega,\Delta\varphi,\Delta\kappa) \begin{bmatrix} X \\ Y \\ Z \end{bmatrix} \quad (3.149)$$

由于传感器坐标系和 IMU 惯导坐标系的中心原点不同，两个坐标系之间的变换需要对安置偏心量 $(\Delta X,\Delta Y,\Delta Z)$ 和安置角度量 $(\Delta\omega,\Delta\varphi,\Delta\kappa)$ 进行偏心改正。

3）GPS 大地坐标系

GPS 大地坐标系的原点在地球质心，X 轴指向格林尼治子午线与地球赤道的交点，Z 轴指向地球北极，Y 轴垂直于 XOZ 平面构成右手坐标系。GPS 定位就是采用 WGS-84 椭球为基准，其坐标转换的关系式如下：

$$\begin{bmatrix} X_{\text{G}} \\ Y_{\text{G}} \\ Z_{\text{G}} \end{bmatrix} = \begin{bmatrix} X_{\text{GPS}} \\ Y_{\text{GPS}} \\ Z_{\text{GPS}} \end{bmatrix} + \boldsymbol{R}_{\text{IMU}}(\omega,\varphi,\kappa) \left(\begin{bmatrix} \Delta X \\ \Delta Y \\ \Delta Z \end{bmatrix} + \boldsymbol{R}_{\text{B}}(\Delta\omega,\Delta\varphi,\Delta\kappa) \begin{bmatrix} X \\ Y \\ Z \end{bmatrix} \right) \quad (3.150)$$

式中：$(X_{GPS}, Y_{GPS}, Z_{GPS})$ 和 $(\omega, \varphi, \kappa)$ 是 POS 数据中 GPS 位置和姿态角度。在实际处理中存在激光的重复频率往往要比 POS 的采样频率高，需要通过统一时间系统后的细分时间，将每个激光脉冲内插出对应的 POS 数据中的 GPS 位置和姿态角度，最后得到的 (X_G, Y_G, Z_G) 为坐标转换后在 GPS 大地坐标系下的坐标。

3.4.4 基于数据空间特征的密度滤波

目前光子计数激光雷达数据的滤波处理方法总体可分为三类：栅格分区滤波法、空间直方图统计滤波法、基于体素密度滤波法。

1. 栅格分区滤波法

1）坡度滤波算法

坡度滤波算法是根据地形坡度变化确定最优滤波函数，对于给定的高差值，随着两点间距离的减小，高程值大的激光脚点属于地面点的可能性就越小。假设 A 为原始数据集，DEM 为地面点集，d 是两点间距离，那么满足下列滤波函数的点就是 DEM 的元素：

$$\text{DEM} = \{p_i \in A | \forall p_j \in A : h_{p_i} - h_{p_j} \leq \Delta h_{\max} d(p_i, p_j)\} \tag{3.151}$$

如果对于给定点 P_i，找不到临近点 P_j 使它们满足关系式（3.152），那么 P_i 划分为地面点。

$$h_{p_i} - h_{p_j} > \Delta h_{\max} d(p_i, p_j) \tag{3.152}$$

该滤波方法主要是通过比较两点间的高差值的大小，来判断拒绝还是接收所选择的点。两点间高差的阈值定义为两点间距离的函数 $\Delta h_{\max} d$，即所谓的滤波核函数。在绝大多数情况下，很难用一些参数指定具体的滤波函数，因而需要根据具体的地形训练数据子集推求与地形变化特性相符的滤波核函数。这需要选择一个合适的区域作为训练数据子集用这些数据点推求 $\Delta h_{\max} d$（杨洋和张永生，2008）。

2）基于边缘检测的滤波算法

基于边缘检测的滤波算法结合了图像处理领域中特征信息提取等相关技术，利用光子计数激光雷达测得的原始点云数据的深度图像特征对其进行处理，采用 2×2 的像素块进行数据滤波。对图像中像素点的处理表达式如式（3.153）～式（3.155）所示。

$$g(x) = \{[f(i,j) - f(i+1,j)]\}^2 \tag{3.153}$$

$$g(y) = \{[f(i+1,j) - f(i,j+1)]\}^2 \tag{3.154}$$

$$g(i,j) = \sqrt{g(x) + g(y)} \tag{3.155}$$

式中：$f(i,j)$ 为输入图像的像素；$g(i,j)$ 为输出图像的像素。

要对激光雷达原始点云数据进行滤波处理，首先需采用最小曲率法将初始点云数据进行插值，能够确保表面平滑，并且一阶导数连续。最小曲率法的收敛标准通过最大残差和最大循环次数来控制。基于插值公式（3.156）进行数据格式转换。

$$S(x,y) = T(x,y) + \sum_{j=1}^{N} \lambda_j R(r_j) \tag{3.156}$$

最后,根据式(3.153)~式(3.155),利用边缘检测滤波算法对原始点云进行滤波,去除激光雷达原始点云中的噪声数据,将目标信号的有效信息从原始点云中提取出来。

2. 空间直方图统计滤波法

1)泊松滤波算法

泊松滤波算法在星载激光测高领域和光子计数测距数据处理方面已经是较为成熟的应用(Samwel et al., 2005; 陆祖康 等, 1999),它是基于概率探测的数据处理方法。泊松分布的数学含义为:在总体为 n 的样本中,有 k (k 为整数)个随机的时间在给定的时间间隔 x 内发生的概率。图 3.24 是利用泊松滤波算法处理点云数据的常规流程。

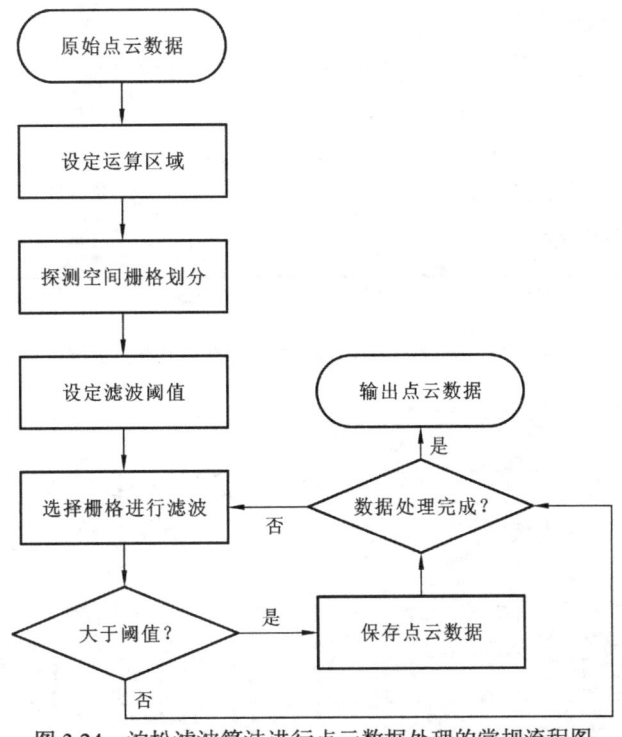

图 3.24 泊松滤波算法进行点云数据处理的常规流程图

滤波算法处理光子计数激光雷达点云的基本思路是用倾斜的矩形窗在时间轴(对应距离信息)上进行数据扫描,分辨出具有局部信号趋势即背离噪声分布规律的时间段,就可识别出目标信号。在利用泊松滤波算法对光子计数激光点云进行滤波处理时,为了提取出有效的信号,也可将时间轴划分为多个时间栅格,通过时间栅格在距离门内进行扫描统计(Eisaman et al., 2011),依据有效信号与噪声信号分布概率的不同提取目标信号。在泊松滤波算法中,有时还会涉及距离栅格和鉴别阈值的选取,若这两者选择得不合适就会使得不变信号淹没在背景噪声之中,尤其是在背景光强烈等信噪比极低的时候。所以滤波算法在设计时要考虑数据的自身特点、仪器的参数、仪器的工作状况等因素,合理地设计出算法的各个提取参数,达到预期的目标信号提取效果(郑向阳,2016)。对于泊松滤波算法的鉴别阈值的确定,可以参考(Massa et al., 2002)。

2)高斯滤波

原始的光子计数激光雷达点云数据,以光子数据的扫描时间或激光器的移动距离作为投影方向,结合数据的高程构成一个二维空间。然后在光子数据的扫描时间或激光器移动距离方向上进行区间划分。在每个分区中利用高斯曲线进行拟合。算法具体过程如下所示。

(1)在原始的光子计数激光雷达点云数据上,如图3.25所示,按光子数据的扫描时间或激光器移动距离方向,以单位距离 w 为分割标准,共分割为 n 个切片单元,如图3.26所示。

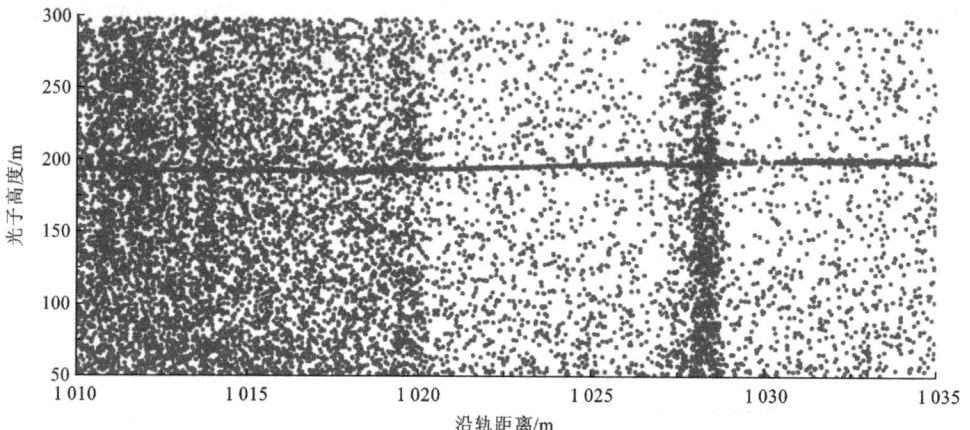

图3.25 原始光子计数激光雷达的光子点云数据

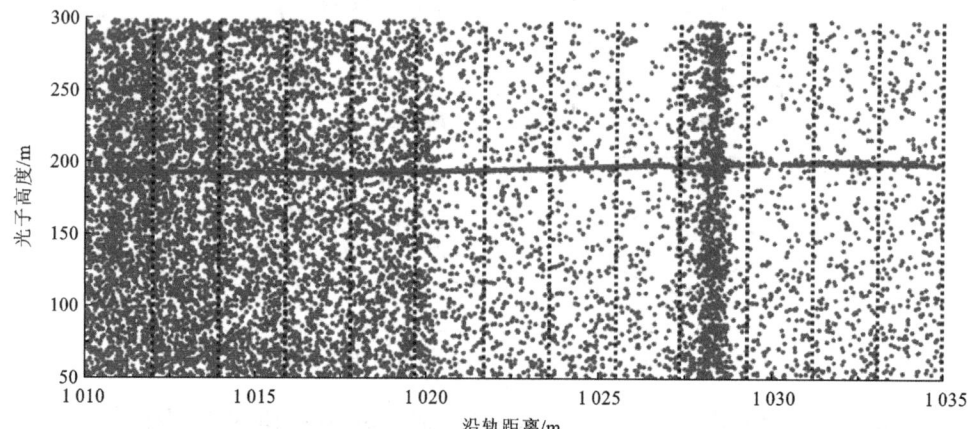

图3.26 按光子数据的扫描时间或激光器移动距离方向,等间隔地进行切片,划分成若干个切片单元的光子点云数据

(2)在每个切片单元中,在高程方向上,从上到下或从下到上,以 h 宽度进行横向分区,构建 m 个矩形方块分区,如图3.27所示。

(3)将每个切片分区标注为 $Q_1, Q_2, \cdots, Q_n$,在每个切片分区中,按光子高程方向,划分为不同的矩形方块区间,表示为 $V_1, V_2, \cdots, V_n$。每个序列集合构建拟合出一条随光子高度改变而变化的光子数的纵向曲线函数 $L(h)$。多个序列集合可构建出对应的曲线 $L_1(h), L_2(h), \cdots, L_n(h)$,如图3.28所示。

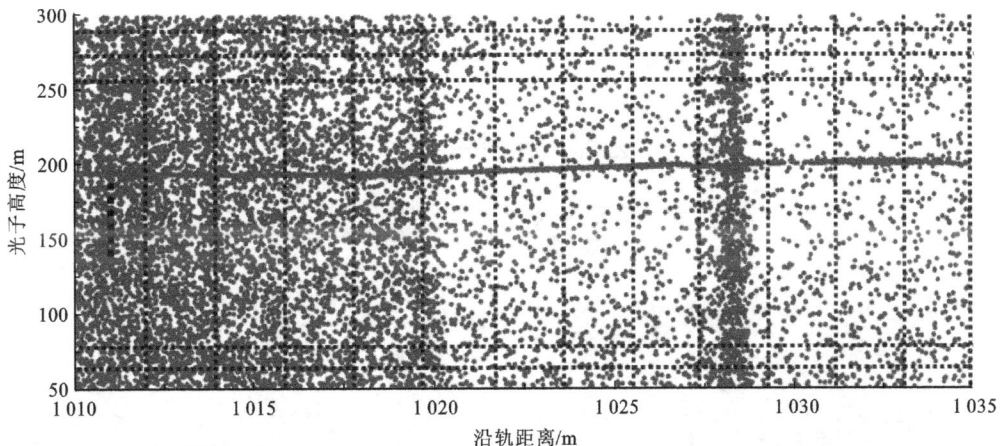

图 3.27 每个切片单元中,从高程方向等间隔地划分若干个分区的光子点云数据

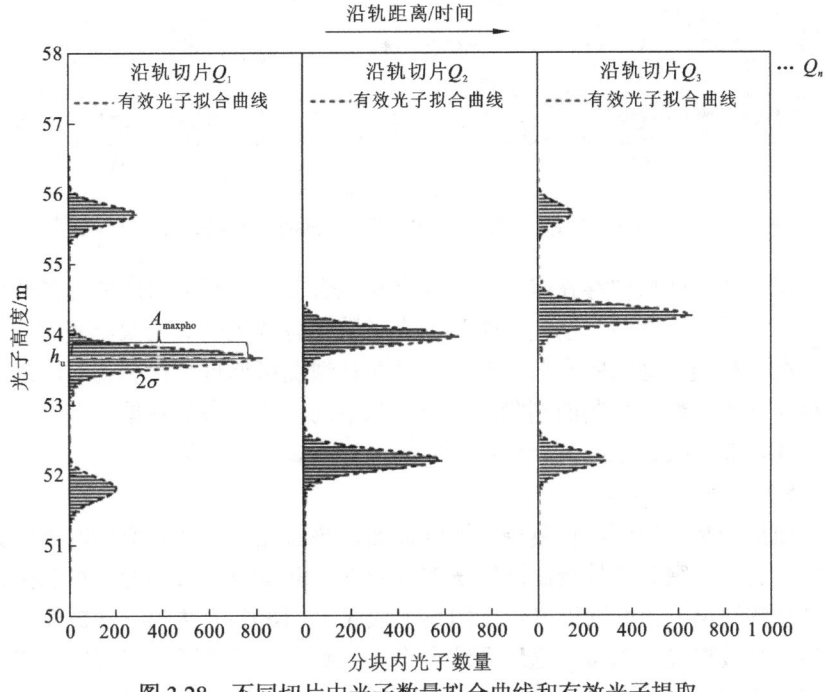

图 3.28 不同切片中光子数量拟合曲线和有效光子提取

(4) 对图 3.28 中的每条空间曲线提取一系列局部极值,探测获取最大极值所对应的光子高程值 h_u;以该值为中心,将其对应矩形内的光子数量作为波形振幅 A_{maxpho}、半波宽 σ 为参数用高斯曲线拟合,用式(3.157)描述;对于每条切片区域,选取高斯曲线区域 95%所对应宽度内包含的光子数为该切片区域中的有效数据(图 3.29),表示为 $S_{Q_1}, S_{Q_2}, \cdots, S_{Q_n}$;整个数据的有效数据表示为 S_{signal},用式(3.158)表示。

$$G(h) = A_{maxpho} \exp\left[\frac{-(h-h_u)^2}{2\sigma^2}\right] \quad (3.157)$$

$$\begin{cases} S_{Q_i}(h) = \left\{ \int A_{\text{maxpho}} \exp\left[\dfrac{-(h-h_{\text{u}})^2}{2\sigma^2}\right] \right\} \cdot 95\% \\ S_{R_g} = \sum_{i=1}^{n} S_{Q_i}, \quad g = 1, 2, \cdots, m \\ S_{\text{signal}} = \sum_{g=1}^{m} \sum_{i=1}^{n} S_{R_g} S_{Q_i} \end{cases} \quad (3.158)$$

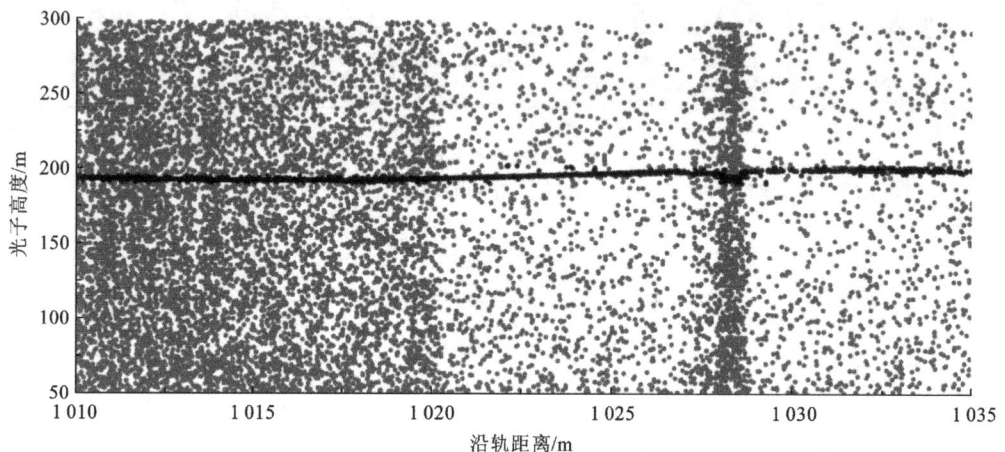

图 3.29 光子计数激光雷达的点云密度切片分割滤波提取的有效光子数据

(5) 当每个切片区域中存在多个较大的高斯拟合曲线,它们对应的光子数量差值较小时,表示原始数据存在两种情况:①噪声光子数与有效光子数的聚集密度近似;②原始数据中存在多种类别地物的有效光数据。这两种情况可通过目标地物对应的有效光子数据之间存在的接连性进行判断剔除,即表示为不同切片中有效数据所在的矩形方块之间是邻接关系,非邻接关系的高斯曲线对应的矩形区域的光子为噪声。

3) 移动曲面拟合

移动曲面拟合是将地面看作复杂的连续曲面,核心在于直接在原始的点云数据的基础上进行数据处理,突破了传统滤波算法的局限性 (Su et al., 2009)。算法假设地表为一个特别复杂的地形,就可以依据式 (3.159) 或式 (3.160) 表达的二次曲面去拟合整段数据中的某一个数据段,当拟合逼近至这个小曲面到一定程度时,就可以用式 (3.161) 或式 (3.162) 表达的一个平面方程来表示,最终将这个小曲面可以看成一个平面。

$$z = a_0 + a_1 x + a_2 y + a_3 x^2 + a_4 xy + a_5 y^2 \quad (3.159)$$

曲面拟合公式也可表示为

$$\begin{pmatrix} 1 & x_1 & y_1 & x_1^2 & x_1 y_1 & y_1^2 \\ 1 & x_2 & y_2 & x_2^2 & x_2 y_2 & y_2^2 \\ 1 & x_3 & y_3 & x_3^2 & x_3 y_3 & y_3^2 \\ 1 & x_4 & y_4 & x_4^2 & x_4 y_4 & y_4^2 \\ 1 & x_5 & y_5 & x_5^2 & x_5 y_5 & y_5^2 \end{pmatrix} \begin{pmatrix} a_0 \\ a_1 \\ a_2 \\ a_3 \\ a_4 \\ a_5 \end{pmatrix} = \begin{pmatrix} z_1 \\ z_2 \\ z_3 \\ z_4 \\ z_5 \\ z_6 \end{pmatrix} \quad (3.160)$$

$$z = a_0 + a_1 x + a_2 y \tag{3.161}$$

平面拟合公式也可表示为

$$\begin{pmatrix} 1 & x_1 & y_1 \\ 1 & x_2 & y_2 \\ 1 & x_3 & y_3 \end{pmatrix} \begin{bmatrix} a_0 \\ a_1 \\ a_2 \end{bmatrix} = \begin{pmatrix} z_1 \\ z_2 \\ z_3 \end{pmatrix} \tag{3.162}$$

移动曲面拟合算法分为曲面算法和平面算法。在移动曲面拟合算法中，合适的阈值选择是关键，阈值太小会将地面点与非地面点混淆，将地面点误判为非地面点；若阈值过大，会将非地面点当作地面点。所以高差的自适应性较差，需要加强。

4）最小二乘滤波

基于最小二乘的点云数据滤波算法的原理是计算原始点云数据中每一个点的局部统计量，利用统计量的分布特征设置统计量的全局阈值并对点云进行逐点分类，从而将目标点云信号从噪声数据中提取出来。对光子计数激光雷达点云数据处理时的算法流程如图 3.30 所示。

如图 3.30 所示，算法首先将点云数据投影到局部坐标系，将点云的平面坐标转换为沿轨距离，生成剖面点云。然后通过点云精去噪算法剔除原始点云数据中的噪声点，并建立点云数据的分段索引，利用最小二乘局部曲线拟合法对点云数据进行滤波分类；最后根据滤波分类结果，提取出目标点云数据并将其输出。

利用最小二乘法进行曲线拟合的本质是将曲面滤波中的曲面拟合过程退化为曲线拟合，其具体实现步骤如下。

（1）查找局部最低点。建立点云数据索引，划分一定大小的窗口，并在窗口内查找高程最低点。如果在查找过程中存在较长数据段中目标点的缺失，则应修改窗口的尺寸大小继续查找。

（2）利用局部最低点进行局部区域目标拟合。对步骤（1）中的每个局部最低点进行邻近搜索，联合与其沿轨距离最近的局部最低点，采用最小二乘算法求解局部二阶拟合曲线，如式（3.163）所示。

$$h = ax^2 + bx + c \tag{3.163}$$

式中：x 为沿轨距离；h 为高程；a, b, c 为二阶拟合曲线中待求解的拟合参数。

（3）通过计算得到自适应阈值。根据距离差值进行目标点与非目标点的区分，为了增强算法的适应性，可以参考移动曲面拟合点云滤波算法，采用自适应阈值，阈值的选取如式（3.164）所示。

$$\text{Threshold} = s \times (H_{\max} - H_{\min}) \tag{3.164}$$

式中：$H_{\max}$ 为在局部窗口内的点云数据高程最高值；$H_{\min}$ 为局部窗口内的点云数据的高程最低值；s 为与待测目标的特征相关的系数。在利用光子计数激光雷达进行对地目标探测时可依据目标的起伏特性确定。

（4）点云数据分类。利用步骤（2）中的局部地形曲线得到沿轨各点的地形高程的理论值，将激光脚点高程减去理论地形高程可以得到两者的高程差，将高程差与步骤（3）中计算得到的自适应阈值 Threshold 进行比较，如果高程差大于自适应阈值 Threshold，

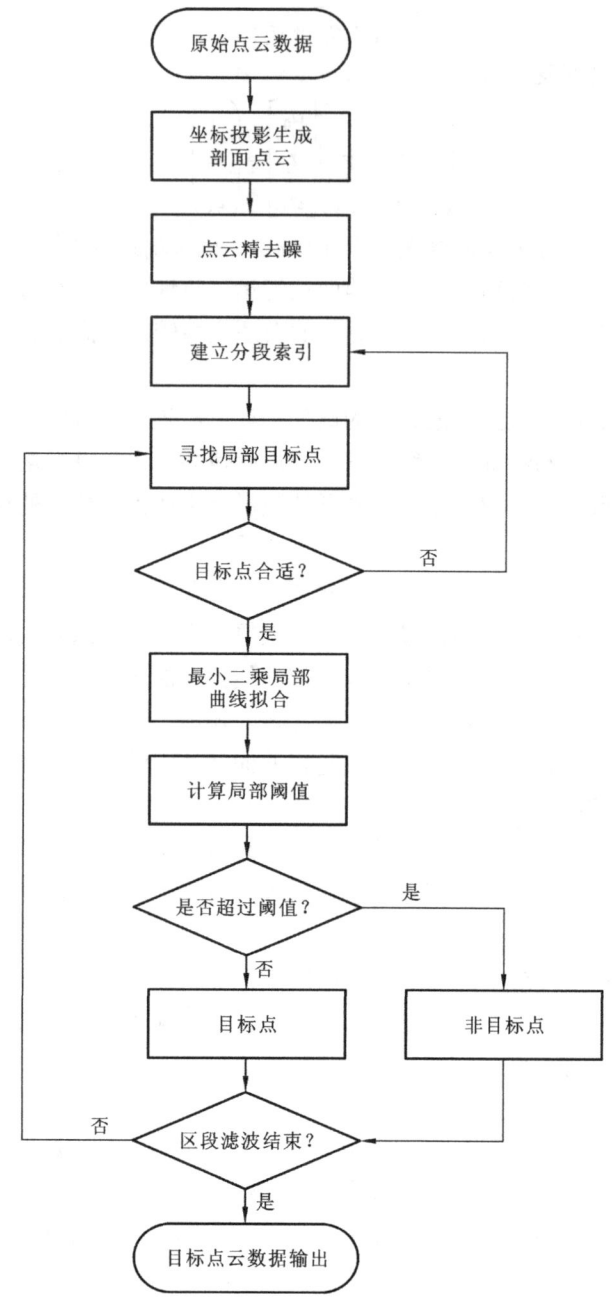

图 3.30 基于最小二乘的点云滤波算法流程图

则判定该点为噪声点数据；如果高程差小于自适应阈值 Threshold，则判定该点为目标点数据。

3. 基于体素密度滤波法

1）DBSCAN 滤波算法

基于密度的滤波思想已经被广泛应用于数据分析中的聚类算法，如知名的应用于噪声的空间密度聚类（density-based spatial clustering of applications with noise，DBSCAN）算法（图 3.31），能够将具有足够高密度值的区域划分为簇，并在具有噪声的数据中发现任意形状的有效数据区域（周水庚 等，2000），它的基本定义如下。

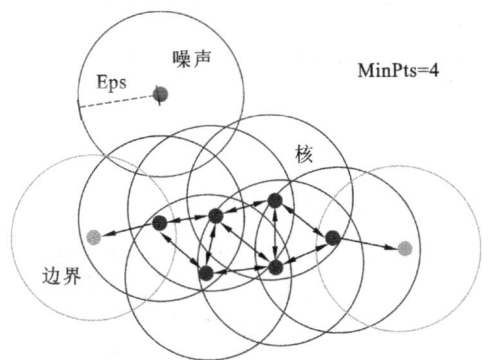

图 3.31 DBSCAN 聚类概念示意图

定义 1：(Eps-邻域) 对 $x_j \in D$，Eps-邻域包含样本数据集 D 中所有与点 x_j 之间距离小于 Eps 的样本点，即

$$N_{\text{Eps}(x_j)} = \{x_j \in D \mid \text{dist}(x_i, x_j) \leqslant \text{Eps}\} \tag{3.165}$$

定义 2：(核心点与离群点) 若 x_j 的 Eps-邻域至少包含有 MinPts 个样本点，则 x_j 为核心点，而该邻域点若自身不满足核心点条件，则为离群点，即

$$|N_{\text{Eps}(x_j)}| \geqslant \text{MinPts} \tag{3.166}$$

定义 3：(直接密度可达) 若 x_j 在 x_i 的 Eps-邻域内，并且 x_i 为核心点，则 x_j 可有 x_i 直接可达。

定义 4：(密度可达) 若存在序列 $p_1, p_2, \cdots, p_n$，$p_1=x_i$，$p_n=x_j$，并且任意 p_{i+1} 可由 p_i 直接密度可达，则 x_j 可由 x_i 密度可达。

定义 5：(密度相连) 对于 x_j 和 x_i，若存在 x_k 使得 x_j 和 x_i 均可由 x_k 密度可达，则 x_j 和 x_i 为密度相连，且密度相连具有对称性。

定义 6：(簇和噪声) 从样本数据集 D 中任取一点 p 开始，在 D 中搜索满足 Eps 和 MinPts 条件且密度可达的所有点构成一个簇，遍历搜索完成后不属于任何簇的点被标记为噪点。

2）椭圆滤波算法

DBSCAN 算法中，对于 Eps 邻域的界定通常为圆形搜索区域，但这一点并非固定范式，也有不同学者在实际应用中使用其他形状的滤波核。椭圆形也是一种较为常见的滤波核区域，对于光子计数激光雷达原始点云数据特点，横向为航向，纵向为点云高程，光子分布本身受到飞行载具的航行速度的影响，导致数据在横向和纵向上并不均匀分布，使用椭圆邻域搜索能够一定程度上放宽数据在横向和纵向上分布的要求。因此，DBSCAN 的主要提出者（Zhang et al., 2014）在随后的研究中也指出了这一点，如图 3.32 所示。

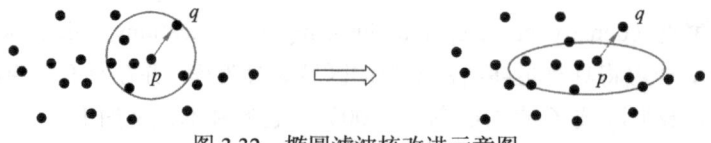

图 3.32 椭圆滤波核改进示意图

图 3.32 中,左侧通过使用 DBSCAN 圆形搜索区域,点 q 与点 p 紧密连接,也被归类为簇的一部分。而在右边,由于搜索区域被修改为椭圆,点 q 不再是密度连接到点 p,因此 q 被归类为噪声点。

同时关于不同方向轴上的距离度量,Zhang 等(2014)也提出了新的距离度量计算公式,对于二维数据集,原本两点 $p(t_p, h_p)$ 和 $q(t_q, h_q)$ 之间的距离定义为

$$D(p,q) = \sqrt{\frac{(t_p - t_q)^2}{t_{\text{scale}}^2} + \frac{(h_p - h_q)^2}{h_{\text{scale}}^2}} \quad (3.167)$$

式中:t 为时间,与飞行器速度乘积后可认为是沿轨道距离;h 为高程。t_{scale} 和 h_{scale} 用于标准化,表示数据在不同方向轴上具有可比较的顺序。因此,$D(p,q)$ 现在是无单位的,在引入一定的放缩关系系数后,距离定义公式变化为

$$D(p,q) = \sqrt{\frac{(t_p - t_q)^2}{t_{\text{scale}}^2 a^2} + \frac{(h_p - h_q)^2}{h_{\text{scale}}^2 b^2}} \quad (3.168)$$

通过引入 a,b 搜索区域,图 3.32 被修改为质心为 p 的椭圆,长轴为 $2a$,短轴为 $2b$,且 $a>b$。由于搜索区域的变化,水平方向的点相对于搜索区域中心的权重大于垂直方向的点。因此,大致水平方向上的连续点更有可能被归类为同一类簇中,该类改进方法在 MABEL 光子计数激光雷达技术数据处理中已经得到了验证使用。

3)可变方向椭圆密度滤波算法

针对特定数据使用非圆形滤波核能够增加算法的准确率。椭圆等狭长形状的滤波核同样十分适用于浅水测深数据。由于地心引力影响,水表点云基本按水平面排列,而水下地形由于连续性,基本沿着地面方向有轻微角度的连续分布,设计椭圆滤波核尽量沿着地形变化的方向分布,能够极大地增强密度滤波算法的适应性。不同形状的滤波核对数据密度滤波效果不同,如图 3.33 所示。

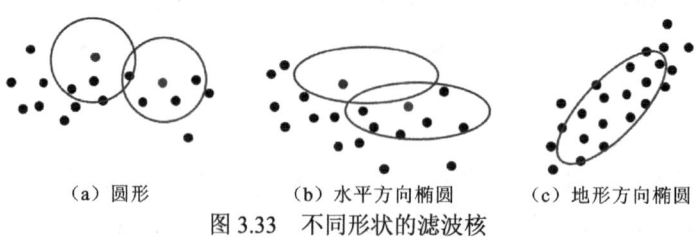

(a)圆形　　(b)水平方向椭圆　　(c)地形方向椭圆

图 3.33 不同形状的滤波核

根据密度滤波的基本原理,首先要以不同滤波方向的滤波核遍历点云数据,针对其密度统计值较大的角度选定为贴合地形的角度,如 DBSCAN 中的基本定义和关键要点,确定任意两两数据点的距离度量关系为

$$\text{dist}(x_i, x_j) = \sqrt{\frac{(X_{x_i} - X_{x_j})^2}{a^2} + \frac{(Y_{x_i} - Y_{x_j})^2}{b^2}} \tag{3.169}$$

式中：X 为点云数据在延轨距离上的横坐标；Y 为点云数据的高程；a、b 为滤波核椭圆的长短半轴。当 $\text{dist}(x_i, x_j)$ 计算值小于 1 时，其数学意义即为 x_j 能够落在以 x_i 为椭圆圆心，以 a、b 为长短半轴的椭圆邻域内；当 $\text{dist}(x_i, x_j)$ 计算值大于 1 时，则说明其落在该椭圆外。

现若将该椭圆旋转一定角度 θ，则 $\text{dist}(x_i, x_j)$ 的计算公式转化为

$$\text{dist}(x_i, x_j, \theta) = \sqrt{\frac{(\Delta X^*)^2}{a^2} + \frac{(\Delta Y^*)^2}{b^2}} \tag{3.170}$$

其中两变量推导公式为

$$\Delta X^* = (X_{x_i} - X_{x_j})\cos\theta + (Y_{x_i} - Y_{x_j})\sin\theta \tag{3.171}$$

$$\Delta Y^* = (X_{x_i} - X_{x_j})\sin\theta - (Y_{x_i} - Y_{x_j})\sin\theta \tag{3.172}$$

实际统计滤波核的距离度量时，噪点本身与实际信号点的距离十分接近，仅统计椭圆内点云的密度值仍不能很好地区分信号点和噪点，也就是传统的欧氏距离无法有效度量，需要对两点之间的距离在不同方向上设置权重保证密度值的区分性。由于数据本身在延轨距离上应当连续，而更大概率在高程方向上产生偏差，即滤波核需重点统计 X 方向的权重，并抑制 Y 方向的点参与权重统计，设定两个方向上的权重值计算方式为

$$W_X = 1 - \frac{|\Delta X^*|}{a} \tag{3.173}$$

$$W_Y = \exp\left(\frac{|\Delta Y^{*2}|}{k}\right) \tag{3.174}$$

式中：W_X 为沿轨距离方向上点参与计算的权重，通过该简单一次线性关系将权重均匀分布在 0~1；W_Y 为高程方向上点参与计算的权值，选取高斯函数做权值分布的原因是光子计数测量的误差本身为高斯分布；k 为光子计数激光器的脉冲宽度与光速的乘积。最终需要统计某点的加权密度值为

$$\rho_{x_i}(x_i, x_j, \theta) = \sum_{x_j \in D} \sqrt{\frac{(W_X \cdot \Delta X^*)^2}{a^2} + \frac{(W_Y \cdot \Delta Y^*)^2}{b^2}} \tag{3.175}$$

通过式（3.175）可计算得到一个光子初始信号点附近以 a、b 为长短轴，旋转角度为 θ 的椭圆邻域内的"密度值"，由于 θ 的值无法初始给定，在对某顶点求解过程中，需要遍历角度 $\theta \in [0, \pi)$，当 ρ_{x_i} 取到最大值时可确定为最佳滤波方向，即

$$\theta_{x_i} = \arg\max_{\theta \in [0, \pi)} \rho_{x_i}(x_i, x_j, \theta) \tag{3.176}$$

实际应用中，可将取值区间适度分割以提升算法的处理效率，快速求解不同方向的密度值，如下：

$$\theta = \frac{30}{\pi} n, \quad n = 0, 1, \cdots, 11 \tag{3.177}$$

通过上述变化方向可确定该点最适密度值，即 $\rho_{x_i} = \max \rho_{x_i}(x_i, x_j, \theta)$，选定的 θ 方向也基本与光子点云在地形上的连续分布趋势在同一方向。

3.5 光子计数激光雷达海岛礁要素探测

3.5.1 浅海水深与地形要素测量

1. 光子计数激光雷达浅海水深与地形测量特点

近岸测深技术是导航、海洋地貌学、珊瑚礁研究、水文学等领域重要而热门的研究（Gao，2009）。尽管有各种遥感技术可以测量和估算水深（Jawak et al.，2015），如遥感反演、测光测距系统、合成孔径雷达等，但是近岸水深的全球数据相对缺乏（Kim et al.，2014）。近岸测深的主要探测对象是沿海地区，海峡和岛屿等附近的浅水区域，被称为"白丝带"，是水文界的数据缺口（Mason et al.，2006）。为了生成无缝的地形或测深数字高程模型，已使用各种具有遥感技术的测量方法来进行测深，但是这些现有方法受到不同因素的明显限制，例如原始测量数据、测深分辨率、区域环境和时空条件。光子计数激光雷达技术的发展及冰云陆地高程卫星 2 的成功发射，为近岸水深带来了新的高分辨率测深机会，并且该技术可以帮助克服一些局限性（Abdalati et al.，2010）。

对于海洋表面数据，一般采用波谱和非线性拟合方法进行表面检测。已提出的方法和模型大概分为基于栅格、局部统计和聚类密度，都是为了消除噪声光子并检测激光点云的空间和轮廓分布。对于近岸测深，水深因各种地球表面类型而异，因此也会导致不同的光子传输过程。激光雷达发射出的大量激光光子击中水面，然后渗透到水中，直到水底（Forfinski-Sarkozi and Parrish，2016）。在传输过程中，光子的空间特性和密度分布与其他陆地表面类型有明显的不同。在光子计数测深中，水面反射的光子的密度明显高于水下光子的密度，这导致去噪和检测更加困难。此外，随着水深的增加，光子的密度分布也不同，并且变化程度也与水的透明度、环境和位置有关。因此，如何精确识别和分离不同区域的光子是一个至关重要的问题，如水面以上、水面和水下，并针对不同的水体透明度、环境和区域，自动精确地检测不同水深下不同密度的信号光子。解决这些问题对于成功使用光子计数激光雷达技术，并确保测深精度和效率是十分重要的环节。目前的光子计数滤波算法仅适用于各种陆地区域的地物覆盖类型，没有考虑测深中光子数据的特性和密度分布，因此无法有效地处理和探测光子数据并执行水下地形和水深的测量。

2. 自适应可变椭圆水深探测方法

为了克服光子计数激光雷达水下地形和水深测量存在的问题，一种自适应可变椭圆水深探测方法被提出，主要包括了 5 个部分。

（1）在计算统计分段光子密度的过程中，原始光子数据沿高度方向分为一系列空间分段。每个空间段中的光子数和空间段数通过式（3.178）统计计算，其中 Δh 为高度方向上的段宽度；m 为段号。沿着高度方向，不同段中的光子数用于构建由式（3.179）和式（3.180）表示的高斯模型检测并拟合，h_{maxpho} 为最大光子数的精确高度。

$$m = \frac{\max(H_i) - \min(H_i)}{\Delta h} \tag{3.178}$$

$$h_i = \min(H_i) + \frac{2j-1}{2}\Delta h, \quad j = 1,2,3,\cdots,m \tag{3.179}$$

$$f(x) = x_{\text{maxpho}} \exp\left[-\frac{(x - h_{\text{maxpho}})^2}{2\sigma^2}\right] \tag{3.180}$$

（2）以 h_{maxpho} 为中心，高斯标准差的两个时间作为宽度阈值，确定水面光子的上下边界。利用位于水面上下边界之间的光子构造水面光子集 SP。相应地，上述水和水下光子集合由 AP 和 WP 构造，用式（3.181）表示。

$$\begin{cases} \text{AP} = (\text{AD}_o, \text{AH}_o), & H_{\max} < \text{AH}_o, \quad o = 1,2,\cdots,N_{\text{ap}} \\ \text{SP} = (\text{SD}_k, \text{SH}_k), & H_{\min} < \text{SH}_k < H_{\max}, \quad k = 1,2,\cdots,N_{\text{sp}} \\ \text{WP} = (\text{WD}_l, \text{WH}_l), & \text{WH}_l < H_{\min}, \quad l = 1,2,\cdots,N_{\text{wp}} \end{cases} \tag{3.181}$$

式中：$h_{\min}$ 和 $h_{\max}$ 分别为水面光子的上边界和下边界；AD_o、SD_k、WD_l 分别为光子在 AP、SP 和 WP 中的沿轨道距离。AH_o、SH_k、WH_l 分别为光子在三个光子集合中的高度，N_{ap}、N_{sp} 和 N_{wp} 分别为每个光子集的光子数。

（3）为了保证和提高水底信号光子的探测精度，采用椭圆函数作为滤波核，由式（3.182）表示。$\text{dist}(p,q)$ 为任意两个光子 p 和 q 之间的距离，其沿轨距和高度分别用 d_p、h_p、d_q、h_q 表示。a 和 b 为长短半轴，作为椭圆滤波器参数。为了确定初始参数值，将水表面光子沿轨道方向分为 ICEsat-2 分辨率的系列间隔，用 Δd 表示，并用 ΔSH_u 统计和表示水表面光子各区间光子高度的最大差值，用于获得椭圆滤波器参数的平均速率 R_{ab}。由于短半轴的初始值 b_0 是由 $H_{\min}$ 和 $H_{\max}$ 的宽度决定，参数 a_0 由式（3.186）计算得到，其中符号 q 表示沿轨道方向的分裂间隔数。

$$\text{dist}(p,q) = \sqrt{\frac{(d_p - d_q)^2}{a^2} + \frac{(h_p - h_q)^2}{b^2}} \tag{3.182}$$

$$\begin{cases} b_0 = |H_{\max} - H_{\min}| \\ R_{ab} = \dfrac{\sum_{u=1}^{q} \dfrac{\Delta d}{\Delta\text{SH}_u}}{q}, \quad u = 1,2,\cdots,q \\ a_0 = b_0 R_{ab} \end{cases} \tag{3.183}$$

（4）水下光子的密度分布随水深的增加而变化。如图 3.34 所示，椭圆的大小不同意味着随着水深的增加过滤范围也不同。

在水面光子集合 SP 中，椭圆滤波器和椭圆滤波参数的初始值及长短半轴用于每个光子，以便统计搜索和计算每个检测区域的光子数，并获得其平均光子数 a，由式（3.184）表示的最小光子数 $\min_{\text{pt}}$ 的初始值。对于不同水深的水下光子，用式（3.185）描述了光子密度分布变化与椭圆滤波器参数的关系。其中符号 τ 用来控制椭圆滤波器大小的系数，其值为 0.1。其中，abs 和 int 分别表示绝对值运算和整数运算。

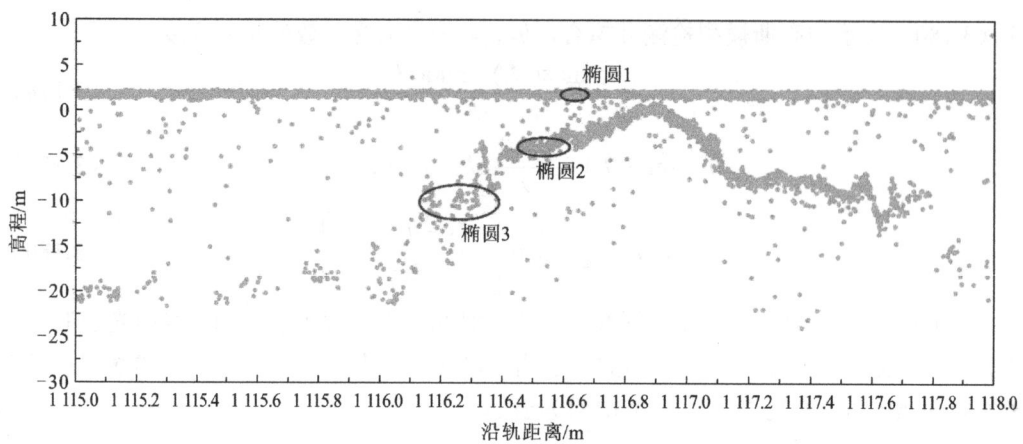

图 3.34 水下光子的密度分布

$$\min_{\text{pt}}^0 = \frac{\sum_{k=1}^{N_{\text{sp}}} p_v}{N_{\text{sp}}} \tag{3.184}$$

$$\begin{cases} a_l = b_l R_{ab} \\ b_l = b_0 + \tau \text{abs}(\text{WH}_l - H_{\min}), \quad l=1,\cdots,N_{\text{wp}} \\ \min_{\text{pt}}^l = \min_{\text{pt}}^0 - \text{int}\left[\dfrac{\text{abs}(\text{WH}_l - H_{\min})}{3}\right] \end{cases} \tag{3.185}$$

（5）利用椭圆滤波器确定的初始参数分别用光子集 AP 和 SP 检测陆地表面和水面光子信号。利用椭圆滤波器在不同水深处的变化参数，检测和提取水底地形。由于光子的离散特性，利用分段 B 样条曲线模型获取连续的岛地形、水底地形和水深数据。一个片段上的 B 样条的表达式可以写作

$$S_i(t) = \sum_{k=0}^{3} P_{i-3+k} b_{i-3+k,3}(t), \quad t \in [0,1] \tag{3.186}$$

式中：S_i 为第 i 个 B 样条片断；P 为一个控制点集；i 和 k 为局部控制点索引。控制点的集合会是 $P_i^w = (w_i x_i, w_i y_i, w_i z_i, w_i)$ 的集合，其中 w_i 为比重，当它增加时曲线会被拉向控制点 P_i，当它减小时则把曲线远离该点。片段的整个集合 $m-2$ 条曲线 $(S_3, S_4, \cdots, S_m)$ 由 $m+1$ 个控制点 $(P_0, P_1, \cdots, P_m) m \geq 3$ 定义，作为 t 上的一个 B 样条可以表示为式（3.187），其中 i 为控制点数，t 为取节点值的全局参数。

$$S(t) = \sum_{i=0}^{m} P_i b_i(t) \tag{3.187}$$

3. 海浪波光子提取与折射校正

当单光子激光雷达进行水下地形和水深测量时，光子经过大气射到水面，并穿透水气界面，水体会对光子产生折射效应，光子的传输速度随之下降。这两种因素的影响将导致水下地形和水深的测量结果产生一定的偏差，降低每个光子的定位和测量精度，因

此对其进行有效地校正,是确保和提升水下地形和水深测量的准确性和精度的重要环节之一。

根据任意一个水底光子 P 的坐标(x_b, z_b)与该光子的指向角 θ,构建一条空间直线,相交于海浪波模型,其交点为该光子与水气界面的交点 p;光子的空间直线表示为式(3.191),其中 k_1 和 k_2 表示用水底光子坐标和指向角计算获取的直线参数;联合海浪波模型(以分段多项式为例),可计算出 p 点的坐标(x_s, z_s),如下:

$$z = k_1 x + k_2, \quad k_1 = -\frac{1}{\tan\theta}, \quad k_2 = z_b + \frac{x_b}{\tan\theta} \tag{3.188}$$

$$\begin{cases} x_s = \dfrac{-(b_i - k_1) \pm \sqrt{(b_i - k_1)^2 - 4a_i(c_i - k_2)}}{2a_i} \\ z_s = k_1 \cdot \dfrac{-(b_i - k_1) \pm \sqrt{(b_i - k_1)^2 - 4a_i(c_i - k_2)}}{2a_i} + k_2 \end{cases} \tag{3.189}$$

根据光子与水气界面交点 P 的位置,以及瞬时海浪波模型,根据式(3.190)和式(3.191)计算出该光子在沿轨方向 x 上的海浪面斜率,以及光子与水气界面交点 P 的法向量 N:

$$\tan\vartheta_P = 2a_i x + b_i, \quad i = 1, 2, \cdots, n \tag{3.190}$$

$$N = \frac{-\tan\vartheta_P}{\sqrt{1 + \tan^2\vartheta_P}} \tag{3.191}$$

最后根据 3.2.4 小节中的折射改正模型进行折射改正,即激光每个水底光子点在三维空间上坐标位移的补偿量。图 3.35 显示了校正前后的水下光子和水底地形曲线。

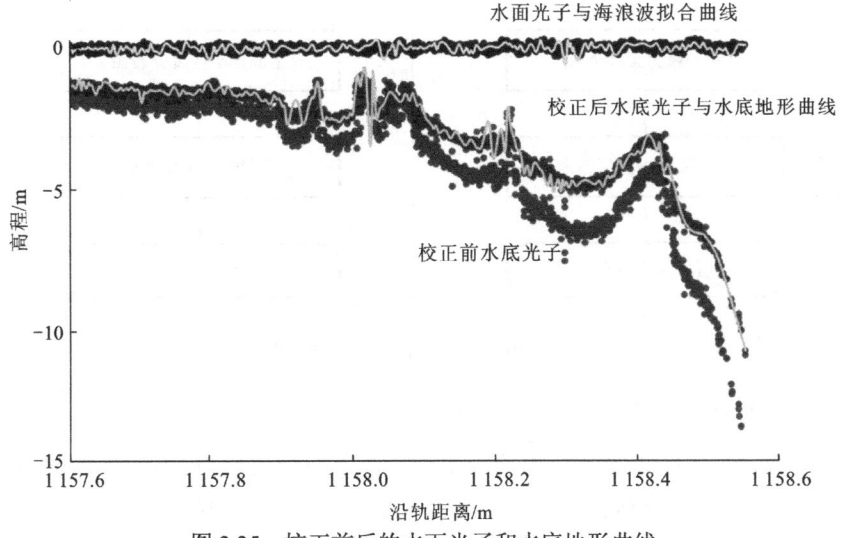

图 3.35 校正前后的水下光子和水底地形曲线

3.5.2 植被冠层结构及生物量提取

1. 地面高程和植被高度反演算法

地面高程是地表模型的关键输入，对了解地表过程起着至关重要的作用。植被高度是森林最基本的结构参数之一，对估算森林生物量和预测生物多样性具有重要意义（Zhang et al.，2014）。因此，有必要对冠层表面及其下面地形进行快速、准确地探测。现有的算法大部分在解决滤波问题，除了滤除噪声光子，地面光子和冠层光子的分离是获取地面和冠层顶部表面并随后估算植被高度的必要步骤。因此，地面高程和植被高度反演算法将原始光子计数数据分为噪声、地面、冠层和冠层顶部光子，然后检索地面高程和植被高度。实现这一目标有三个关键步骤。

1) 去除噪声光子

第一步是建立一个高程频率直方图来去除明显的噪声光子，接下来建立密度分布直方图，消除剩余的噪声光子。然后采用可变方向搜索椭圆来计算光子密度（Xie et al.，2017），生成局部光子密度分布直方图，密度值小于阈值的光子被分类为噪声光子。最后从原始光子计数激光雷达数据中去除。图 3.36 展示了主要步骤。

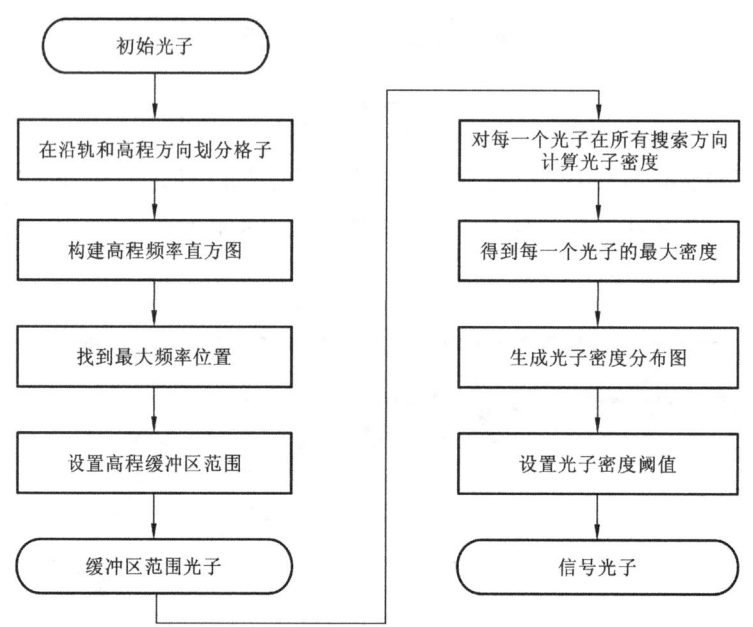

图 3.36 噪声去除算法流程图

2) 滤波后的光子数据分类

（1）地面光子识别：先将滤波后的光子沿轨迹方向分为窗口，窗口大小设置为 15 m。随后为每个窗口建立一个高程频率直方图。每个窗口的光子根据高程值分层，层厚设置为 1 m。计算每一层的光子频率，建立一个高程频率直方图，然后在直方图中找到所有的峰值。基于高程频率直方图的最低峰值（lowest peak value，LPV）提取初始地面光子。

光子密度分布直方图计算出的满足密度阈值的最低光子被确定为初始地面光子。采用三次样条插值法拟合地面光子,建立连续的地面曲面。由于前面步骤中得到的地面光子是基于滤波后的数据,考虑到一些地面光子可能被滤波为噪声光子,从接收的地面表面光计数激光雷达数据中提取出最终的地面光子。如果原始光子到地面的距离在阈值 1 m 以内,则归为地面光子。最后,从原始光子中提取出所有的地面光子。地面和最终的地面光子如图 3.37 所示。

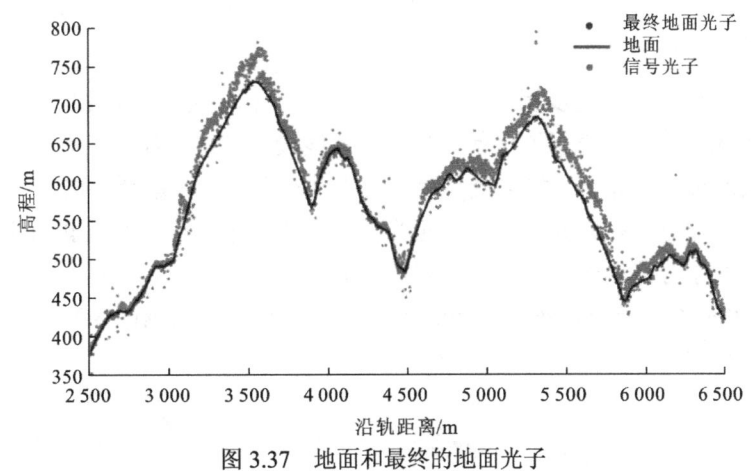

图 3.37 地面和最终的地面光子

（2）冠层顶部光子识别：冠层顶部光子的提取包括两个基本步骤（Popescu et al.,2018）。①去除冠层错误的光子。对于每个窗口,白天数据的指定高程分位数范围[0.96, 1]和夜间数据的指定高程分位数范围[0.99, 1]中的光子被假定为可能的噪声光子,并被移除。②利用剩余的光子获得分位数范围[0.95, 0.99]内可能的冠层顶部光子。在三次样条插值前将数据分为植被区和地面区。用 $H_{Threshold}$ 值对植被区域和地表区域进行分类。如果一个窗口的 H_{mean} 大于 $H_{Threshold}$,则将其划分为植被窗口。否则,它被归类为地面窗口。然后利用三次样条插值拟合每个区域可能的冠层顶部光子生成连续的冠层顶部表面。对于地面窗口,将获得的地面作为伪冠层顶部曲面。最后通过局部冠层顶部表面和地面表面构建冠层顶部表面提取所有的冠层顶部光子。

（3）植被高度提取：恢复地表和冠层地表后,植被高度即为地表和冠层地表的高差,可以在沿轨道方向的任意位置得到。

2. 森林冠层高度制图方法

森林冠层高度制图方法包括 5 个步骤：①处理 MABEL 资料,以获得精确的地表及林冠光子；②估计林冠高度,并发展多个滤波器,以选取高精度、高可靠性的林冠高度样本,建立林冠高度模型；③提取一系列预测变量,包括光谱指数、地形变量和地理坐标；④建立森林高度模型,建立采样森林高度和预测变量之间的关系；⑤生成空间连续的森林高度图,并评估森林高度的准确性地图。

1）MABEL 数据处理

MABEL 数据沿剖面分布。为了简化后续的 MABEL 数据处理，将 MABEL 数据投影到 XZ 剖面（X 是沿轨道方向，Z 是垂直方向）（Nie et al.，2018）。如果 MABEL 飞行线是直线的，则预测的 MABEL 数据分布与原始 MABEL 数据一致。如果 MABEL 飞行线有大转弯或校准机动，投影 MABEL 数据的分布将改变，从而导致不准确的森林高度估计。由于大多数 MABEL 数据飞行线存在大转弯或校准机动，基于 Douglas-Peucker 算法（Zhao and Shi，2018；Nie et al.，2017）的分割方法可以解决 MABEL 数据飞行线因大转弯或校准机动而产生的相关问题。

分割方法包括 4 个关键步骤，如图 3.38 所示。首先，将从 MABEL 数据的辅助文件中获得的起始光子和结束光子连接起来形成一条线段。其次，计算所有光子到线段的距离，并用最大距离确定光子。如果最大距离大于距离阈值（根据经验选择 100 m），则标记光子。再次，通过连接起始光子、标记光子和结束光子，构造两条新的线段。然后用标记的光子把光子分成两部分。最后，算法递归地调用自己，直到没有标记新的光子。图 3.38（g）表示了基于 Douglas-Peucker 算法的分割结果。根据图 3.38（g），在 8 个区

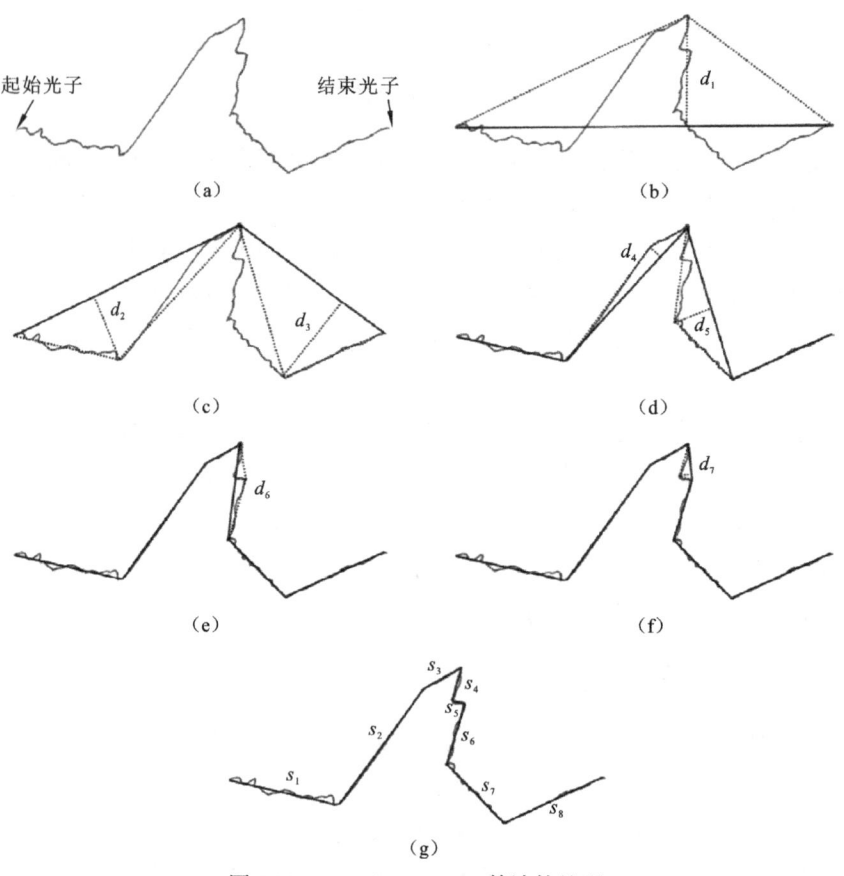

图 3.38　Douglas-Peucker 算法的处理

$d_1 \sim d_7$ 大于 100 m

段（$S_1 \sim S_8$）中没有大的转弯或明显的扰动。在分割之后，每一段都被投影到 XZ 剖面上。把噪声光子去除和信号光子分类算法应用于每个投影段（Zhu et al.，2018），以获得精确的地表和冠层光子。

2）林高估计与滤波

林高估计：在使用上述方法处理 MABEL 数据之后，通过冠层顶部光子的高度减去相应的地面高度来获得森林高度。网格化的森林高度被设定为每 30 m LandSat 8 OLI 网格中森林高度的平均值。

异常值剔除：为了去除噪声光子引起的林高异常值，计算了所有网格化林高的均值 μ 和标准差 σ。如果森林高度值大于 $\mu+3\sigma$ 的阈值，则将其视为一个大的异常值，然后将其删除。

信噪比（signal-to-noise ratio，SNR）阈值测试：SNR 定义为信号光子数与噪声光子平均数之比。信噪比计算如下：①将原始 MABEL 数据沿轨道方向划分为若干个 30 m 窗口，然后在垂直方向上将每个窗口划分为若干个 200 m 窗口；②为每个窗口生成一个提升频率直方图，并确定最大频率所在的信号仓；③计算背景仓中的光子平均数，信号仓的相邻仓不用于计算背景光子的平均数，因为某些信号光子可能存在于信号仓的相邻仓中；④根据式（3.192）计算 SNR。

$$\begin{cases} \text{SNR} = \dfrac{\text{Hz}(J)}{\mu_{\text{bg}}} \\ \mu_{\text{bg}} = \dfrac{\sum\limits_{i=1}^{J-2}\text{Hz}(i) + \sum\limits_{i=J+2}^{n}\text{Hz}(i)}{n-3} \end{cases} \quad (3.192)$$

式中：$\text{Hz}(i)$ 是信号仓 i 中的光子数；J 为光子数最大的信号仓；μ_{bg} 为噪声光子的平均数；n 为窗口中的信号仓数。

冠层光子密度（canopy photon density，CPD）阈值测试：光子计数激光雷达在植被区每次发射激光脉冲只记录几个光子，因此探测到的光子位置是不确定的。在概率意义上，如果大量光子被树冠反射，则光子很可能被树冠顶部反射（Neuenschwander et al.，2019）。因此，林冠光子数的多少直接影响林冠高度的估计精度。

斜率阈值检验：地形坡度对森林高度提取有不利影响。同样，将地形坡度阈值设置为 5°～35°（间隔为 5°），并分析坡度阈值与低于坡度阈值的林高均方根误差之间的关系。

3）预测变量

通过辐射定标和大气校正对 Landsat 8 OLI 数据进行校正（Matasci et al.，2018；Staben et al.，2018），然后计算光谱指数，其中用 ENVI 中的扩展函数（landsat 8 OLI 的玕珸变换）计算转换亮度、绿度和湿度。地形值均从校正后的 SRTM DEM 数据中提取。

4）林高模型

针对阔叶林、针叶林和针阔混交林三种森林类型，采用逐步回归和随机森林（random forest，RF）算法，建立一系列森林高度模型，作为预测变量的函数对森林高度进行预测。

逐步回归是一种数据驱动的迭代算法，用于为多线性回归模型自动选择最合适的变量。在逐步回归算法中，有两个参数（penter 和 premove）在本节中都被设置为 0.05。RF 算法是分析因变量和预测变量之间复杂非线性关系的非参数统计估计技术（Belgiu and Dragut, 2016）。RF 算法有两个重要的参数，包括在每个分割节点尝试的变量数（mtry）和树数（ntree）。mtry 和 ntree 值分别设置为 7 和 500。RF 模型中预测变量的重要性水平通过均方根误差的百分比增加来衡量。

采用 RF 和逐步回归算法，以随机抽取的 80%的林高样本作为训练数据集，建立林高模型，其余的用于模型验证。计算森林高度与验证数据之间的相关系数和均方根误差，以评估开发的森林高度模型的性能。此外，利用相同的训练和验证数据集，对 RF 森林高度模型和逐步回归森林高度模型进行比较。

5）林高制图与精度评价

研究区域首先被划分为 4 种土地利用/土地覆盖类型：阔叶林、针叶林、针阔混交林和非森林。然后将建立的每种森林类型的林高模型应用到预测变量对应的栅格层上，对每一像素点的林高进行预测。最后，生成覆盖研究区域的空间连续森林高度图。利用机载激光雷达获取的 1 m 分辨率林高数据验证森林高度图的准确性。将所有林高数据重新采样到 30 m 网格中，以匹配 Landsat 8 OLI 数据的空间分辨率，30 m 网格的林高是 30×30 m 网格相应的最大值。随后，计算预测森林高度与相应的重采样林高数据之间的相关系数和均方根误差。

第4章 军事地质海岛礁环境双介质摄影测量调查技术

4.1 摄影测量理论基础

4.1.1 严格成像模型

传感器的几何构像模型表示为像点的像方坐标和物方点空间坐标之间的几何数学关系。根据传感器的成像特性，常用的传感器成像模型可分为严格成像模型和通用成像模型两类。严格成像模型基于共线条件方程，具有严密的理论基础，描述了摄影瞬间影像像点和对应物方点之间严格的几何成像关系，每个定向参数都具有严格的物理意义，因此可以产生很高的定位精度。不同的卫星所搭载传感器的特性不同，其物理参数和卫星轨道星历等信息也不尽相同，因此，虽然都是基于共线条件方程建立物点和像点之间的几何关系，但不同传感器的严格成像模型之间存在区别。下面主要分析框幅式中心投影影像和线阵电荷耦合元件（charge coupled device，CCD）推扫式影像的成像模型。

1. 框幅式中心投影影像

框幅式中心投影影像利用摄影瞬间像点、摄影中心、相应地面点在一条直线上的严格几何关系，即共线条件方程，建立严格成像模型，具体表示形式为

$$\begin{cases} x - x_0 = -f \dfrac{c_1(X_M - X_S) + d_1(Y_M - Y_S) + e_1(Z_M - Z_S)}{c_3(X_M - X_S) + d_3(Y_M - Y_S) + e_3(Z_M - Z_S)} \\ y - y_0 = -f \dfrac{c_2(X_M - X_S) + d_2(Y_M - Y_S) + e_2(Z_M - Z_S)}{c_3(X_M - X_S) + d_3(Y_M - Y_S) + e_3(Z_M - Z_S)} \end{cases} \quad (4.1)$$

式中：x, y 为像点的像平面坐标；x_0, y_0, f 为影像的内方位元素（一般由相机检校确定）；X_M, Y_M, Z_M 为物方点 M 的物方空间坐标；X_S, Y_S, Z_S 为摄站点 S 的物方空间坐标；$c_i, d_i, e_i\ (i=1,2,3)$ 为旋转矩阵元素，以外方位角元素 φ、ω、κ 为例，其具体表示形式如下：

$$\begin{cases} c_1 = \cos\varphi\cos\kappa - \sin\varphi\sin\omega\sin\kappa \\ c_2 = -\cos\varphi\sin\kappa - \sin\varphi\sin\omega\cos\kappa \\ c_3 = -\sin\varphi\cos\omega \\ d_1 = \cos\omega\sin\kappa \\ d_2 = \cos\omega\cos\kappa \\ d_3 = -\sin\omega \\ e_1 = \sin\varphi\cos\kappa + \cos\varphi\sin\omega\sin\kappa \\ e_2 = -\sin\varphi\sin\kappa + \cos\varphi\sin\omega\cos\kappa \\ e_3 = \cos\varphi\cos\omega \end{cases} \quad (4.2)$$

此外，共线条件方程可表示成矩阵形式，便于坐标反演计算：

$$\begin{bmatrix} X_M \\ Y_M \\ Z_M \end{bmatrix} = \lambda \begin{bmatrix} c_1 & c_2 & c_3 \\ d_1 & d_2 & d_3 \\ e_1 & e_2 & e_3 \end{bmatrix} \begin{bmatrix} x \\ y \\ -f \end{bmatrix} + \begin{bmatrix} X_S \\ Y_S \\ Z_S \end{bmatrix} \tag{4.3}$$

2. 线阵 CCD 推扫式影像

线阵 CCD 推扫式影像的严格成像模型是在共线条件方程的基础上加以扩展所得到的。如单线阵推扫式遥感影像、以三线阵立体测绘的资源三号卫星遥感影像。

1) 单线阵推扫式遥感影像严格成像模型

利用相机侧视角和卫星运动基本矢量、姿态，可建立单线阵推扫式遥感影像坐标和地面点在协议天球坐标系（conventional inertial system，CIS）下的坐标关系式（张过，2005）：

$$\begin{bmatrix} X - X_S \\ Y - Y_S \\ Z - Z_S \end{bmatrix}_{\text{CIS}} = m \boldsymbol{R}_{\text{GF}} \boldsymbol{R}_{\text{FB}} \boldsymbol{R}_{\text{BS}} \begin{bmatrix} x_k \\ 0 \\ -c \end{bmatrix} \tag{4.4}$$

式中：X, Y, Z 为地面点 k 在 CIS 下的坐标；X_S, Y_S, Z_S 为地面点 k 成像时刻卫星在协议天球坐标系下的坐标；m 为尺度因子；$\boldsymbol{R}_{\text{GF}}$ 为轨道坐标系与空间固定惯性参考系之间的坐标转换矩阵；$\boldsymbol{R}_{\text{FB}}$ 为本体坐标系与轨道坐标系之间坐标转换的旋转矩阵；$\boldsymbol{R}_{\text{BS}}$ 为传感器坐标系与本体坐标系之间坐标转换的旋转矩阵；x_k 为像点 k 在图像坐标系下的坐标；c 为相机主距。此外，卫星运营商将会提供用于卫星计算的基本运动矢量、姿态和侧视角等影像辅助参数文件。

2) 资源三号卫星遥感影像严格成像模型

资源三号卫星是中国第一颗民用高分辨率立体测绘卫星，主要搭载了四台相机，分别是三台全色 TDI CCD 相机（包括正视、前视和后视，正视的地面分辨率为 2.1 m，前、后视地面分辨率优于 3.6 m）和一台多光谱相机（地面分辨率优于 6.0 m 的正视相机）。通过立体观测，可以生产 1:5 万比例尺地形图，为国土资源、环境监测、防灾减灾等领域提供服务。因此，构建资源三号卫星遥感影像严格成像模型，实现地面目标点的精确定位，对于卫星影像测绘应用十分重要。基于虚拟 CCD 线阵成像技术的资源三号卫星成像几何模型，具体的表达式如下（唐新明 等，2012）。

$$\begin{bmatrix} X \\ Y \\ Z \end{bmatrix}_{\text{WGS-84}} = \begin{bmatrix} X_{\text{GPS}} \\ Y_{\text{GPS}} \\ Z_{\text{GPS}} \end{bmatrix} + m \boldsymbol{R}_{\text{J2000}}^{\text{WGS-84}} \boldsymbol{R}_{\text{star}}^{\text{J2000}} (\boldsymbol{R}_{\text{star}}^{\text{body}})^{\text{T}} \cdot \left\{ \begin{bmatrix} D_x \\ D_y \\ D_z \end{bmatrix} + \begin{bmatrix} d_x \\ d_y \\ d_z \end{bmatrix} + \boldsymbol{R}_{\text{camera}}^{\text{body}} \begin{bmatrix} -\tan(\psi_Y) \\ \tan(\psi_X) \\ -1 \end{bmatrix} f \right\} \tag{4.5}$$

式中：$(X, Y, Z)_{\text{WGS-84}}$ 为地面点在 WGS-84 坐标系下的坐标；$(X_{\text{GPS}}, Y_{\text{GPS}}, Z_{\text{GPS}})$ 为 GPS 天线相位中心在 WGS-84 坐标系下的坐标；m 为比例系数；$\boldsymbol{R}_{\text{J2000}}^{\text{WGS-84}}$ 为从 J2000 坐标系到 WGS-84 坐标系的旋转矩阵；$\boldsymbol{R}_{\text{star}}^{\text{J2000}}$ 为卫星本体坐标到 J2000 坐标系的旋转变换矩阵；$\boldsymbol{R}_{\text{star}}^{\text{body}}$ 为星

敏感器本体坐标系和卫星本体坐标系之间的坐标旋转关系矩阵；f 为相机主距；(ψ_X,ψ_Y) 为虚拟 CCD 线阵上每个像素在相机坐标系上的指向角；$[D_x \quad D_y \quad D_z]^{\mathrm{T}}$、$[d_x \quad d_y \quad d_z]^{\mathrm{T}}$ 分别表示地面测定的 GPS 相位中心在卫星本体坐标系中的偏移和相机坐标系相对本体坐标系的原点偏移；$\boldsymbol{R}_{\mathrm{camera}}^{\mathrm{body}}$ 为相机在卫星平台上的安装矩阵。

4.1.2 RPC 有理函数模型

近年来，随着国家高分专项、空间信息基础设施的加快实施，利用高分辨率遥感卫星影像进行地面目标点空间的高精度传感器几何定位技术已得到越来越广泛的应用。其中，有理函数模型（rational function model，RFM）作为一种对卫星遥感影像进行近似拟合的通用传感器成像模型，与严格成像模型相比，模型形式较为简单，便于计算，且所用参数并不表示实际的物理意义，具有通用性和保密性。因此，现在大部分高分辨率遥感卫星厂家采用有理函数模型作为传感器成像模型，实现对各种卫星传感器核心参数和技术的隐藏。

RPC 模型可以直接建立起像素坐标和空间坐标之间的关系，它将像素坐标(r, c)表示为以对应的地面目标点空间坐标(P, L, H)为自变量的多项式比值形式，广泛应用于线阵影像的处理中。具体的多项式模型如式（4.6）所示（张剑清 等，2009）。

$$\begin{cases} r_n = \dfrac{\mathrm{Num}L(P_n,L_n,H_n)}{\mathrm{Den}L(P_n,L_n,H_n)} \\ c_n = \dfrac{\mathrm{Num}S(P_n,L_n,H_n)}{\mathrm{Den}S(P_n,L_n,H_n)} \end{cases} \quad (4.6)$$

$$\begin{aligned}\mathrm{Num}L(P_n,L_n,H_n) = & a_0 + a_1L_n + a_2P_n + a_3H_n + a_4L_nP_n + a_5L_nH_n + a_6P_nH_n \\ & + a_7L_n^2 + a_8P_n^2 + a_9H_n^2 + a_{10}P_nL_nH_n + a_{11}L_n^3 + a_{12}L_nP_n^2 \\ & + a_{13}L_nH_n^2 + a_{14}L_n^2P_n + a_{15}P_n^3 + a_{16}P_nH_n^2 + a_{17}L_n^2H_n \\ & + a_{18}P_n^2H_n + a_{19}H_n^3 \end{aligned}$$

$$\begin{aligned}\mathrm{Den}L(P_n,L_n,H_n) = & b_0 + b_1L_n + b_2P_n + b_3H_n + b_4L_nP_n + b_5L_nH_n + b_6P_nH_n \\ & + b_7L_n^2 + b_8P_n^2 + b_9H_n^2 + b_{10}P_nL_nH_n + b_{11}L_n^3 + b_{12}L_nP_n^2 \\ & + b_{13}L_nH_n^2 + b_{14}L_n^2P_n + b_{15}P_n^3 + b_{16}P_nH_n^2 + b_{17}L_n^2H_n \\ & + b_{18}P_n^2H_n + b_{19}H_n^3 \end{aligned}$$

$$\begin{aligned}\mathrm{Num}S(P_n,L_n,H_n) = & c_0 + c_1L_n + c_2P_n + c_3H_n + c_4L_nP_n + c_5L_nH_n + c_6P_nH_n \\ & + c_7L_n^2 + c_8P_n^2 + c_9H_n^2 + c_{10}P_nL_nH_n + c_{11}L_n^3 + c_{12}L_nP_n^2 \\ & + c_{13}L_nH_n^2 + c_{14}L_n^2P_n + c_{15}P_n^3 + c_{16}P_nH_n^2 + c_{17}L_n^2H_n \\ & + c_{18}P_n^2H_n + c_{19}H_n^3 \end{aligned}$$

$$\mathrm{Den}S(P_n,L_n,H_n) = d_0 + d_1L_n + d_2P_n + d_3H_n + d_4L_nP_n + d_5L_nH_n + d_6P_nH_n$$
$$+ d_7L_n^2 + d_8P_n^2 + d_9H_n^2 + d_{10}P_nL_nH_n + d_{11}L_n^3 + d_{12}L_nP_n^2$$
$$+ d_{13}L_nH_n^2 + d_{14}L_n^2P_n + d_{15}P_n^3 + d_{16}P_nH_n^2 + d_{17}L_n^2H_n$$
$$+ d_{18}P_n^2H_n + d_{19}H_n^3$$

式中：b_0 和 d_0 通常为 1；(r_n, c_n)、(P_n, L_n, H_n) 分别为像素坐标和对应的地面点空间坐标在经过正则化后的无量纲坐标，取值范围是(-1.0, 1.0)，其目的是减少计算过程中因数据的数量级差别较大而引入的舍入误差，以增强 RPC 参数求解的稳定性和可靠性。正则化表达式为

$$\begin{cases} r_n = \dfrac{r - \mathrm{LINE\_OFF}}{\mathrm{LINE\_SCALE}} \\ c_n = \dfrac{c - \mathrm{SAMP\_OFF}}{\mathrm{SAMP\_SCALE}} \\ L_n = \dfrac{L - \mathrm{LONG\_OFF}}{\mathrm{LONG\_SCALE}} \\ P_n = \dfrac{P - \mathrm{LAT\_OFF}}{\mathrm{LAT\_SCALE}} \\ H_n = \dfrac{H - \mathrm{HEIGHT\_OFF}}{\mathrm{HEIGHT\_SCALE}} \end{cases} \quad (4.7)$$

式中：r、c 为像点坐标的行和列；P 为纬度；L 为经度；H 为高程；(r_n, c_n) 和 (P_n, L_n, H_n) 为正则化之后的像点坐标和地面坐标；LINE_OFF、SAMP_OFF、LAT_OFF、LONG_OFF、HEIGHT_OFF 为正则化平移参数；LINE_SCALE、SAMP_SCALE、LAT_SCALE、LONG_SCALE、HEIGHT_SCALE 为正则化比例参数。卫星厂家将这 10 个正则化参数与 4 个多项式中的 80 个参数一起保存在提供给用户的 RPC 参数文件中（WorldView-2 影像，则是后缀为 RPB 的文件）。在有理函数模型中，一阶多项式表示由光学投影引起的畸变，二阶多项式可趋近地球曲率、大气折射及镜头畸变，而高阶部分的其他未知畸变可用三阶多项式模拟。

已知影像同名像点点对坐标，可以基于有理函数模型进行相应地面点的空间立体定位。刘军（2003）推导出不同的坐标标准化参数下，通过对地面点坐标进行迭代，重建地面信息的数据模型[式（4.8）~式（4.11）]，并给出具体的求解过程和相应的流程图，如图 4.1 所示。

1. 基于有理函数模型的空间立体定位模型推导

首先，令 $F(X_n, Y_n, Z_n)$、$G(X_n, Y_n, Z_n)$ 分别表示式（4.8）中 r、c 对应的正则化等式；r_s、c_s 表示标准化比例参数；r_0、c_0 表示标准化平移参数。则式（4.6）可以变形为[由于书写习惯，可将式（4.6）中的 (P_n, L_n, H_n) 表示为 (X_n, Y_n, Z_n)]：

$$\begin{cases} r = r_s \cdot F(X_n, Y_n, Z_n) + r_0 \\ c = c_s \cdot G(X_n, Y_n, Z_n) + c_0 \end{cases} \quad (4.8)$$

再将式（4.8）进行泰勒展开可得误差方程：

$$\begin{cases} v_r = \dfrac{\partial r}{\partial X}\Delta X + \dfrac{\partial r}{\partial Y}\Delta Y + \dfrac{\partial r}{\partial Z}\Delta Z - (r-\hat{r}) \\ v_c = \dfrac{\partial c}{\partial X}\Delta X + \dfrac{\partial c}{\partial Y}\Delta Y + \dfrac{\partial c}{\partial Z}\Delta Z - (c-\hat{c}) \end{cases} \quad (4.9)$$

以单个目标点为例，当左右影像的同名点像方坐标(r_l,c_l)、(r_r,c_r)已知时，可以列出以下误差方程：

$$\begin{bmatrix} v_{r_l} \\ v_{r_r} \\ v_{c_l} \\ v_{c_r} \end{bmatrix} = \begin{bmatrix} \dfrac{\partial r_l}{\partial X} & \dfrac{\partial r_l}{\partial Y} & \dfrac{\partial r_l}{\partial Z} \\ \dfrac{\partial r_r}{\partial X} & \dfrac{\partial r_r}{\partial Y} & \dfrac{\partial r_r}{\partial Z} \\ \dfrac{\partial c_l}{\partial X} & \dfrac{\partial c_l}{\partial Y} & \dfrac{\partial c_l}{\partial Z} \\ \dfrac{\partial c_r}{\partial X} & \dfrac{\partial c_r}{\partial Y} & \dfrac{\partial c_r}{\partial Z} \end{bmatrix} \begin{bmatrix} \Delta X \\ \Delta Y \\ \Delta Z \end{bmatrix} - \begin{bmatrix} r_l - \hat{r}_l \\ r_r - \hat{r}_r \\ c_l - \hat{c}_l \\ c_r - \hat{c}_r \end{bmatrix} \quad (4.10)$$

将上述误差方程表示为 $V = A\Delta - l$ 的形式，则坐标改正数 Δ 的最小二乘解为

$$\Delta = [\Delta X \quad \Delta Y \quad \Delta Z]^T = (A^T A)^{-1} A^T l \quad (4.11)$$

其余各点进行解算时，根据点位于陆地或是水体，按照上述的误差改正过程，可通过有理函数模型构建原始水陆一体的DEM。

2. 基于有理函数模型解算地面点流程

有理函数模型解算地面点的坐标流程图如图4.1（刘军，2003）所示。

（1）首先，输入由高精度影像匹配算法获得的左右影像同名点像方坐标(r_l,c_l)、(r_r,c_r)，其中，l、r分别为左影像和右影像。对于双介质立体摄影测量实验而言，由于实验对象往往是海岛礁区域，可能存在一定面积的纹理匮乏处，针对这些区域可通过人工选点的方式，提高同名点选取的精度。

（2）可将立体像对对应的有理函数模型的标准化平移参数平均值作为地面坐标初始值$(X^{(0)},Y^{(0)},Z^{(0)})$，并利用立体像对各自的平移、缩放参数将初始值转化为对应的标准化坐标$(X_l^{(i)},Y_l^{(i)},Z_l^{(i)})$和$(X_r^{(i)},Y_r^{(i)},Z_r^{(i)})$，其中$i$表示循环次数，$i=1,2,\cdots$。

（3）求解式（4.9）中各个偏导数，并组成误差方程。

（4）通过最小二乘法解算式（4.10），可得坐标改正数$(\Delta X^{(i)}, \Delta Y^{(i)}, \Delta Z^{(i)})$，并更新地面坐标值$(X,Y,Z)$。同时，判断坐标改正数是否超出阈值，若超出阈值，则对地面坐标进行修正，再返回步骤（2）继续迭代，否则终止迭代并输出最终的地面点坐标(X,Y,Z)。

由RPC模型的表达式可知，当多项式取不同的阶数和不同的分母组合时，会生成不同的RPC模型形式。当分母为1时，RPC模型即为普通的三阶多项式；当分母不为1并且取一阶多项式时，RPC模型则转化为直接线性模型（direct linear transformation，DLT）。下面是9种不同的情况下RPC模型的形式，以及求解模型参数所需的最少控制点，见表4.1。

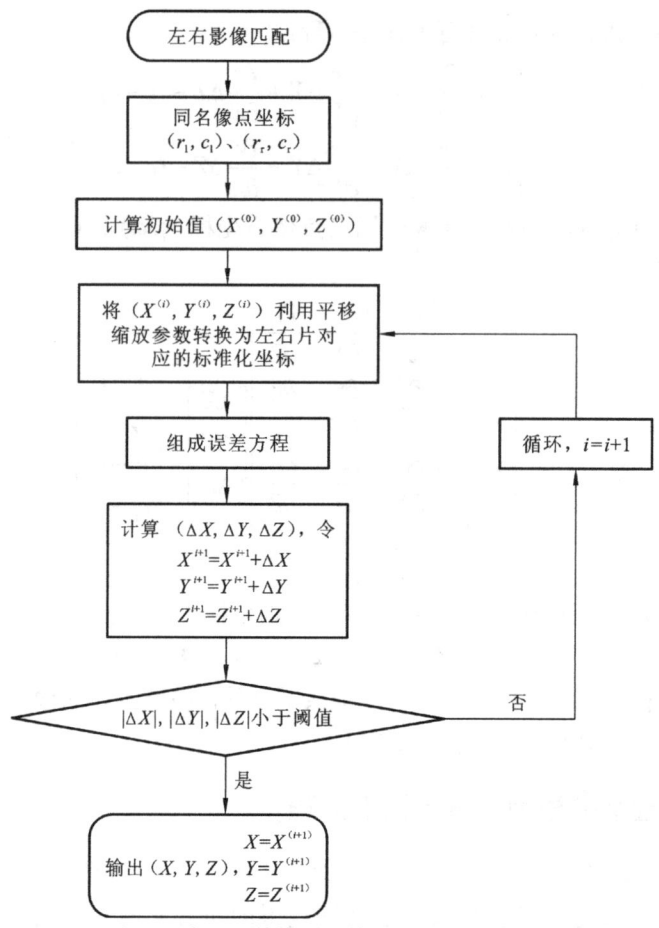

图 4.1 有理函数模型解算地面点坐标流程图

表 4.1 RPC 模型形式

形式编号	分母	阶数	待求解 RPC 参数个数	需要的最少控制点数
1	$P_2 \neq P_4$	1	14	7
		2	38	19
		3	78	39
2	$P_2 = P_4 \neq 1$	1	11	6
		2	29	15
		3	59	30
3	$P_2 = P_4 = 1$	1	8	4
		2	20	10
		3	40	20

4.1.3 核线影像构建

核线影像是消除了上下视差的影像,利用核线影像能将影像匹配从二维搜索转化为一维搜索,从而大大提高匹配的效率和正确率。通过对 SPOT 影像进行实验,得出结论(Kim,2000):①线阵影像核线类似于双曲线,但在小范围内可以看作近似直线来处理;②如果两个点是同名像点,那么它们所对应的两条核线是一一对应的,这两条核线上的点也是一一对应的,但该结论只在局部范围内成立。通过分析传统的框幅式中心投影的核线模型,可以得到同名核线的数学方程(巩丹超 等,2004),方程表明框幅式中心投影影像的核线是直线。不同于框幅式影像的中心投影成像方式,线阵 CCD 推扫式影像每一影像行都有唯一的投影中心,每一个点都有对应的一条"核线",也就是说影像上的一条核线的每一个点在相关影像上都有不同的核线,因此,多中心的投影方式导致线阵影像的核线影像不易建立。

目前,常见的核线影像的构建方法有投影轨迹法、物方投影基准面法、消除影像上下视差的多项式拟合法、局部仿射纠正法等。下面,主要介绍投影轨迹法和消除影像上下视差的多项式拟合法的核线影像构建方式。

1. 投影轨迹法

投影轨迹法是常用的一种线阵影像的核线构建方法。其基本原理如图 4.2 所示,使用左像的几何模型,将左影像上像点 m 投影到不同的高程面上,得到对应的物点 M_n ($n=1,2,3,\cdots$),再利用右影像的几何模型,将物点反投影到右影像上,得到 m 点对应的一系列轨迹点,即为左像 m 点的核线。同理,可得到右影像对应的左核线。由于线阵影像的几何特性,投影轨迹法适用于在小范围内进行核线处理,处理常见的线阵影像可以获得较好的精度。

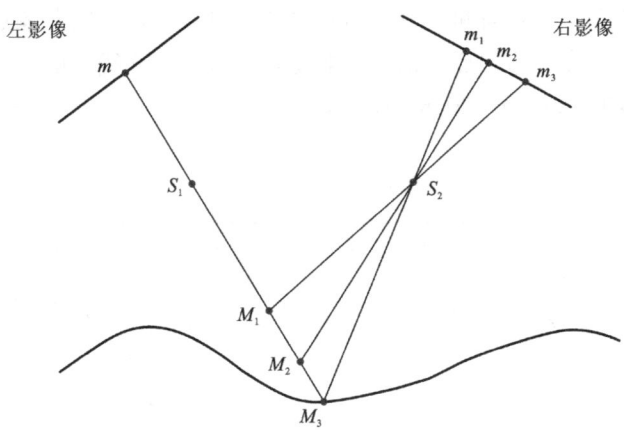

图 4.2 投影轨迹法制作核线影像的原理示意图

巩丹超等(2014)针对 IKONOS 影像的扩展核线模型进行了实验,实验结果表明,核线模型在整幅影像内具有很好的近似直线特征,且核线的近似直线误差最大不超过 1

个像素,达到子像素级的精度,而且核线之间也存在近似的平行关系,误差也在子像素内,针对这样的影像,可以直接按照核线的倾斜角度进行旋转,即可生成没有上下视差的核线影像。由于 WorldView-2 与 IKONOS 都属于线阵 CCD 推扫式影像,且传感器结构和模型的成像方式相似,曹彬才等(2017)先对 WorldView-2 立体像对核线模型的直线特征开展验证,并提出一种操作简单的核线处理方法,大致思路如下:①立体像对分块生成核线对,首先将左右影像均匀划分为 $n×n$ 块,选择分块的中心点作为测试点,利用左右影像的有理函数模型,可以分别得到左右影像分块中心对应的 $n×n$ 条核线;②对得到的核线对进行直线拟合,求解每条核线对应的斜率和直线拟合最大误差,如果在误差允许范围内,说明 WorldView-2 的核线模型具有良好的直线性,则将左右核线的斜率分别求取平均值 $α_l$、$α_r$,并将其作为原始左右影像的旋转角;③对旋转后的影像采用尺度不变特征变换(scale-invariant feature transform,SIFT)算子获取影像的同名像点,计算其上下视差来评估核线影像精度。

2. 消除影像上下视差的多项式拟合方法

消除影像上下视差的坐标多项式拟合的方法也是一种常见的核线纠正的处理方法。Oh 等(2010)提出先采用投影轨迹法获取共轭的核曲线轨迹点,然后利用多项式拟合将曲线形式的核线转化为直线。Idrissa(2016)将过程大致分为特征点匹配获取共轭点对、核线轨迹线生成、核线轨迹点重排、多项式拟合和核线重采样四步,下面是具体的描述。

(1)特征点匹配获取共轭点对:首先采用 SIFT 算子对立体像对进行匹配,得到均匀分布的同名像点,再使用 RANSAC 算法剔除其中误差较大的点对。

(2)核线轨迹生成:采用投影轨迹法生成核线,首先选取左影像的像点 m 作为起始投影轨迹点,依次投影到不同的高程面上,利用右影像的几何模型,将不同高程面上的点反投影到右影像上,得到 m 点对应的一系列轨迹点,这一系列轨迹点所在的轨迹线即为 m 点所对应的核线。由线阵推扫式影像的特性可知,m 点的同名像点 n 也一定在这条核线上。同理,右影像上的像点 n 在左影像上有对应的核线。所有匹配同名点生成的核线轨迹点如图 4.3(Idrissa,2016)所示。

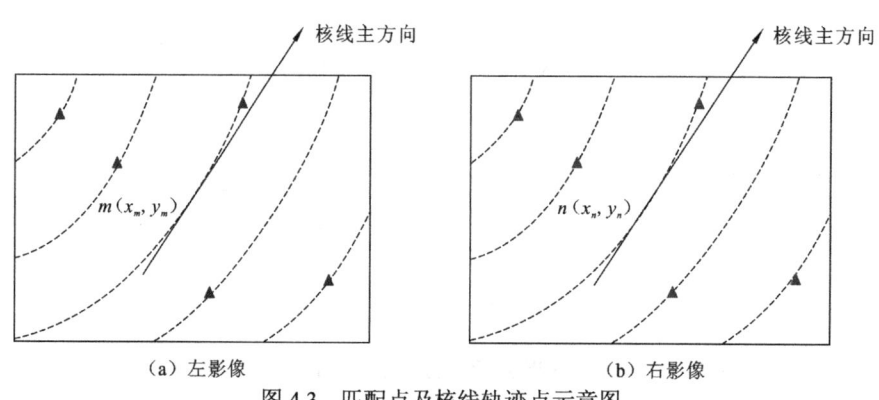

图 4.3 匹配点及核线轨迹点示意图

(3) 核线轨迹点重排：轨迹点重排分为三步。第一步，选择影像中心像点对应的核线轨迹点所在的曲线的切线方向作为核线方向，计算核线方向对应的方向角；第二步，根据第一步计算得到的方向角，分别对左右原始影像做旋转，使得旋转之后的核线轨迹点大致处于水平方向；第三步，调整核线轨迹点的 y 坐标值，使得同一核线上的轨迹点具有相同的 y 坐标值，以此来消除上下视差。重排后的核线轨迹点如图4.4（Idrissa，2016）所示。

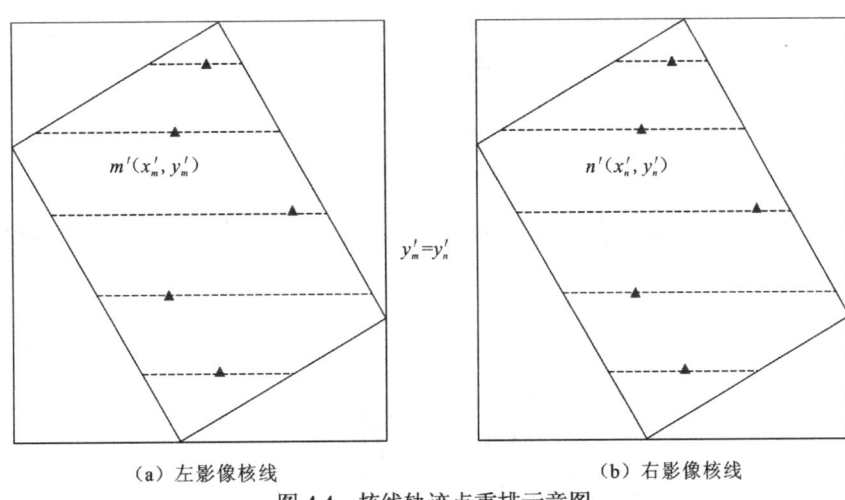

(a) 左影像核线   (b) 右影像核线

图4.4 核线轨迹点重排示意图

(4) 多项式拟合与核线重采样：根据核线重排后轨迹点之间一一对应的映射关系，使用多项式模型拟合原始影像与核线影像之间的坐标映射关系，以左原始影像像点 (x_m, y_m) 与右核线对应点 (x'_m, y'_m) 的坐标映射关系为例，具体的坐标转换关系如下：

$$\begin{cases} x_m = a_1 + a_2 x'_m + a_3 y'_m + a_4 x'_m y'_m + a_5 x'^2_m + \cdots \\ y_m = b_1 + b_2 x'_m + b_3 y'_m + b_4 x'_m y'_m + b_5 x'^2_m + \cdots \end{cases} \quad (4.12)$$

利用多项式拟合可以得到核线影像的像点在原始影像上对应的像点坐标，最后使用内插算法内插出该点的灰度值。

投影轨迹法和消除上下视差的多项式拟合法，两者通常可以达到子像素级别的上下视差，具有较好的定位精度。消除上下视差的方法生成核线影像简单快捷，但需要 DEM 数据进行辅助计算，同时物方投影基准面会对高程的起伏有一定程度的压缩，不能保证左右视差与高程的线性关系。而像方纠正能够保证左右视差与高程的线性比例关系，这有利于前方交会的高程估计。

4.1.4 空间前方交会测量

在摄影瞬间，像点、摄影中心和物方点位于同一条直线，若只利用单张影像的像点坐标和外方位元素只能确定对应的地面点所在的空间方向，不能确定其具体的空间位置，而使用立体像对的同名像点，能够得到两条同名射线在空间相交的点，即地面点的空间位置。因此，已知立体像对左右两张影像的内、外方位元素和同名像点的影像坐标，可以确定相应地面点的物方空间坐标,这个过程称作立体像对的空间前方交会。下面介绍三种常见的空间前方交会法(张剑清 等,2009;张剑清和胡安文,2007)。

1. 点投影系数空间前方交会法

立体像对的空间前方交会的传统测量方法一般采用点投影系数法,求解过程如下。

(1) 由图 4.5 空间前方交会的模型可以得到点投影系数的表达形式:

$$\begin{cases} K = \dfrac{B_X Z_2 - B_Z X_2}{X_1 Z_2 - Z_1 X_2} \\ K' = \dfrac{B_X Z_1 - B_Z X_1}{X_1 Z_2 - Z_1 X_2} \end{cases} \quad (4.13)$$

式中:B_X、B_Y、B_Z 由左右影像外方位元素 $(X_{S_1}, Y_{S_1}, Z_{S_1})$ 和 $(X_{S_2}, Y_{S_2}, Z_{S_2})$ 计算所得。

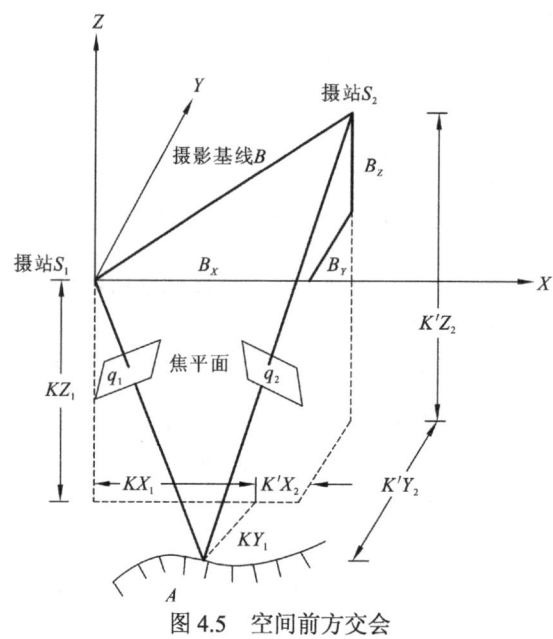

图 4.5 空间前方交会

(2) 利用左右影像的外方位角元素 $\varphi_1, \omega_1, \kappa_1$ 和 $\varphi_2, \omega_2, \kappa_2$ 计算相应的正交矩阵 $\boldsymbol{R}_1$、$\boldsymbol{R}_2$,再计算得到任一点的地面坐标(地面摄测坐标):

$$\begin{cases} X = X_{S_1} + KX_1 = X_{S_1} + B_X + K'X_2 \\ Y = Y_{S_1} + KY_1 = Y_{S_1} + B_Y + K'Y_2 = Y_{S_1} + \dfrac{1}{2}(KY_1 + K'Y_2 + B_Y) \\ Z = Z_{S_1} + KZ_1 = Z_{S_1} + B_Z + K'Z_2 \end{cases} \quad (4.14)$$

2. 共线方程空间前方交会法

理论上,已知立体像对的内外方位元素和同名像点的影像坐标可以利用共线方程求解对应地面点的物方空间坐标。一对同名像点可以列出 4 个方程,求解 3 个未知数,因此空间前方交会可以看作是一个以共线方程为基础的平差问题。共线方程决定了摄影中心点、像点和物点间严格的关系，整理可得共线方程式

$$\begin{cases} l_1 X + l_2 Y + l_3 Z - l_x = 0 \\ l_4 X + l_5 Y + l_6 Z - l_y = 0 \end{cases} \tag{4.15}$$

其中

$$\begin{cases} l_1 = fa_1 + (x-x_0)a_3, \quad l_2 = fb_1 + (x-x_0)b_3, \quad l_3 = fc_1 + (x-x_0)c_3 \\ l_x = fa_1 X_S + fb_1 Y_S + fc_1 Z_S + (x-x_0)a_3 X_S + (x-x_0)b_3 Y_S + (x-x_0)c_3 Z_S \\ l_4 = fa_2 + (y-y_0)a_3, \quad l_5 = fb_2 + (y-y_0)b_3, \quad l_6 = fc_2 + (y-y_0)c_3 \\ l_y = fa_2 X_S + fb_2 Y_S + fc_2 Z_S + (y-y_0)a_3 X_S + (y-y_0)b_3 Y_S + (y-y_0)c_3 Z_S \end{cases} \tag{4.16}$$

共线方程空间前方交会方程是线性的，不需要未知数初值和迭代，利用最小二乘法就可以直接解算出对应地面点的空间坐标。不同于点投影系数空间前方交会法只针对一个立体像对，共线方程空间前方交会法，当重叠的影像数量大于 2 时，只需要增加线性的误差方程，就可以求解对应地面点的 X,Y,Z 坐标，因此常应用于两幅以上影像的前方交会。

3. 光束法空间前方交会法

随着 CCD 传感器技术的发展，数字航空摄影呈现明显的优势，多基线立体影像的应用日益广泛。但利用点投影系数空间前方交会法一般不适用于多基线立体影像。可利用光束法对多基线立体影像进行前方交会求解，得到待定点的物方空间坐标，其求解过程如下。

首先将共线方程线性化，得到多像前方交会的误差方程式：

$$\begin{cases} v_x = -\dfrac{\partial x}{\partial X}\mathrm{d}X - \dfrac{\partial x}{\partial Y}\mathrm{d}Y - \dfrac{\partial x}{\partial Z}\mathrm{d}Z - l_x \\ v_y = -\dfrac{\partial y}{\partial X}\mathrm{d}X - \dfrac{\partial y}{\partial Y}\mathrm{d}Y - \dfrac{\partial y}{\partial Z}\mathrm{d}Z - l_y \end{cases} \tag{4.17}$$

并将其表达为矩阵形式：

$$V = AX - L \tag{4.18}$$

则该方程的解为

$$X = (A^{\mathrm{T}}A)^{-1}A^{\mathrm{T}}L \tag{4.19}$$

未知数的初始值由立体像对前方交会求得，则地面点的空间坐标值为

$$(X,Y,Z)^{\mathrm{T}} = (X_0, Y_0, Z_0)^{\mathrm{T}} + (\Delta X, \Delta Y, \Delta Z)^{\mathrm{T}} \tag{4.20}$$

4.2 双介质摄影测量浅海水深测量

4.2.1 多光谱影像的太阳剔除

由于受到海面风浪的影响，太阳光在入射水体表面时发生镜面反射，沿着波浪的边缘形成白色的条带或者是零散的明亮斑块，即为太阳耀斑。太阳耀斑的存在极大地干扰

了水下纹理信息，严重影响卫星立体像对的水下匹配和同名点的提取，使得水深反演难以开展，因此剔除太阳耀斑在浅海地形水深测量工作中十分重要。

针对浅海区域遥感影像普遍存在的太阳耀斑问题，Hochberg 等（2003）提出一种利用近红外波段（波长在 700~1 000 nm）将遥感影像中的太阳耀斑从可见光信息中去除的方法，该方法利用近红外波段去推导太阳耀斑的分布，从而建立近红外波段亮度与可见光波段太阳耀斑的关系，完成太阳耀斑剔除。Hedley 等（2005）在 Hochberg 等（2003）的基础之上，建立了可见光波段和近红外波段之间的线性回归模型，改进了仅依靠两个像元来建立可见光波段和近红外波段之间的线性关系，从而消除模型对离群像素的敏感度，同时此方法不需要对陆地和云层进行掩膜处理，实际操作更为简便和高效。因此，可选用 Hedley 法对影像进行太阳耀斑消除。

在消除太阳耀斑之前，首先需要对遥感影像进行大气校正，以消除大气散射、海面反射、折射等光照因素的影响，提取出真实的水下离水辐亮度。由近红外波段在水体中的特性可知，水体在近红外波段处表现出非常强的吸收能力，也就是说当太阳光照射到水体表面时，近红外波段几乎不能穿透水体，会被水体大量吸收。因此，在影像进行大气校正之后，剩余的辐射亮度主要是太阳耀斑的影响。为避免仅用两个孤立的像素点对整个影像建立线性关系而产生的可能误差，Hedley 法基于影像多像素的样本，使用线性回归方法建立近红外波段与可见光波段之间的辐射强度线性关系，模型原理示意如图 4.6 所示。

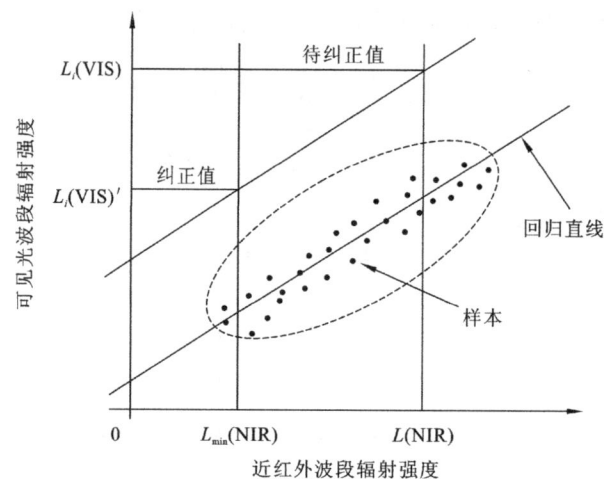

图 4.6　基于线性回归的耀斑消除原理示意图

改正后的波段 i 的辐射强度可以表示为

$$L_i(\text{VIS})' = L_i(\text{VIS}) - b_i[L(\text{NIR}) - L_{\min}(\text{NIR})] \tag{4.21}$$

式中：b_i 为回归斜率；$L_{\min}(\text{NIR})$ 为使用回归样本点中最小的 NIR 来进行估计；$L(\text{NIR})$ 为近红外波段的灰度值；$L_i(\text{VIS})$ 为消除太阳耀斑之前可见光波段的灰度值；$L_i(\text{VIS})'$ 为消除太阳耀斑之后可见光波段的灰度值。

曹彬才（2017）以甘泉岛 WorldView-2 卫星影像数据为例，进行大气校正和耀斑处理。表 4.2（曹彬才，2017）为甘泉岛遥感影像具体参数。

表 4.2 甘泉岛遥感影像具体参数

影像/区域	WorldView-2
甘泉岛	类型：4 波段立体 时间：2014.04.12 • 左影像（11:32:15） • 右影像（11:33:31） • 左影像（耀斑严重） • 右影像（无明显耀斑）

首先，需对甘泉岛的左右影像进行预处理，使用 ENVI 中的 FLAASH 模块对左右影像进行大气校正，将影像灰度 DN 值变为辐射亮度值，单位为 $W/(m^2 \cdot \mu m \cdot sr)$。

甘泉岛是西沙群岛中由珊瑚环礁发育而成的一个岛屿，整体呈椭圆形，岛中心主要是磷质石灰土和环状林带，外围则由沙堤和礁坪构成。从甘泉岛的立体像对中可以清楚地看到：左影像存在严重的太阳耀斑现象，而右影像的影像质量较好，在图 4.7 方框区域的水下信息，右影像上能够清晰地看见水下纹理，而在左影像相同位置，水面波纹和亮斑遮挡了水下信息。在采用 Hedley 法消除太阳耀斑后，左影像的水面波纹和亮斑消失，水下信息增强，得到了比较理想的视觉判读效果。

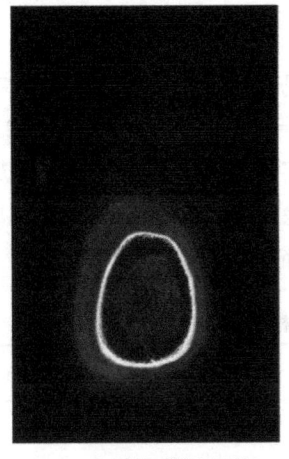 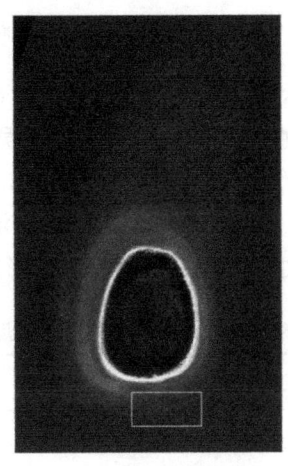 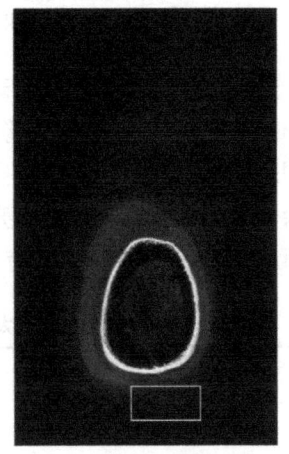

（a）右影像无耀斑污染　　（b）左影像耀斑污染严重　　（c）左影像耀斑消除效果

图 4.7　甘泉岛太阳耀斑消除效果

同时，将图 4.7 中的方框区域作为辐射变化的观察区域，以图 4.8（曹彬才，2017）中白色实线所在行的辐射量在消除耀斑前后的对比变化量为例，从定量的角度说明该算法的有效性。图 4.8 中，（a）表示太阳耀斑消除前所选取的方框区域，图（b）表示太阳耀斑消除前白色实线所在行的辐射量，图（c）表示太阳耀斑消除后的局部影像，图（d）表示太阳耀斑消除后白色实线所在行的辐射量。由图（b）和图（d）对比可知，消除太阳耀斑之后，波段辐射量的起伏变化减小，呈现出较为平缓的曲线，同时辐射量的值也明显变小。

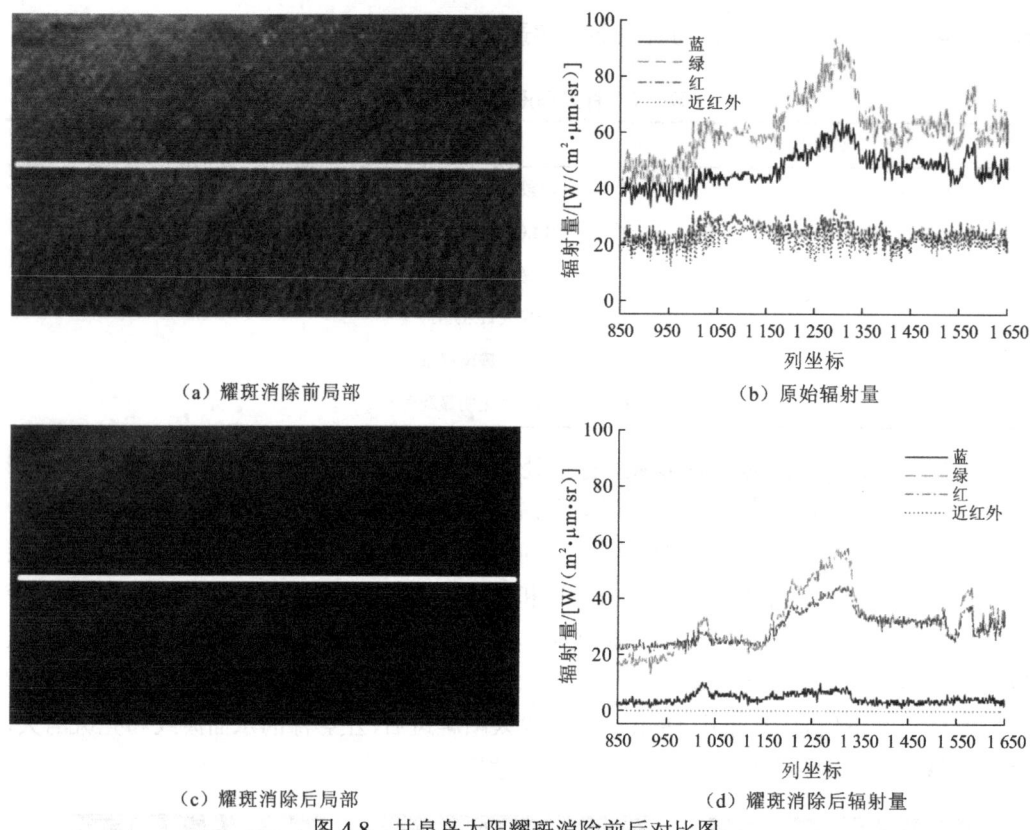

图 4.8 甘泉岛太阳耀斑消除前后对比图

表 4.3（曹彬才，2017）表示太阳耀斑消除前后的甘泉岛水深反演的精度对比。在对左影像进行耀斑消除前，影像的水深反演精度为均方根误差=2.63 m，C=0.83，RE=23%，而耀斑消除后，相应的精度提升为 1.93 m、0.91 和 17%，实验结果表明，进行太阳耀斑消除能够使精度有较好的提升。上述结果说明太阳耀斑消除对提高水深反演精度有重要作用，采用 Hedley 法能够有效处理 WorldView-2 遥感影像的太阳耀斑。

表 4.3 太阳耀斑消除前后的甘泉岛水深反演精度对比

指标	均方根误差/m	C	RE/%（3~20 m）
太阳耀斑消除前	2.63	0.83	23
太阳耀斑消除后	1.93	0.91	17

注：C 为相关系数（correlation coefficient）；RE 为相对误差（relative error）。

4.2.2 影像增强

除大气校正和太阳耀斑消除外，影像增强也是双介质浅海摄影测量遥感数据预处理的重要步骤。影像增强指运用各种数学变换算法提高影像的对比度与清晰度，同时为突出重要的影像信息，需要对某些不重要的信息进行消除或者削弱，使得影像更易于判读。

从作用域出发，影像增强可以分为空间域增强和频率域增强。空间域增强是一种直接增强方法，在影像空间域直接对影像灰度进行各种数学计算，从而达到影像增强的效果；频率域增强是一种间接增强方法，通过某种变换，先将影像从空间域变换到频率域，再对影像的频谱成分进行各种分析处理，最后通过逆变换得到增强的影像（孙佳拚，2013）。从作用的对象出发，影像增强可以分为辐射增强和光谱增强。辐射增强一般对影像像元的灰度值进行变换，如线性拉伸、直方图均衡化拉伸、去条带处理等。光谱增强主要是对多光谱影像的波段进行变换，以削弱波段之间的相关性，增强波段之间的波谱差异，如进行波段比值计算、主成分分析、色彩拉伸等。

4.2.3 水陆分离

水体在近红外波段处表现出很强的吸收能力，当太阳光照射到水体表面时，近红外波段几乎不能穿透水体，会被水体大量吸收，使得水体在近红外波段表现为接近黑色，因此可以基于多光谱影像的近红外波段来开展水陆分离工作。下面主要介绍三种水陆分离的方法：种子点区域生长法、归一化差异水体指数法、支持向量机分类法。

1. 种子点区域生长法

种子点区域生长法是一种常见的图像分割方法，其基本思想是将某一区域内具有相似性质的像素进行集合，实现目标区域的提取。实验时，选择深水区的一个像素点作为初始点，以灰度差值在所设定的阈值范围内作为相似性度量标准，使得满足该标准的像素都归并到目标区域中从而逐步增长，直到没有可以归并的点为止，之后需要对零散的孔洞进行填充，得到准确的水陆分离二值图像，如图4.9（a）所示。

2. 归一化差异水体指数法

由于水体在近红外波段的吸收能力很强，而在绿波段处的反射能力很强，Mcfeeters（1996）采用绿波段和近红外波段的比值关系来突出影像中的水体信息，该方法即为归一化差异水体指数（normalized difference water index，NDWI）法，具体模型表示如下：

$$\text{NDWI} = \frac{(B_{\text{Green}} - B_{\text{NIR}})}{(B_{\text{Green}} + B_{\text{NIR}})} \tag{4.22}$$

式中：B_{Green} 为绿波段；B_{NIR} 为近红外波段。对于使用 NDWI 法得到的水陆分离二值图，如图4.9（b）所示，最初的结果中往往会存在一些小图斑，需要选择性剔除。

3. 支持向量机分类法

支持向量机（support vector machine，SVM）分类法是一种二类分类算法，它通过某种核函数，在高维空间中寻找一个最优超平面，从而将两类数据分开，提高分类的正确率。多层感知器核（sigmoid 核）函数来自神经网络，具有良好的全局分类性能，因此可将 sigmoid 作为 SVM 的核函数，应用于甘泉岛的水陆分离，得到水陆分离二值图如图 4.9（c）所示。

 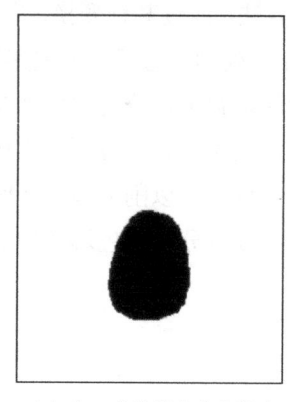 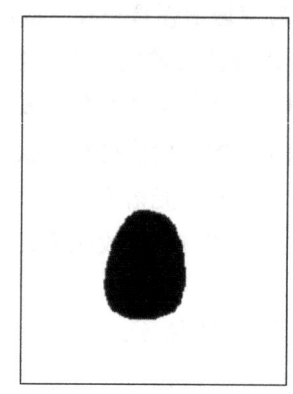

（a）种子点区域生长法　　　　（b）归一化差异水体指数法　　　　（c）支持向量机分类法

图 4.9　水陆分离二值图像

4.2.4　水边线与平均海平面提取

在获取水陆二值影像之后，通过边缘检测即可得到水陆边界。图 4.10 分别表示种子点区域生长法、归一化差异水体指数法、支持向量机分类法水陆二值影像所得到的水边线。

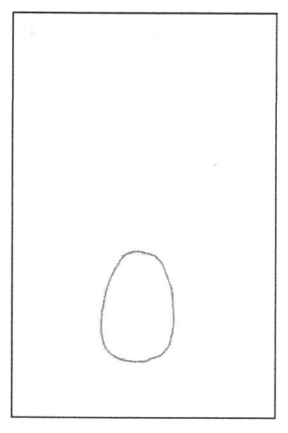 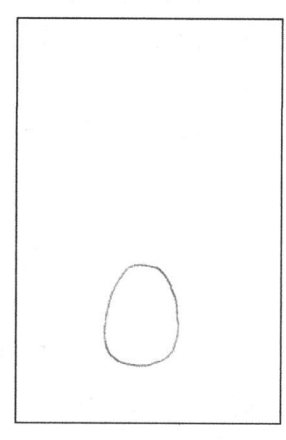 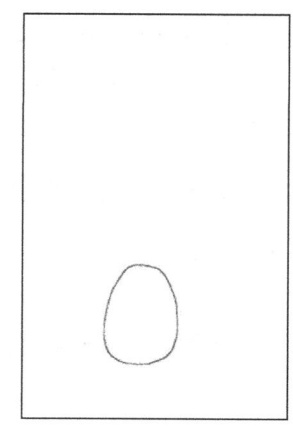

（a）种子点区域生长法　　　　（b）归一化差异水体指数法　　　　（c）支持向量机分类法

图 4.10　水边线提取

水平面高程通过在原始 DEM 中按照设定的阈值内插水边线对应的高程，并取其平均值作为水面位置。这里的原始 DEM 指的是基于匹配像点和几何成像模型生成的、未经折射改正的 DEM。但在实际操作中，对于水边线的准确提取十分困难，基于种子点区域生长法需要考虑初始种子点的选取、生长的准则及终止条件这三个因素，其中每个因素的选取都会直接影响水陆分离二值影像的生成,进而影响水边线的准确提取;此外,若所在兴趣区域恰有云层遮挡,则去除云层也可能会造成一定的误差。在提取出水边线之后,对于匹配像点和几何成像模型生成的原始 DEM,由于水下弱纹理造成的影像误匹配,在水边线附近的 DEM 值很可能不准确,从而难以保证计算得到的海面高程的准确性。

4.2.5 水深折射改正与相对水深获取

不同于传统摄影测量的研究对象和摄站处于同一介质,双介质摄影测量的研究对象往往在水下,而摄站处于空中。以摄站在空中,研究对象在水下为例,光线在空气(单一介质)中沿直线传播,到达水面时,光线的传播方向发生变化,使得光线的交会点位置不是所求的双介质摄影测量的目标点,而是折射光线的交点。因此,基于同名光线沿直线传播而交会出的空间某点的三维坐标的几何模型不能直接用于双介质摄影测量,需要基于光线在水气双介质中的传播特性和折射特性,根据卫星姿态数据构建卫星影像中每个像元的入射角,同时结合海水的折射率获取对应的折射角,以及基于光线在水气双介质中的入射和折射等数据详细分析研究同名光线的空间结构关系,论证并推导出水深折射改正模型。

如图 4.11 所示,S_1 和 S_2 表示位于空中的摄站点,M 表示需要恢复的真实点,相关研究表明,当同名光线 S_1P_2 和 S_2P_2 的折射角不相等时,两直线不一定相交于空间某特定点,图中的点 M 其实是同名光线在地球椭球表面的最小二乘数学解。

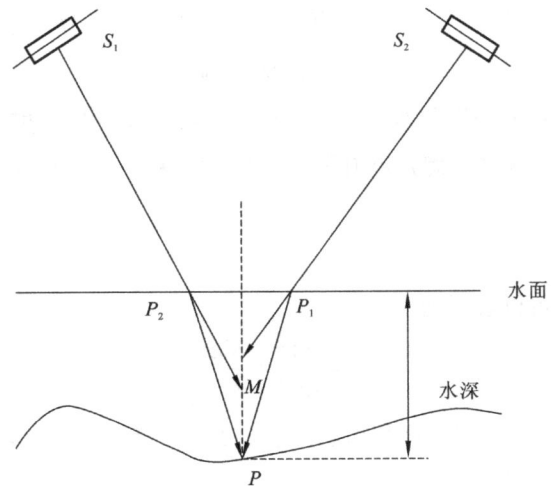

图 4.11 卫星立体双介质摄影测量水深探测示意图

从图 4.12 所反映的几何关系可知,针对双介质摄影测量所存在的光线折射问题,可采用两种解决方案:一种方案是将 P 到 M 的改正直接代入立体像对的几何模型中,再进

行整理得到 P 点的几何模型,但是这种方案会使几何模型中的参数增多,整体的模型较为复杂,不易于计算和检查错误,同时也改变了经典的立体像对交会模型;另一种方案是首先假设光线在进入水面时并未发生折射,根据立体像对的同名光线交会几何模型计算出 M 点的三维坐标,通过构造折射改正模型,将 M 点的坐标改正到真实的交会点 P,这种方案只附加了一个折射改正模型,易于操作,下面是具体推导过程(曹彬才 等,2016;Murase et al.,2008)。

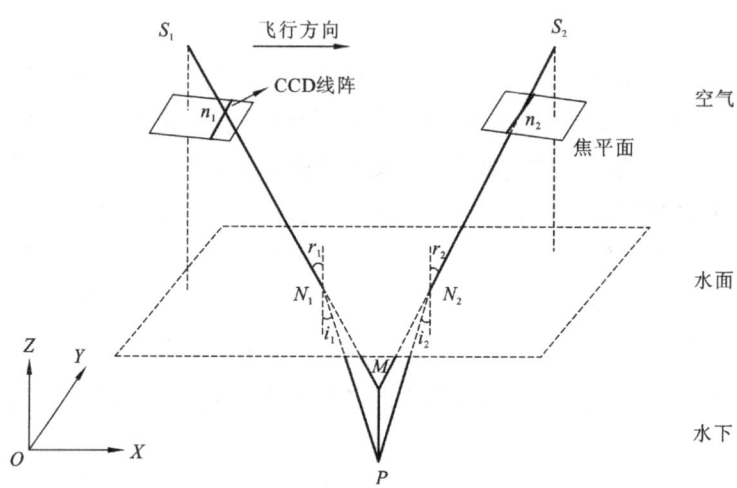

图 4.12 卫星推扫式线阵 CCD 双介质摄影测量示意图

1. 折射改正模型

折射改正模型的目的在于将光线沿直线传播的水下交点 M 改正到真实的水下点 P,从而建立水陆一体三维模型。在推导双介质摄影测量的折射改正模型时,主要考虑三个因素:水体折射率、水面高度和水面法线方向。同时为了简化折射改正模型,需要假设水面为平面,局部水质条件一致,折射率为常数。图 4.13 表示双介质摄影测量的几何结构示意图(其中 $D_1 \neq D_2$)。

1)折射定律

光线的折射定律可以表示为

$$n = \frac{\sin r_1}{\sin i_1} = \frac{\sin r_2}{\sin i_2} \tag{4.23}$$

式中:光线的方向是从水下经水面折射到左右摄站点 S_1 和 S_2;i_1、i_2 为入射角;r_1、r_2 为折射角;n 为水的折射率(近似取值 1.340)。

可以将入射角表示为

$$\begin{cases} i_1 = \sin^{-1}(\sin r_1 / n) \\ i_2 = \sin^{-1}(\sin r_2 / n) \end{cases} \tag{4.24}$$

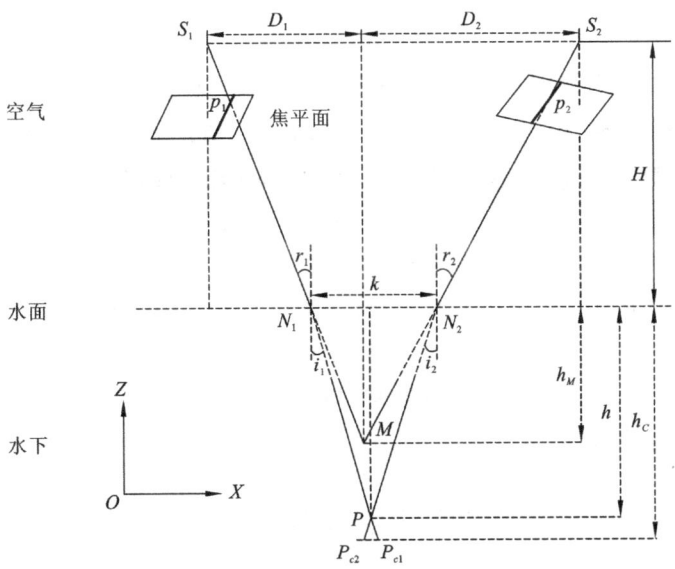

图 4.13 双介质摄影测量的几何结构示意图（$D_1 \neq D_2$）

2）水平坐标改正

在图 4.13 中，H 表示航高，k 表示折射点连线 N_1N_2 的距离，h 和 h_M 分别表示真实点 P 和观察点 M 的瞬时水深值（相对于水平面），P_{c1}、P_{c2} 表示与入射光线 N_1P_{c1} 和 N_2P_{c2} 的反向延长线在水下 h_C 处的一个水平面的交点。点 M 并不位于 S_1S_2 的垂直平分线上，即 $D_1 \neq D_2$。由图 4.13 可知，点 M 与点 P 的水平坐标和垂直坐标也并不完全相等，但 $Y_P = Y_M$，因为 N_1N_2 平行于航迹方向。下面对这两点在 X 方向上的差值进行公式推导。

由几何结构关系可以建立 h 和 h_M 的关系表达式：

$$h = \frac{\tan r_1 + \tan r_2}{\tan i_1 + \tan i_2} h_M \tag{4.25}$$

根据几何结构关系和折射定律，可得折射角与入射角的表达式（只列出左影像的折射角与入射角，右影像同理可得）：

$$\tan r_1 = \frac{D_1}{H + h_M} \tag{4.26}$$

$$\tan i_1 = \tan[\sin^{-1}(\sin r_1 / n)] = \tan\left[\sin^{-1}\left(\frac{D_1}{n \cdot S_1 M}\right)\right] \tag{4.27}$$

因此，真实点 P 的 X 坐标可以表示为

$$X_P = X_{P1} + h \tan i_1 = X_M - h_M \tan r_1 + h \tan i_1 \tag{4.28}$$

将式（4.25）代入式（4.28），可得真实点 P 与观察点 M 的 X 坐标差为

$$\Delta X = X_P - X_M = \frac{\tan i_1 \tan r_2 - \tan i_2 \tan r_1}{\tan i_1 + \tan i_2} \cdot h_M \tag{4.29}$$

在实验中，卫星立体像对可以近似认为点 M 和点 P 的水平坐标相同，ΔX 和 ΔY 的水平坐标差异可以忽略不计，具体在之后关于折射误差的分析中给出解释。

3）垂直坐标改正

从第二步的结论中得到，水平坐标差异可以忽略，因此采用近似折射改正的方法，只改正观察点的垂直坐标。如图 4.13 所示，真实水深值 h 的计算可以利用左右两个三角形的几何结构获得，将式（4.24）代入式（4.25），计算整理可得

$$h = \frac{h_M(\tan r_1 + \tan r_2)}{\tan[\sin^{-1}(\sin r_1/n)] + \tan[\sin^{-1}(\sin r_2/n)]} \tag{4.30}$$

或者对单侧的三角形作计算（以左侧为例），真实水深 h 表示为

$$h = \frac{h_M \tan r_1}{\tan[\sin^{-1}(\sin r_1/n)]} \tag{4.31}$$

式中：折射角 r_i 表示为

$$r_i = \cos^{-1}\left[-\left(\frac{Z_{Mi} - Z_{S1}}{S_1 M_i}\right)\right] \tag{4.32}$$

式中：$S_1 M_i$ 可由观察点 M 和摄站点 S_1 的三维坐标求得。上述的模型推导过程用到了卫星成像时刻的物理参数，如折射角和摄站点坐标，而对基于通用成像模型的影像而言，这些参数由于卫星技术保密等原因被隐藏，普通用户无法直接获取。因此，影像供应商向用户提供如.IMD 格式的像元数据文件，其中包括了计算所需的参数，如摄影时刻的地底角（off-nadir angle）参数，该参数定义为从摄站位置观察到的地底点到成像中心行的高度角，可以认为是前文所述的折射角 r，从而可作为折射改正模型的参数进行计算。

2. 相对水深获取

在建立水深折射改正模型之后，利用 4.2.4 小节中获得的海平面高程，将 DEM 分成陆地部分和水体部分，水体部分的 DEM 按照公式进行折射改正，从而构建水陆一体化 DEM，水域的值即为相对水深值。图 4.14～图 4.17（曹彬才，2017）分别是永兴岛、德奎岛、珊瑚岛和晋卿岛的地理位置和水陆一体化 DEM。

4.2.6 浓度基准转换

经水深折射改正得到的水域值，往往是摄影瞬间的相对水深值，而在实际工作中，常常因为保障船只航行安全和充分利用航道的要求，需要将摄影瞬间的相对水深归算到海图深度基准面，进行相应的海图制作。海图深度基准面的高度从当地的平均海水面起算，通常位于平均海水面以下，两者之间的偏差用符号"L"来表示，称为海图深度基准值，取值为正。海图深度基准面是各种海部要素的基准面，一般也是潮汐表的潮高基准面。因此，在获取相对水深后，对照查询摄影时刻所对应的潮汐表，即可将瞬时水深转换到海图深度基准面，生成满足制图需要的数据。

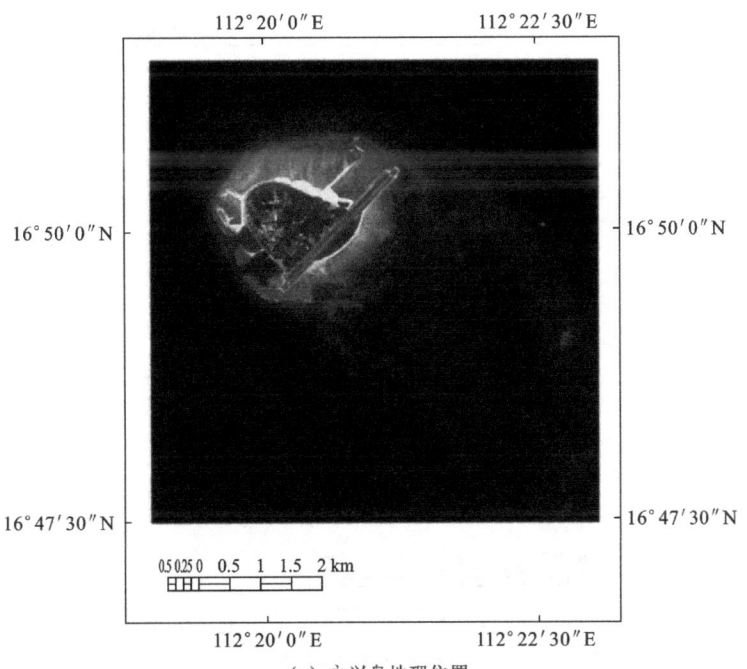

(a) 永兴岛地理位置

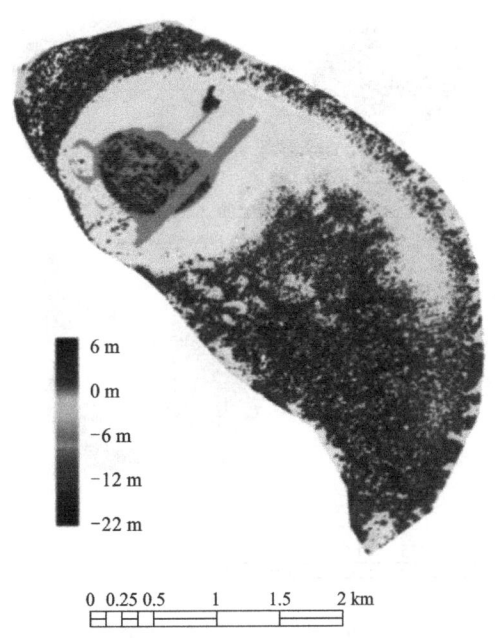

(b) 永兴岛水陆一体化DEM

图 4.14 永兴岛双介质探测水陆一体化 DEM

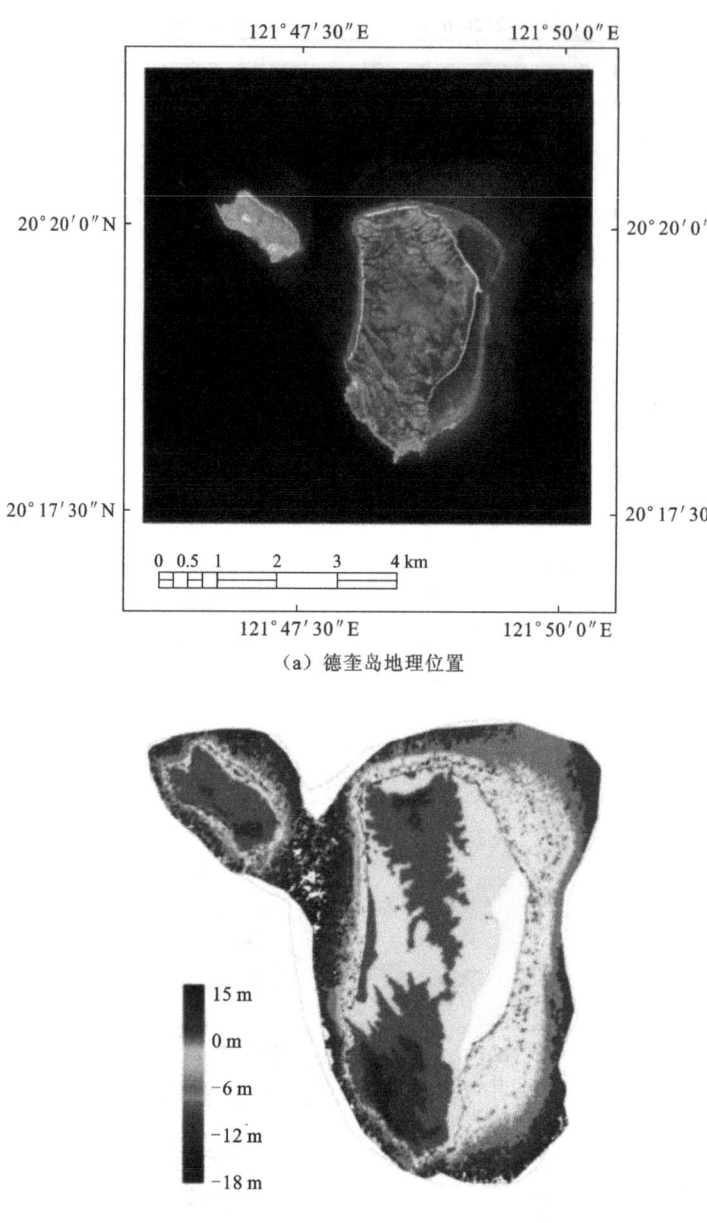

(a) 德奎岛地理位置

(b) 德奎岛水陆一体化DEM

图 4.15 德奎岛双介质探测水陆一体化 DEM

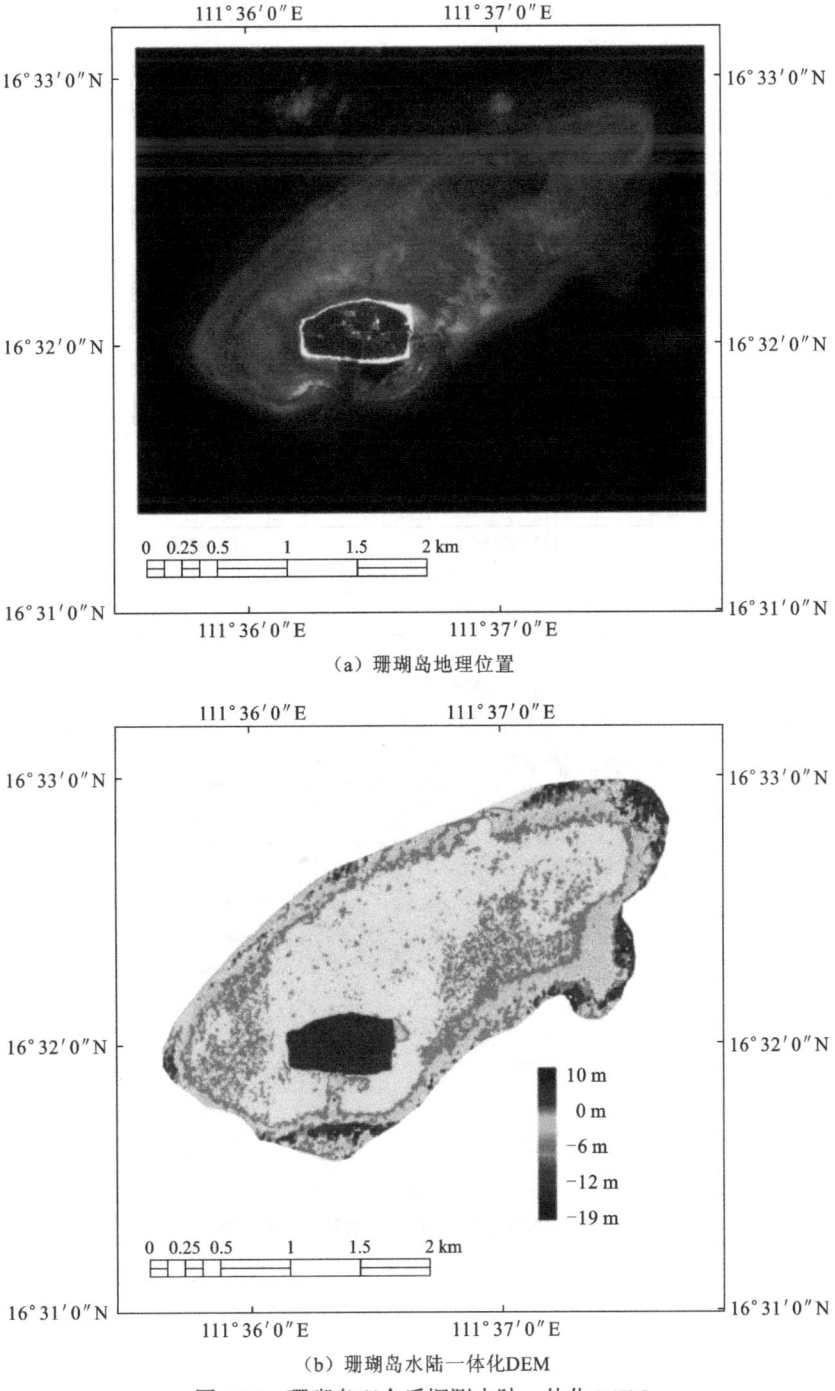

(a) 珊瑚岛地理位置

(b) 珊瑚岛水陆一体化DEM

图 4.16 珊瑚岛双介质探测水陆一体化 DEM

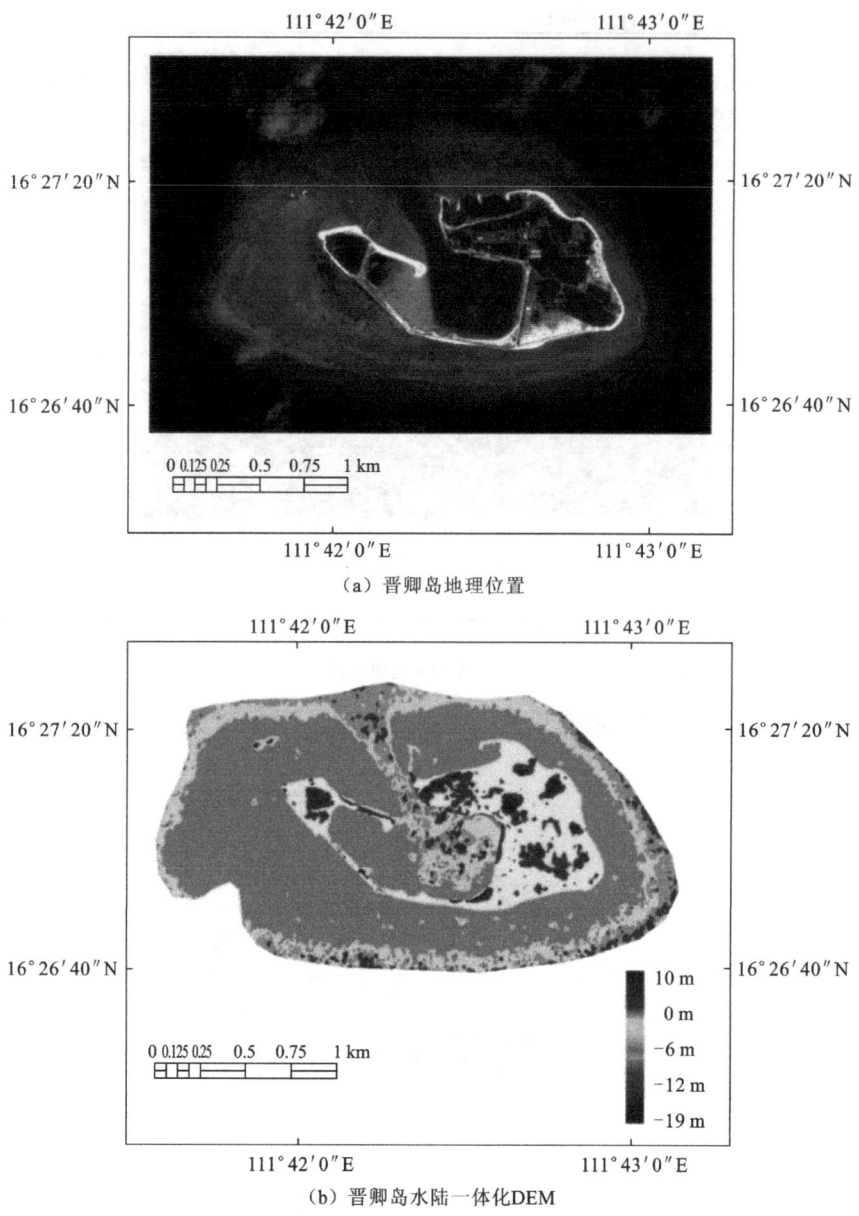

(a) 晋卿岛地理位置

(b) 晋卿岛水陆一体化DEM

图 4.17 晋卿岛双介质探测水陆一体化 DEM

4.3 双介质摄影测量水陆一体三维建模

4.3.1 影像稀疏与密集匹配

尺度不变特征变换（scale invariant feature transform，SIFT）算子是由加拿大教授 David 于 1999 年提出，并于 2004 年完善的局部特征提取算法。SIFT 算法是在不同的尺度空间上寻找局部极值，极值所对应的点称为特征点，这些特征点不易受到旋转、尺度缩放、亮度变化等因素的影响，具有良好的稳定性，同时对于视角及噪声也能保持一定程度的稳定性。因此，针对 WorldView-2 水下立体影像匹配存在的辐射变形和弱纹理现象，利用 SIFT 所具有的对光照和视角变换的稳定性，可以从立体影像中提取出局部特征点。实验发现，利用 SIFT 特征点进行特征点提取时，在深水区域、沙质底质区域，纹理信息很弱，提取的特征点很少甚至无法提取特征点。而过少的同名特征点在内插逐像素视差时，会造成较大的误差，无法达到高精度匹配的要求。因此，针对 SIFT 算法所出现的问题，提出融合密集匹配的算法，以获得水体图像高精度密集视差图，如赵述岛视差影像（图 4.18）。半全局匹配（semi-global matching，SGM）是一种密集影像匹配算法，它基于影像的互信息计算各个方向上的匹配代价，一般通过 8 方向或者 16 方向上的一维平滑约束来近似二维约束。SGM 匹配算法主要包括匹配代价计算、匹配代价聚合、初始视差计算、视差图精化，最终得到密集匹配的视差图。曹彬才（2017）利用 SIFT 算法得到的局部视差约束 SGM 的路径代价计算过程，解决因纹理缺乏和灰度不连续等因素造成的稀少匹配点的问题，同时采用联合视差优化获取逐像素的致密视差图，具体过程如下。

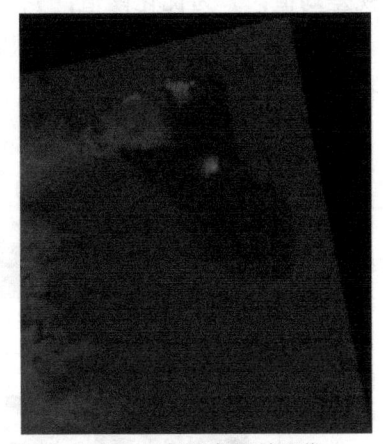

图 4.18 赵述岛视差影像

1. 匹配代价计算

SGM 算法以图像互信息 $MI_{l,r}$ 为基础，利用 8 路径或 16 路径动态规划思想计算匹配代价 $L_r(p,d)$，在二维影像中求解全局能量函数是病态问题，易造成误差在局部方向传播，从而在视差图中出现"拖尾"现象。其中匹配代价的计算式为

$$L_r(p,d) = C(p,d) + \min\{L_r(p-r,d), L_r(p-r,d-1)+P_1, \\ L_r(p-r,d+1)+P_1, \min_i[L_r(p-r,i)]+P_2\} - \min_k L_r(p-r,k) \tag{4.33}$$

式中：p 为任意像点；d 为同名点视差。

2. 视差计算

由匹配代价计算可知，对任意像点 p，其视差代价 $S(p,d) = \sum L_r(p,d)$ 为所有方向的路径代价之和，而视差值则为最小视差代价 $\min_d S(p,d)$ 对应的视差值。由此得到的视差值只是初始计算值,最终要得到亚像素的匹配精度,还需要对邻域视差代价进行拟合,同时满足视差唯一性条件,确保视差值与像素一一对应。按照此方法对核线影像进行处理,可以得到较好效果的视差图,但在处理水下纹理信息比较弱或者是存在局部噪点的错误视差和异常突出时,需采用区域分割识别错误视差的区域,并进行差值计算以提升精度。

3. 视差图精化

对于误匹配产生的初始视差图孔洞现象,采用圆形模板进行联合视差优化,其中心像点处视差表示为

$$d_{\text{ref}} = \begin{cases} d_{\text{SGM\_c}}, & d_{\text{SGM\_c}} \in [\bar{d}_{\text{SIFT}} - \gamma, \bar{d}_{\text{SIFT}} + \gamma] \\ \dfrac{\sum\limits_{i=1}^{n} p_i \cdot d_{\text{SGM\_}i}}{\sum\limits_{i=1}^{n} p_i}, & d_{\text{SGM\_c}} \notin [\bar{d}_{\text{SIFT}} - \gamma, \bar{d}_{\text{SIFT}} + \gamma] \end{cases} \quad (4.34)$$

式中:$d_{\text{SGM\_c}}$ 和 $d_{\text{SGM\_}i}$ 分别为模板中心处和邻域点 i 的视差;$\bar{d}_{\text{SIFT}}$ 为圆形模板内 SIFT 视差均值;γ 为优化阈值;p_i 为点 i 的反距离权重,$p_i = 1/d_i^2$。

以 SIFT 和 SGM 联合处理获取视差影像,基本思路如图 4.19 所示,主要分为三个步骤。

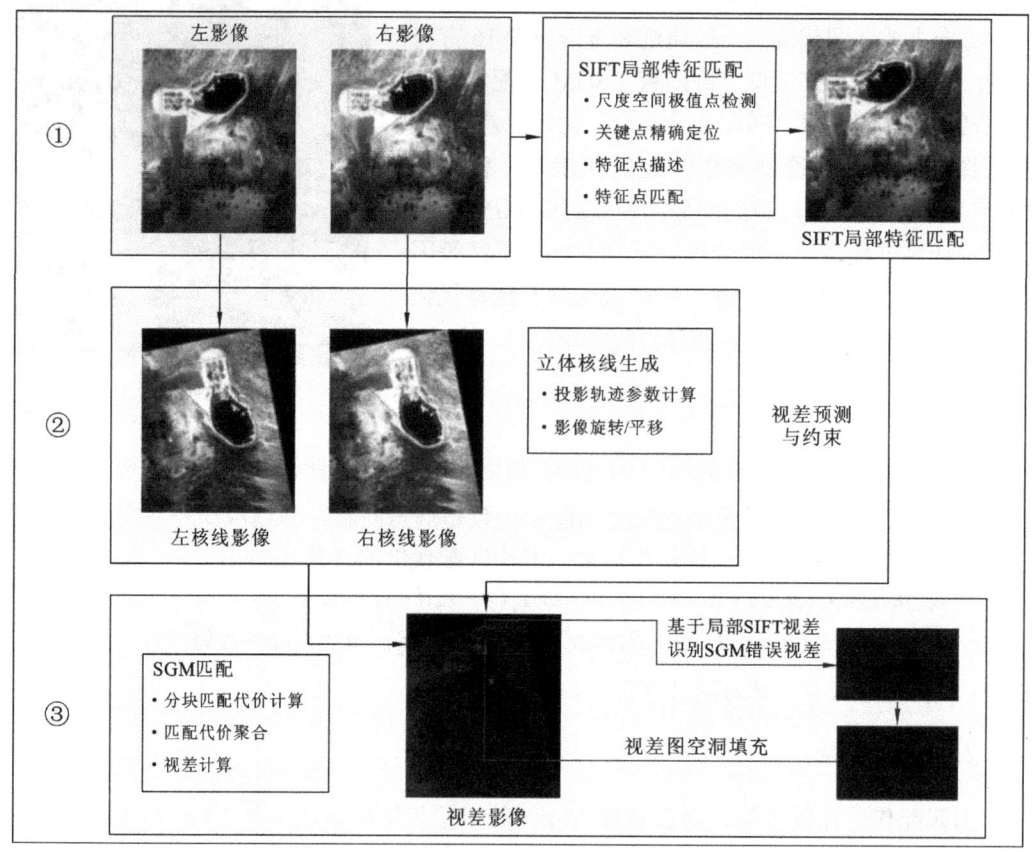

图 4.19 基于 SIFT 与 SGM 联合处理的视差图生成流程图

(1) 首先采用 SIFT 算子对原始的左右立体像对进行匹配,得到立体像对的稀疏特征点。

(2) 利用 WorldView-2 影像的特性,进行影像投影轨迹参数的计算,并进行旋转、平移,生成核线影像。

(3) 利用 SIFT 局部信息对 SGM 进行预测和约束,约束其路径代价计算过程,并用 SIFT 局部视差识别 SGM 的错误和孔洞,获得完整的视差图。

4.3.2 空间高精度 DEM 生成

SGM 基于 SIFT 算法获取的局部视差信息对匹配计算代价进行约束,获得核线影像视差图,对于实际成像中存在的局部突出或错误视差,需进行分割识别、差值和孔洞填充,最终获取更加准确和完整的视差图。该方法融合了 SIFT 和 SGM 算法进行联合处理获得逐像素的致密视差影像,可应用于生成空间高精度的 DEM,其基本思路为基于核线视差,逐像素确定原始影像同名像点坐标,对于获得的同名像点,通过空间前方交会的方法构建高精度的原始 DEM。具体的过程如下。

将左原始影像 P_L 旋转一个角度得到左核线影像 P_{EL},旋转的角度大小是左核线的斜率,由组成核线的点进行直线拟合得到。这是因为 WorldView-2 影像的核线在整幅影像中具有良好的近似直线性,因此可以直接平移旋转一定大小的角度得到核线影像。

利用密集匹配得到视差图,对左核线影像 P_{EL} 进行列方向的变换,得到变换后的右核线影像 P_{ER}。再将右核线影像 P_{ER} 旋转相同的角度得到右原始影像 P_R。

获得 P_L、P_R 后,通过 4.1.2 小节中 RFM 空间定位公式,求解大量同名像点的空间三维坐标,构建高精度的原始 DEM。

整体流程如图 4.20 所示。

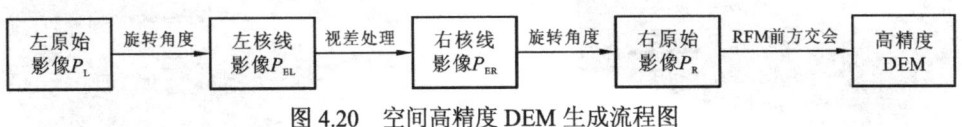

图 4.20 空间高精度 DEM 生成流程图

4.3.3 水下 DEM 分离

融合 SIFT 和 SGM 算法得到的是未加折射改正的原始空间高精度 DEM,而在实际场景中,光线在水体表面会发生折射现象,使得水下光线的交会点并不是真实的目标点,因此需要将 DEM 中的陆地部分和水体部分进行区分。水陆分离主要是基于水体在多光谱影像的近红外波段具有很强的吸收能力,以此来达到分离陆地和水体的目的。

水陆分离的三种方法都可以实现陆地区域和水体区域的分离,从而得到水陆分离二值图,再通过边缘检测可以提取出水边线,水平面的高程则可以通过在原始的高精度 DEM 中内插水边线所对应的高程,并取平均值作为水面位置。

4.3.4 水下地形坐标校正

光线在空气中沿直线传播进入水体时发生了折射，光线的空间几何交会模型发生了改变，因此，基于传统的同名光线沿直线传播而交会的空间点三维坐标的几何模型不能直接用于双介质摄影测量，需要根据光线在水气双介质中的传播特性和折射特性详细分析同名光线的空间结构关系，推导水深折射改正模型。出于模型计算的简捷性和尽量不改变经典的立体像对几何交会模型的考虑，先假设光线在水气双介质中未发生折射，得到原始的高精度 DEM，再对水下区域进行水深折射改正，将观察点恢复到真实点的位置，从而构建高精度水陆一体 DEM。

水深折射改正模型的建立，需要根据卫星姿态数据构建卫星影像中每个像元的入射角，同时，结合摄影时刻海平面高程、水面法线方向及海水的折射率来获取对应的折射角。为了简化折射改正模型，需要假设水面为平面，局部水质条件一致。根据光线的几何结构和获取的卫星参数，分别进行水平坐标改正和垂直坐标改正，以此构建水深折射改正模型（模型构建的详细过程见 4.2.5 小节），恢复摄影时刻水下光线交会点的真实位置。

水体部分的 DEM 在进行水深改正之后，得到的水域的值是摄影瞬间的相对水深值，为了满足实际工作和制图的需要，需要对照查询摄影时刻所对应的潮汐表，将瞬时水深转换到海图深度基准面，生成满足制图需要的数据。

分别对甘泉岛、赵述岛、珊瑚岛和德奎岛进行水下地形坐标校正，得到水陆一体化的高精度 DEM [图 4.21～图 4.24（曹彬才，2017）]，同时叠加遥感影像，制作反映浅海区域地形起伏的三维效果图（图中的方向并非正北方向，只是为了方便展示而旋转了视角）。

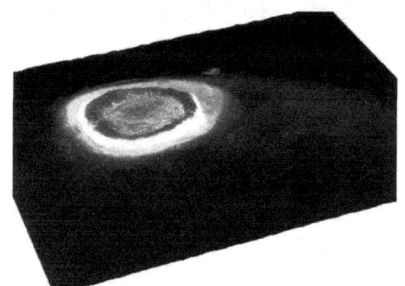

图 4.21 甘泉岛 DEM 与遥感影像叠加

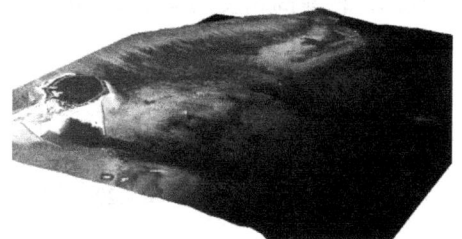

图 4.22 赵述岛 DEM 与遥感影像叠加

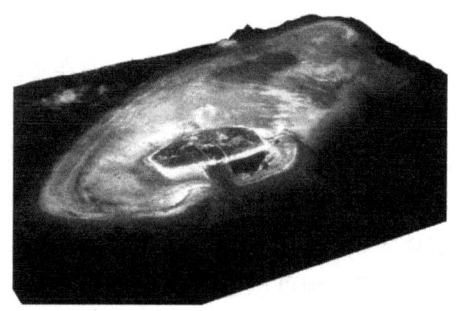

图 4.23 珊瑚岛 DEM 与遥感影像叠加

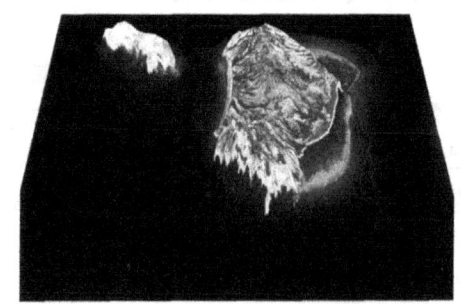

图 4.24 德奎岛 DEM 与遥感影像叠加

4.4 双介质摄影测量水陆测量误差分析

4.4.1 空间定位误差

基于双介质的摄影测量浅海测深，采用的是立体多光谱像对，因此在进行空间定位和水深测量时会受到卫星几何模型、水陆区域影像匹配和立体像对拍摄延时误差等问题的影响。而如何进一步地减小误差，提高水陆一体的测量精度，则是未来需要关注和解决的技术难点和重点。

1. 卫星几何模型误差

通过分析双介质浅海摄影测量的基础理论和几何成像模型可知，其几何模型误差是双介质测深的主要误差源之一。Digital Global 公司发射的 WorldView-2 卫星在经过控制点纠正之后，其平面精度能够从原来的 3.5 m 达到子像素级（全色 0.5 m）的定位精度。因此，利用各种主动测量设备，如星载雷达测高仪器获取高精度的水面高程控制点数据，作为 WorldView-2 卫星影像 RPC 模型区域网平差的约束条件，来提高卫星影像的几何成像模型的定位精度十分重要。

2. 水陆区域影像误匹配

水陆区域影像匹配是进行双介质浅海水深摄影测量十分关键的步骤，错误的匹配会直接导致观察点 M 的空间坐标计算错误，从而使得折射改正得到的真实点 P 的坐标误差会被进一步放大。与陆地较为稳定的摄影成像环境不同，海洋卫星遥感影像对于海洋海面风场、浪高、海流、海面温度等海洋动力环境参数的变化非常敏感。例如，海面的风浪很可能会造成拍摄的影像存在严重的太阳耀斑，而被耀斑污染的区域的水下纹理被完全遮盖，从而导致卫星立体像对无法进行匹配。清澈的水体、丰富的水下纹理、水底底质类型是进行影像匹配的必要前提，在水质较为浑浊或者深海区域，由于光线无法穿透水体，无法得到有效的水下信息。同时，在浅海的一些沙质底质区域，由于纹理信息很弱，能够提取的特征点很少，影像匹配的难度很大，有时甚至会造成误匹配。

3. 立体像对拍摄延时误差

由于高分辨率卫星传感器自身的设计构造，得到的左右立体像对的成像时间并不严格在同一个时刻，如 WorldView-2 卫星左右影像的成像时间，一般会有 2 min 左右的延迟。虽然时间间隔较短，但是海洋环境复杂多变，不可避免会使影像成像过程受到影响。此外，如果在目标区域中，没有高于水面的陆地，采用遥感影像反演水深的方法将难以确定水面高程，此时可以考虑如激光、微波雷达等主动测量手段来辅助确定海面高程。但是，实际情况往往是遥感影像数据是在某个时刻采集的，而高精度的测高数据是在另一个时间段采集的，两者数据的采集时间不同，因此在数据采集时刻受到的海洋环境因素的影响程度不同，不可避免会存在一定的误差，而如果主动测量设备能与光学立体成像设备进行联合测量，则可以有效解决海面风浪、潮汐等因素造成的双介质立体水深测量中水面高程的问题。

4.4.2 折射误差

理论情况下，当同名光线在进入水体时，光线的传播方向发生改变，折射光线在水下交会于某一特定的点，然而通常条件下，当左右影像同名光线的折射角不相等时，两直线在水下不一定相交于某特定点。同时，当入射光线确定，假设同名入射光线的反向延长线在水下交于一点，则该点就是所要求解的真实点 P 的位置，而观察点 M 其实是立体像对前方交会的最小二乘数学解。因此，曹彬才（2017）将由光线折射所引起的误差主要分为两部分：观察点和真实点的水平误差及平均折射角造成的垂直误差，并给出具体的解释。

1. 观察点和真实点的水平误差

在 4.2.5 小节中，已推导观察点 M 和真实点 P 在水平方向上的坐标差。由式（4.29）可知，水平坐标差异与观测点水深值有关，因此以航高和摄影基线不变为前提，可进行不同水深条件下，观测点位置和真实点位置在水平方向的坐标差异定量分析。设定立体像对对应的航高 $H=1\,500$ m，摄影基线 $S_1S_2=500$ m，同时考虑太阳光线在几乎所有的水质条件下能够穿透的最大水深深度在 25 m，因此分别设置水深值 $h_M=1$ m、15 m、25 m 三种不同的情况，由图 4.25 的计算结果可知，当距中间点的位置相同时，随着 h_M 的深度变大，X 方向上的偏差也越大，ΔX 的最大坐标偏差在 0.035 m 左右。在实际场景中，卫星运行轨道高度远远高于所设定的航高，成像的视场角比较小，代入相关参数进行

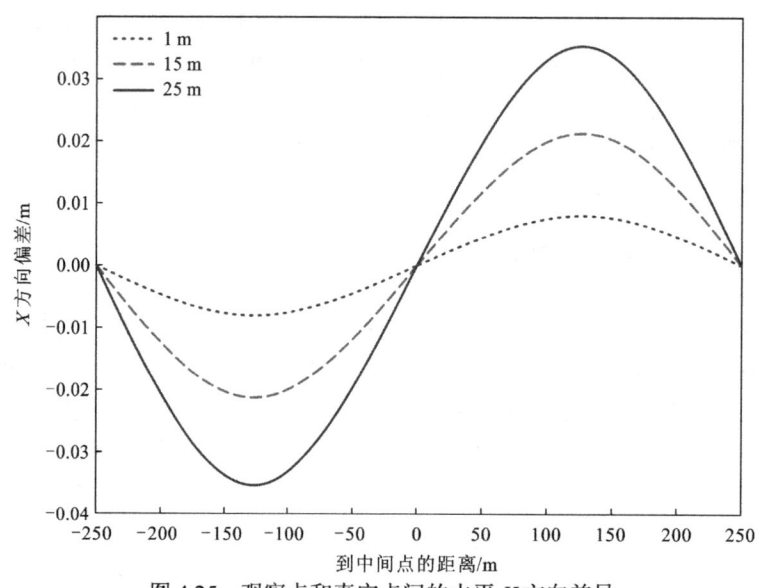

图 4.25 观察点和真实点间的水平 X 方向差异

计算后，得到的结果相比航空而言，还要小 2～3 个数量级，此外，ΔY 和 ΔX 也在同一个数量级。由于海洋测绘的特殊性和对误差的包容性更强，在开展立体像对的双介质摄影浅海摄影测量时，由近似折射改正所造成的观察点和真实点的水平误差可以忽略。

2. 平均折射角造成的垂直误差

不同于航空影像因航高小、分辨率高而造成的折射角差异较大，需要逐像素计算对应的光线折射角，卫星影像可以用平均地底角作为每个像元的折射角。以 WorldView-2 为例，因为采用线阵 CCD 推扫成像方式，所以影像不同行相同列的像元所对应的光线的折射角相同，而对于影像同一行不同列的像元所对应的折射角虽然有一些差异，但也不大。针对 WorldView-2 线阵影像的不同像元的折射角存在的差异，设定卫星轨道的运行高度 H 为 770 km，对应地面的扫描宽度 W 为 16.4 km，α 表示影像的某一行中间点所对应的角度，与入射角 r 互为补角，由图 4.26 所示的空间几何关系可得

$$\alpha_1 = \arctan \frac{H}{\sqrt{H^2 / \tan^2 \alpha_0 + W^2 / 4}} \quad (4.35)$$

式(4.35)表示当 CCD 传感器沿着飞行方向前后扫描时的几何角度，当设 $\alpha_0 = 30°$ 时，计算得到 $\alpha_1 \approx 29.99°$。假设观察点 M 的水深为 $h_M = 25$ m，可得垂直方向上的折射改正高程差为 $\Delta h = h_1 - h_0 \approx 0.02$ m，厘米级的误差对于海洋测绘来说，大小基本可以忽略。实际上只要卫星在一定角度范围内前后或侧方摆扫，同一行像元对应的折射角（地底角）差异都不大，由此造成的折射改正高程差可以忽略，因此利用平均地底角参数作为每个像元的折射角是合理的。

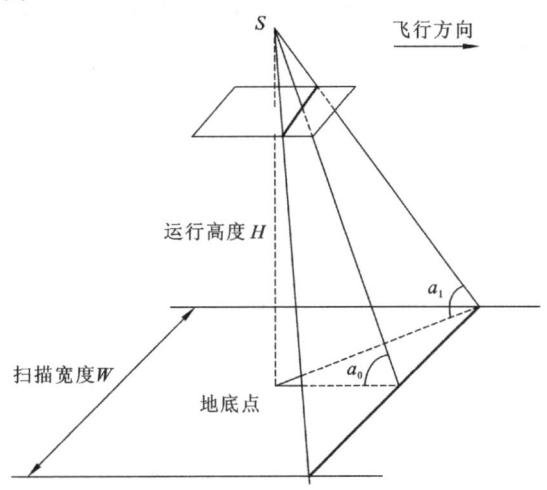

图 4.26 线阵推扫影像的折射角大小变化示意图

4.4.3 海面导致的误差

由 4.4.2 小节的定量分析可知，采用双介质摄影测量对浅海地形和水深进行测量时，测深误差还与水面波浪和水面高程等因素有密切的关系。

1. 水面波浪

在推导双介质水深折射改正模型时,几乎所有的前提都是假设水面是一个平面,基于这个条件,可以构建双介质水深测量同名光线的几何结构,计算得到高精度水陆一体化 DEM。然而,在实际场景中,往往因为存在海面风浪而不能保证水面为平面的假设。当风速、潮流较大时,海面会产生大尺度的涌浪,导致在水体较浅的区域产生碎波、白浪而造成太阳耀斑污染,无法获取该区域的水下纹理;同时,摄影时刻的影像数据受到大尺度的涌浪的影响,在之后立体像对三维建模处理中,得到的水体部分的数据将会包含涌浪的数据,造成海面高程的误差,而即使是在较小的风速情况下,也会在海面产生布拉格波,同样会对水深反演造成影响。水面波浪的存在,会导致法线偏移,但这并不能通过传统的平差、检校等方法进行消除,因此目前只能在数据采集时尽量选择风浪小的成像条件,以便得到高质量的影像数据。

2. 水面高程

水面高程的获取需要先进行水陆分离,识别水陆岸线,不同的水陆分离方法会产生不同的结果,在实验中,尝试使用三种方法进行陆地和水体部分的分离。在种子点区域增长中,初始的深水区种子点选取和生长准则的确定会直接影像水陆分离的质量;使用归一化差异水体指数法得到的初始结果中往往会存在一些小图斑,需要结合海岛礁的实际情况,人工进行选择性剔除,这个过程可能会造成一定程度的精度损失;而支持向量机分类法需要不断地调整参数以期得到最优的水陆分类结果。由此,水陆分离的误差,使得提取的水陆岸线不准确,从而导致在原始 DEM(未加折射改正的 DEM)中内插水陆岸线像元对应的高程存在误差。

第 5 章　军事地质海岛礁环境合成孔径雷达调查技术

合成孔径雷达作为一种全天候、全天时的现代高分辨率侧视成像雷达（Fitch，1976），在国土测量、水文观测、环境和灾害监视、资源勘探及军事侦察测绘等领域内获得了越来越广泛的应用（Franceschetti and Lanari，1999）。由于合成孔径雷达系统能够主动发射电磁波，然后接收地物表面返回的电磁波，受到天气状况的影响较光学成像系统微弱，所以在云、雨覆盖的热带亚热带海岛礁调查应用中具有较好的应用潜力（Tobias et al.，2014）。

近年来，随着可获取的合成孔径雷达数据的增加，利用不同波长、不同极化、不同分辨率的合成孔径雷达数据进行海岛礁遥感调查也越来越多，如利用多景合成孔径雷达数据进行海岛地形测量，利用单景合成孔径雷达数据用于水陆界线的识别、浅海水深反演，岛礁周边风场、水流场的反演，岛礁海岸带类型的识别（李晓明 等，2020）。海岸形态和海洋状况的动态变化可对海洋与陆地之间部队装备与人员的运送带来巨大挑战，严重影响登陆作战（张为华 等，2013）。美国伍兹霍尔海洋研究所承担了大量海军海洋测量与研究任务，其中就包括海岸带调查（高抒，1986）。由于海岸形态是动态的，特别是海滩形态变化非常快，过去绘制的单张地图很难满足战场指挥员的实际需要（李万伦 等，2020）。Wadman 等（2014）在美国北卡罗纳州昂斯洛海滩两栖试练场利用当前最先进的海岸测量技术进行监测，以获取精确的实时数据，包括几项关键性指标，如近岸海域水深梯度、近岸沉积体和海岸线与植被线的位置变化，然后建立了海岸带动态演化模型，对复杂的海岸带作用进行分析和评估，以识别出可能发生侵蚀的热点区域，并划分出潜在的危险区，在军事领域主要用于海岛礁地形获取，周边海洋风场、洋流获取，特定目标的识别等，满足战场环境建设需求。

本章主要介绍合成孔径雷达的成像原理，并结合实例介绍海岛礁要素的识别及地形获取。

5.1　合成孔径雷达成像原理

成像雷达获取地面信息的方式与光学遥感的原理完全不同。雷达成像包括真实孔径雷达和合成孔径雷达。这里简单介绍雷达成像的原理。

5.1.1　真实孔径雷达

真实孔径雷达（real aperture radar），顾名思义即雷达所使用的天线尺寸是实际长度（Alpers and Hennings，1984）。如图 5.1 所示，雷达通过天线向与飞行方向垂直的侧面发射一个微波波束,在地面形成一个带状测绘区,测绘区在方位向上很窄,在距离向上很宽,然后天线接收测绘带内的地物后向散射信号,经相关处理后,这些回波形成一条带状图像,随着平台的移动,雷达不停地收发信号,从而形成一幅幅连续的雷达图像。

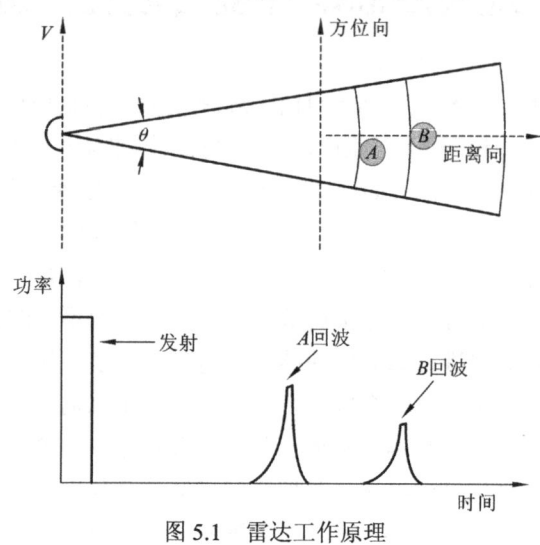

图 5.1　雷达工作原理

由于雷达系统是按照时间序列记录回波的,如果像光学成像那样采用正视模式,会出现多个回波同时到达接收天线的情况,造成图像自身折叠,所以雷达通常采用侧视模式(董玉森 等,2019)。真实孔径雷达的分辨率分为方位向分辨率和距离向分辨率,方位向分辨率等于雷达波束宽度所对应的弧长:

$$\rho_a = \beta R \tag{5.1}$$

雷达发射的脉冲以球状波形式向周围空间扩散,为了使发射能量具有方向性,可以通过天线减少雷达的波束宽度 β,使大部分能量集中在一个方向上,波束宽度与波长呈正比,与天线孔径呈反比,所以方位向分辨率又可表示为

$$\rho_a = \frac{\lambda}{D} R \tag{5.2}$$

式中:λ 为波长;D 为天线孔径;R 为斜距。

距离向分辨率为地面上雷达可以分辨的两个目标的最短距离:

$$\rho_r = \frac{c\tau}{2\sin\theta} \tag{5.3}$$

式中:c 为光速;τ 为脉冲宽度。

如图 5.2 所示,为了提高雷达的距离向分辨率,可以采用压缩脉冲技术或减小脉冲宽度 τ。根据式(5.2),如果发射脉冲采用 X 波段($\lambda=3$ cm),$D=1$ m,$R=50\,000$ m,ρ_a 为 1500 m,如果要想提升 ρ_a 至 10 m,就需要 150 m 的天线孔径,对于卫星平台来说,这显然很难实现(Massonnet and Souyris,2008)。所以,现在的星载成像雷达都采用合成孔径技术来提高方位向分辨率。

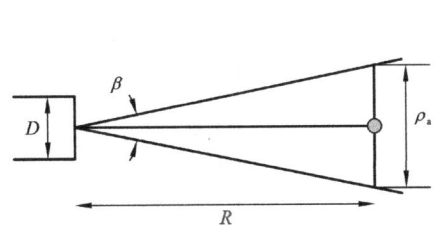 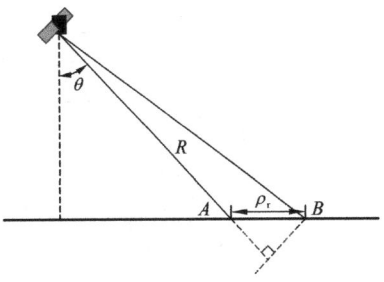

（a）压缩脉冲技术提高距离向分辨率　　　　（b）减小脉冲宽度提高距离向分辨率

图 5.2　真实孔径雷达分辨率

5.1.2　合成孔径雷达

对于合成孔径雷达，合成孔径技术指的是利用雷达与目标之间的相对运动，通过数学模型，把一个真实的小孔径天线合成一个等效虚拟长天线的过程（Massonnet and Souyris，2008）。雷达随载体向前运行时，以固定的重复频率向照射区域发射电磁波，通常发射的是数字脉冲信号。当小孔径天线发出第一个脉冲并接收从目标散射回来的第一个回波脉冲后，把它存储起来后，沿直线移动一段距离到第二个位置。然后，小孔径天线在第二个位置继续再发射一个脉冲（这个脉冲与第一个脉冲之间存在由延时引入的相位差），并把第二个散射回波也存储起来，再沿直线移动一段距离到第三个位置，发射脉冲信号再接收回波。这就是合成孔径雷达成像采用的走-停-走（go-stop-go）的模式。通过系统处理，补偿回波信号因为时间和距离引起的相位差，产生同大尺寸天线一样的观测效果（王超 等，2002），进而提高雷达的方位向分辨率。

如图 5.3 所示，A 为探测目标，R 为斜距，θ 为视角，D 为真实孔径长度，L_s 为合成孔径长度，β 为波束宽度，β_s 为合成孔径波束宽度，ΔL_s 为合成孔径方位向分辨率。合成孔径长度等于真实孔径天线波束在方位向上的分辨率：

$$L_s = \beta R = \frac{\lambda R}{D} \tag{5.4}$$

合成孔径波束宽度为

$$\beta_s = \frac{\lambda}{2L_s} = \frac{\lambda}{2} \frac{D}{\lambda R} = \frac{D}{2R} \tag{5.5}$$

则合成孔径方位向分辨率为斜距所对应合成孔径波束的弧长。

$$\Delta L_s = R\beta_s = R \frac{D}{2R} = \frac{D}{2} \tag{5.6}$$

由式（5.6）可知，合成孔径雷达的方位向分辨率最高可达到真实孔径的一半，与波长和距离无关。突破了天线尺寸的限制，相比真实孔径雷达，分辨率提升明显。例如，要实现 10 m 的方位向分辨率（X 波段，即 $\lambda=3$ cm，$D=1$ m，$R=50\,000$ m），真实孔径雷达需要 150 m 的天线尺寸，而合成孔径雷达只需要 5 m。合成孔径雷达在距离向采用和真实孔径雷达一样的脉冲压缩技术，二者的距离向分辨率相同。

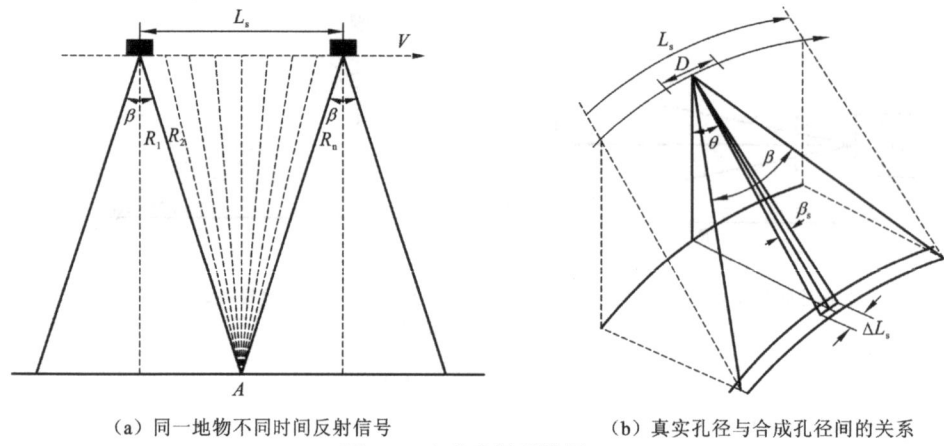

(a) 同一地物不同时间反射信号　　(b) 真实孔径与合成孔径间的关系

图 5.3　合成孔径雷达原理

5.2　合成孔径雷达图像特征

合成孔径雷达是主动式侧视雷达系统，且成像几何属于斜距投影类型。因此合成孔径雷达图像与光学图像在成像机理、几何特征、辐射特征等方面都有较大的区别。在进行合成孔径雷达图像处理和应用前，需要从地物的散射特征、合成孔径雷达图像的几何特征和合成孔径雷达图像特征三个方面来了解合成孔径雷达图像的基本特征。

5.2.1　地物的散射特征

合成孔径雷达图像上的信息是地物目标对雷达波束的反映，主要是地物目标的后向散射形成的图像信息。为了通过雷达遥感数据对地物特征进行分析，必须要了解电磁波与地物之间的相互作用过程。电磁辐射与地物的相互作用总是伴随着表面效应和体效应的产生。从地物目标的特征来讲，表面效应取决于表面粗糙度，体效应则受散射体密度、结构和组织的影响。从雷达系统的工作参数来讲，影响地物散射特征的要素主要包括雷达传感器的工作波长、入射角、极化方式等（王超 等，2008）。这里简要介绍地物的散射特征。

1. 表面散射

在自然界中几乎所有的表面都可以被看成是满足特定概率密度分布的随机粗糙表面，不同的频段受到粗糙表面的影响程度是不同的（宋建社 等，2008）。对于通常的陆地表面，在波长较长的时候可以视为平滑表面，但是在微波频段则不能再看作平面。从电磁散射角度看，当入射波照射到平面表面时，平面表面会对入射波产生镜面反射作用；当入射波照射到粗糙表面时，粗糙表面会对入射平面波产生各个方向的散射，如图 5.4（Massonnet and Souyris，2008）所示。

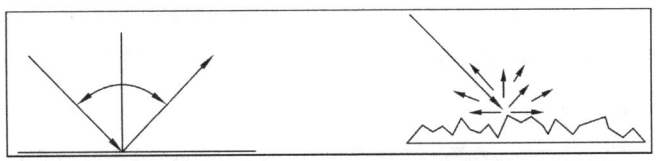

图 5.4 表面散射示意图

粗糙度对电磁散射的影响取决于传输波长。在一个相同的表面情况下,在 L 波段(波长为 24 cm)可能表现为光滑的,在 X 波段(波长为 3 cm)就可能表现为粗糙的。粗糙表面的电磁散射是一个与多种参量有关的复杂过程,就陆地表面的散射模型而言,其电磁散射特性不仅与地面的粗糙度有关,还会受到地面含水量等方面的影响。当含水量一定时,随着粗糙度的增加,雷达反射回波强度也随之增加。因此在雷达图像中,亮度较高的区域对应着粗糙面,而较暗的区域对应着光滑面。当粗糙度一定时,随着含水量的增加,雷达反射回波强度也随之增加。因此在相同粗糙度的情况下,潮湿的土壤比干燥的土壤表现得更亮(Massonnet et al.,2008)。

2. 体散射

当入射波进入一个不均匀介质中时,除了分界面上的表面散射,还有介质内部的散射,这种散射称为体散射。在森林冠层、土壤内部及冰雪内部常出现体散射,这主要是由介质的不均一造成介电常数的突变引起的。相对于表面散射的情况,体散射会受到介质表面的粗糙度、介质的介电特性、介质内部不连续性等因素影响,更加复杂多样(施建成 等,2012)。对于陆地及海洋上复杂的地物目标如植被、楼房、汽车、舰船等而言,在不失重要特征的情况下,绝大多数的目标体都可近似成为如球体、椭球体、圆柱体等形状规则的基本几何体或由若干基本几何体组合而成的复合体的散射体[图 5.5(Massonnet et al.,2008)]。

当地物与地表垂直时,或地物入射面与反射回传感器的面垂直时,就形成了角反射器,电磁波容易形成双回波散射,在合成孔径雷达影像上形成亮斑[图 5.5(Massonnet et al.,2008)]。

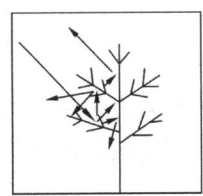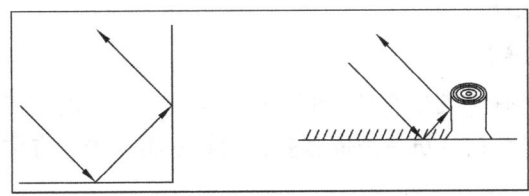

图 5.5 体散射与双回波散射

3. 穿透性

在电磁波与地面相互作用过程中,除了电磁波的反射、散射,部分电磁波能够渗透入地物内部,产生透射,称为电磁波的穿透性。根据极化方式和波长情况,微波可以透入植被、裸土（干雪或沙地），一般情况下，波长越长，穿透能力越强。交叉极化（VH/HV）相比同极化（HH/VV）的渗透能力弱（Farr et al.，1986）。图 5.6 为某地哨兵一号影像，从中可以看出被沙漠所掩盖的地下岩体的特征。

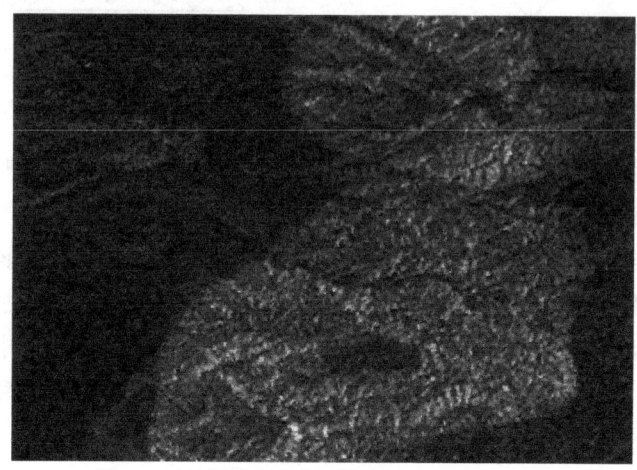

图 5.6　沙漠地区被沙子覆盖的地下岩体信息

5.2.2　合成孔径雷达图像的几何特征

1. 合成孔径雷达的成像几何

合成孔径雷达成像几何属于斜距投影类型。通常情况下，用距离向和方位向分别表示原始合成孔径雷达图像的两个方向（皮亦鸣 等，2007），两个方向的特征如图 5.7（Memarsadeghi and Rincon，2014）所示。

1）距离向

距离向在几何像平面内垂直于飞行方向，也就是侧视方向上的合成孔径雷达图像分辨率称为距离向分辨率。合成孔径雷达的距离向分辨率是依靠距离远近（对应传播时间的长短、接收时间的先后）实现的。距离向的比例尺由地面目标的位置由该目标到雷达天线的距离决定。同时，在距离向上，离合成孔径雷达越近，变形就越大，这跟光学遥感影像刚好相反。

2）方位向

方位向平行于飞行方向，也就是沿航线方向上的分辨率称为方位向分辨率，也称沿迹分辨率。方位向分辨率是依靠多普勒频率实现的。方位向的比例尺是一个常量。

2. 畸变

雷达成像中，地物目标的位置在方位向是按飞行平台的时序记录成像的，在距离向上是按照地物目标反射信息的先后记录成像的，在高程上即使微小变化都可造成相当大范围的畸变，这些畸变被分为透视收缩、叠掩、阴影。

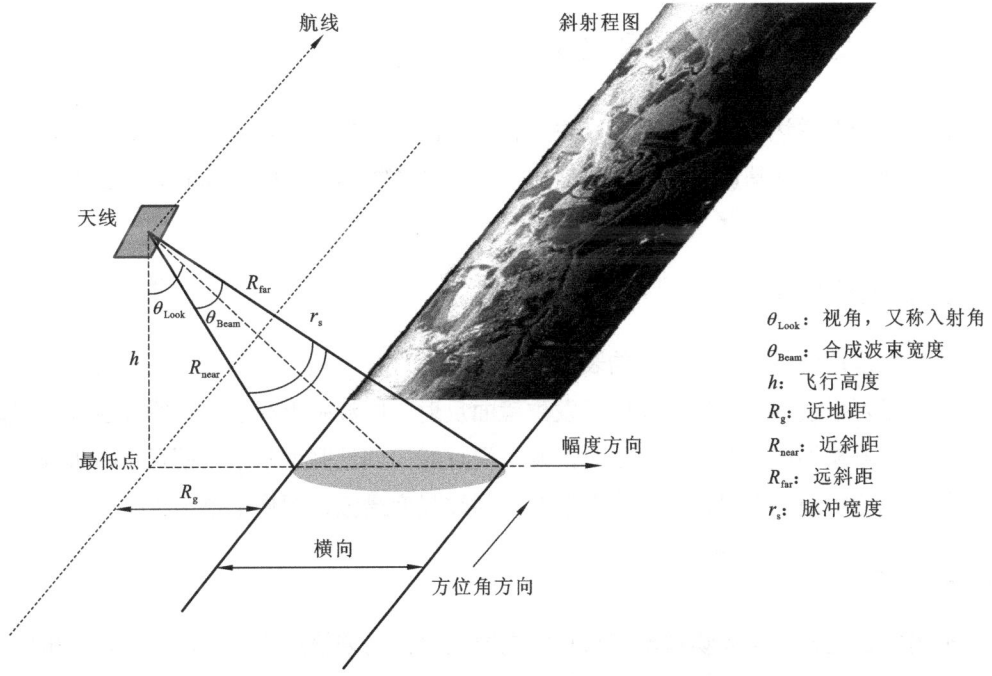

图 5.7 合成孔径雷达影像的距离向和方位向特征

透视收缩又称前缩,图像上表现为面对雷达一侧的山坡长度在影像上按比例尺换算后比实际长度短,原因是雷达波束到达山坡顶部与到达底部的斜距差比山坡所对应的地面距离小。实质上这也是距离压缩现象。当山坡非常陡时,雷达波束先到达山坡顶部,后到达山坡底部,山顶的回波更早被天线接收。造成图像上山坡顶部叠置在山坡底部,这种现象称为叠掩。当雷达波束受到前坡阻挡无法照射到后坡时,后坡部分就没有回波信号。在图像上形成无信息阴影区域,这种现象称为阴影。以上三种几何失真发生机理如图 5.8 所示。

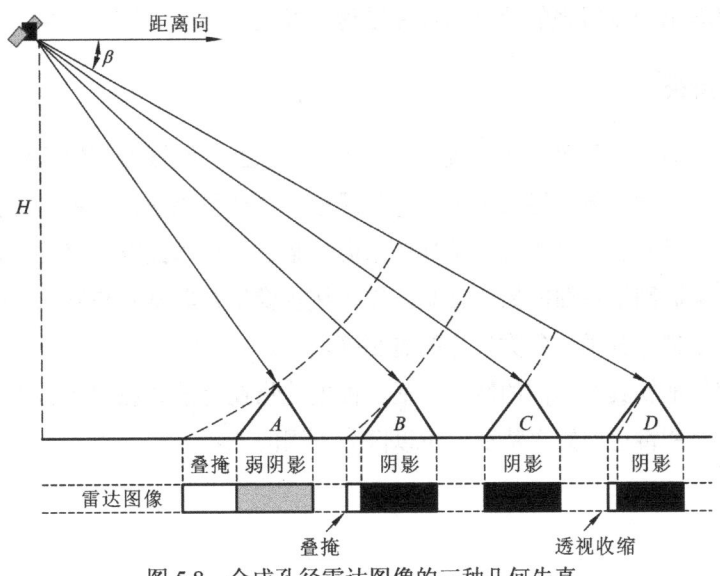

图 5.8 合成孔径雷达图像的三种几何失真

5.2.3 合成孔径雷达图像理解

目标地物在雷达图像上的色调取决于自身的回波强度，回波越强，色调越亮，反之越暗。地物自身特性是影响其回波强度的主要因素（Massonnet and Souyris，2008；谢寿生，1987）。

1. 表面粗糙度

相对于雷达波长，地物目标的表面按照粗糙度可分为光滑表面、中等粗糙表面、粗糙表面。当入射波到达光滑表面时，发生镜面反射，回波强度很弱，地物在图像上呈暗色调；当入射波到达中等粗糙表面时，发生漫反射，回波强度较强，图像上色调较亮；当入射波到达粗糙表面时，发生后向发射，回波强度最强，图像上色调最亮。

2. 介电常数

介电常数通常定义为物体电容与真空电容之比，用来描述物体的电性质，如电容、传导率、反射率等。介电常数越大，反射越强，目标在图像上色调越亮，反之越暗。金属物体具有很高的介电常数；物体的含水量越大，介电常数越大。

3. 特殊目标

金属塔架、飞机、船舶、居民地等在侧视雷达图像上呈现为很强的亮点或亮区。对于线状物，与雷达波束方向垂直的街道、沟渠、河堤、铁路、桥梁在雷达图像上表现为亮线。建筑群中墙与地面、墙与墙之间也构成角反射器，使雷达波返回的可能性大大增加。裸露的岩石也会以很强的信号出现在雷达图像上。

4. 纹理特征

纹理是雷达图像上呈斑点状或斑状结构的一组回波。回波较强的丘陵、山地呈浅灰色斑状。植被在雷达图像上通常表现出中等回波，草地呈暗灰色，森林为灰色斑点状，旱地呈灰色，沼泽和水田呈黑色。平静的水面呈暗色，当水面有波浪时，暗影区会出现一些亮点，而河流则呈弯曲的黑色带状，在雷达影像里是非常容易被识别的特征。根据纹理特征则可以进行分类、各类目标的监测等。

因此不同的地物具有不同的散射特征。根据地物在合成孔径雷达图像上的色调、纹理、形状、组合和雷达阴影等特征，可以区分不同的地物类型。

5.3 合成孔径雷达海岛礁调查

5.3.1 基于合成孔径雷达的海岛礁要素识别

1. 合成孔径雷达数据预处理

从卫星数据分发机构获得合成孔径雷达数据一般为原始格式或经过简单处理的一级数据,在应用前必须要进行数据预处理。通常情况下,从合成孔径雷达原始数据到可用的合成孔径雷达图像要经过成像处理、滤波、多视处理、地理编码及彩色合成在内的预处理。在处理过程中,可以采用 Doris、Roi_pac、ISCE 等免费软件,也可以采用 SARScape、Gamma 等商业软件进行预处理,最终可生成 tiff 格式或其他格式的图像(董玉森 等,2019)。

1) 成像处理

成像处理是合成孔径雷达数据处理的基础。合成孔径雷达数据聚焦处理的过程就是把原始数据转换为影像数据,实现从数据空间到图像空间的转换,根据合成孔径雷达的回波信号原理,直接进行二维处理,采用二维匹配滤波器对回波信号进行匹配处理,就可以完成二维处理。这种处理方式对目标的后向散射系数具有最佳的恢复能力,能够获得最佳的距离向分辨率和方位向分辨率。目前经典的聚焦算法(成像算法)有距离多普勒(range-Doppler,RD)算法、啁啾变换(chirp scaling,CS)算法和波数域(ω-k)算法。

一般来讲,经过成像处理后所得到的图像仍然处于斜距坐标系统。图 5.9 是西亚某地的哨兵一号雷达卫星升轨时所采集的雷达数据,注意图中大箭头的指向为距离向,小箭头所指的为北方向。

图 5.9 成像处理后所得到的雷达图像

2) 滤波处理

合成孔径雷达成像机理是相干成像,因此其图像中包含固有斑点噪声,简称为相干斑。除此之外,还在其信号获取、处理、传输过程中受到其他因素的影响而导致非相干性的高斯噪声。在单视幅度合成孔径雷达影像中,其主要噪声仍然是斑点噪声,对后续的图像解译和应用(如边缘检测、图像分割、地物分类及目标识别等)带来极大的困难。因此对斑点噪声的抑制非常重要。

合成孔径雷达图像的滤波主要有基于空间域的滤波方法和基于变换域的滤波方法。基于空间域的滤波方法本质上是以图像为处理对象,借助各种平滑模板对图像进行卷积处理,达到压制或消除噪声的目的。基于空间域的滤波方法主要包括均值法、中值法、Refine Lee 滤波法、Frost 滤波法、Gamma MAP 滤波法等。基于变换域的滤波方法主要是将原始图像从图像域变换到其他域(如频率域),在变换域内进行滤波处理,然后再变换到图像域。目前常用的基于空间域的滤波方法主要是基于傅里叶变化的滤波和基于小波变换的滤波。图 5.10 为经过 Refine Lee 滤波处理的图像。

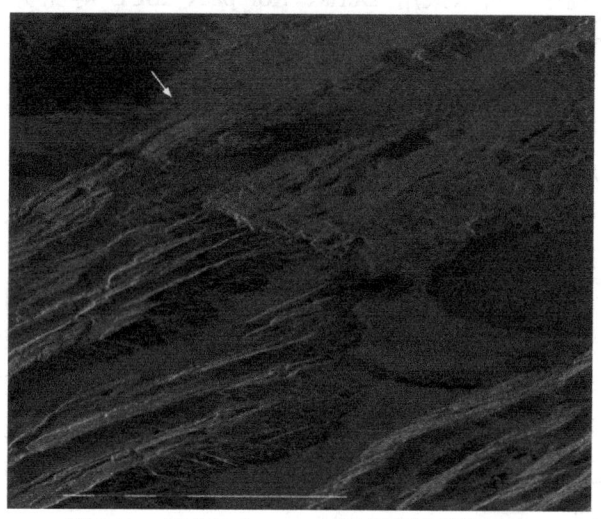

图 5.10 经过 Refine Lee 滤波得到的雷达图像

3)多视处理

多视处理是对单视复型(single look complex,SLC)数据方位向和/或距离向做平均,得到的结果是多视后的强度数据。通过多视处理的 SLC 数据,空间分辨率降低,提升了数据的辐射分辨率,也就是强度信息。多视的视数是根据斜距的距离向和方位向的分辨率及入射角计算出来的,目的是使方位向和距离向具有相同的地面分辨率,即地距分辨率。为了不在地理编码时进行过度的重采样,最好是在多视的时候和地理编码的制图分辨率保持一致。图 5.11 为经过多视处理后的雷达图像。

4)地理编码

在经过前期处理后的合成孔径雷达数据,仍然处于斜距/零多普勒坐标系中(注意图 5.9~图 5.11 中小箭头所指的北方向)。为了进行遥感解译,必须要对数据进行地理编码,将合成孔径雷达数据转换到给定的地理参考坐标系上,获得具有地图投影格式的影像。目前,合成孔径雷达数据的地理编码主要有两种方法:雷达共线方程法和距离-多普勒法。雷达共线方程法是在摄影测量技术基础上发展形成的,这种方法是根据简化雷达

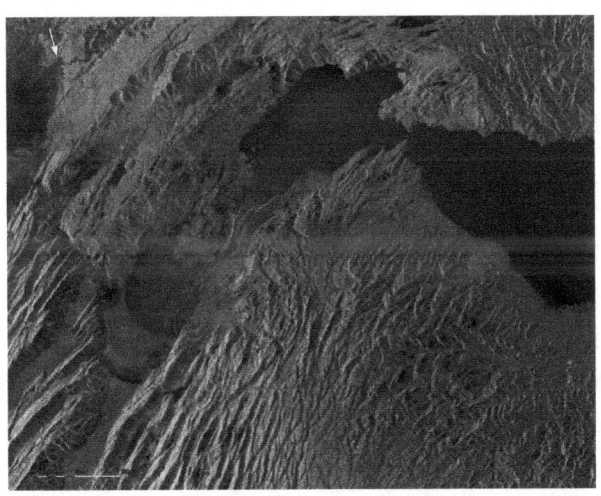

图 5.11 经过多视处理（$R:A=3:1$）得到的雷达图像

的处理方式建立合成孔径雷达共线方程，它是对合成孔径雷达影像几何关系的一种近似的处理。距离-多普勒是基于合成孔径雷达系统的成像参数及遥感平台的星历数据，计算合成孔径雷达影像中每一个点的地理坐标，结合 DEM 与合成孔径雷达影像进行地形校正和地理编码的方法。

在地理编码的过程中，可以引入辐射校正。相比光学遥感图像而言，合成孔径雷达图像具有侧视成像的特点使得成像过程中出现严重的几何和辐射畸变，通过地理编码可以减弱几何畸变，同时引入地物的坡向、坡度信息和雷达波的入射角、波长等信息，以削弱辐射畸变。通常情况下，合成孔径雷达地形辐射校正主要分为基于散射面积的辐射校正和基于入射角的辐射校正两大类。图 5.12 为经过地理编码的雷达图像，注意图中小箭头所指的北方向。

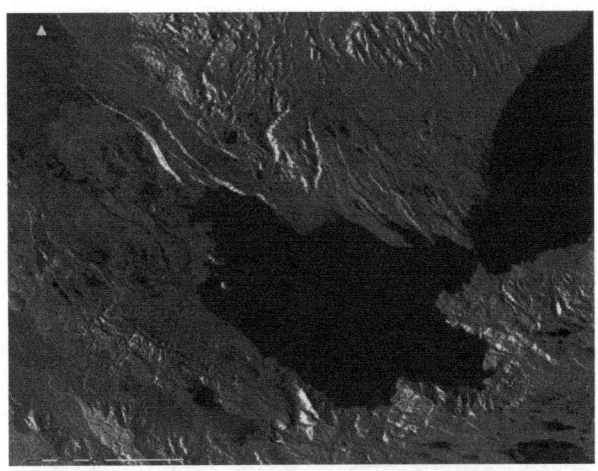

图 5.12 经过地理编码及辐射校正的雷达图像

5）彩色合成

彩色处理可以利用人眼对彩色的高分辨特性，提高合成孔径雷达图像的可读性。一一般情况下，对双极化或多极化合成孔径雷达数据进行彩色合成。这里既可以直接对全极化合成孔径雷达数据按照不同的极化方式进行组合以实现 RGB 三色合成，也可以对全极化数据按照一定的模式进行极化分解，对其分量进行彩色合成。

2. 地物要素识别

1）识别的机理

地物要素的识别，主要依靠地物在合成孔径雷达图像上的色调、纹理、几何特征、图型等进行综合判读。

（1）色调：不同的地物在合成孔径雷达图像上具有不同的色调特征，如图 5.13 中平静的水面、机场跑道和水泥路面等具光滑表面的地物呈暗色调；山地和起伏水面等表面粗糙的地物呈亮色调，而金属构件呈强亮色调等。

图 5.13 不同地物在合成孔径雷达图像上的色调差异

（2）纹理：纹理是空间上色调变化形成的花纹图案，有细致、中等和宏观三种。根据地物的纹理特征可以区分不同的地质岩性和地貌类型等。图 5.14 为合成孔径雷达图像中的几种不同的纹理特征，其分别反映了不同的地质地貌类型，其中图左下侧为平原区村落的斑点状纹理，右侧为沉积岩类的条带状纹理。

图 5.14 不同地物所呈现的不同纹理特征

(3)几何特征:几何特征是目标地物的轮廓在合成孔径雷达图像上的构像,如条带状的河流,圆形、椭圆形或纺锥状的侵入岩岩体。常见的纹理有:①条带状,主要有岩层层理构成的条带状影纹,如地层部分的条带状纹理;②树枝状,如花岗岩体表面的纹理,主要是冲沟、山脊及山包所形成的;③斑块状,如闪长岩体(薛重生 等,2011)。

(4)图型:图型是指雷达图像上分布于某一区域范围内地形特征的空间排列。根据地物的图型特征,结合地物特征,可以识别在分布上相关的地物。如港口设施有防波堤、码头和停靠的船只等,以及山前居民区、农田、河流和冲洪积扇等(图 5.15)。

图 5.15 山前冲洪积扇及扇体边缘的居民地

在具体的识别过程中,需要根据地物特征和影像特征,利用上述色调、纹理、几何特征、图型中的一种或多种进行综合判读,才能有效地提高地物的识别精度和识别效率。

2)海岛礁要素识别

海岛礁要素的识别,包括了海岸带识别和岛上地物识别。根据海岸带的物质组成和海滩特征,可把海岸带分为基岩海岸和岩滩、砂砾质海岸和海滩、沙坝潟湖海岸、粉砂淤泥质海岸和潮滩、珊瑚礁海岸和礁坪等。在合成孔径雷达图像上,根据海岸线和海滩的影像特征,可以区分不同的海岸类型。岛上地物一般包括道路、人工建筑等(许可 等,2013)。

(1)海陆界线:在合成孔径雷达图像上,海岛礁和海水的差异随海岛礁岸线类型不同会有所差异。部分海陆界线色调非常明显,而部分色调呈现渐变的特点,这需要根据岸线类型差异进行处理。一般情况下,海面整体呈现较暗的色调,而岛屿陆地部分呈现较亮的色调,二者之间的沙滩则由暗渐变至较亮(图 5.16)。在军事地质调查中,需要注意此类渐变型海陆界线特征,经常是登陆场选址的必备条件之一。

(2)基岩海岸:由于地壳的构造运动,某些海岸不断抬升,使一些基岩构造直逼海岸,形成基岩海岸与岩滩。在合成孔径雷达图像(图 5.17)上表现为浅色调且纹理特征明显的基岩与深色调的海水截然相连。一般情况下,基岩海岸一般高于海面,不利于登陆作战。但是在潮水面高于基岩面时,有利于装备、人员的快速登陆。

(3)砂砾质海岸:以波浪为主要水动力的高能环境岸线,岩石或岩屑在波浪的侵蚀和磨蚀作用下,沿海岸堆积,形成砂砾质的海滩,尤以沙滩为常见。由于海滩表面平坦,

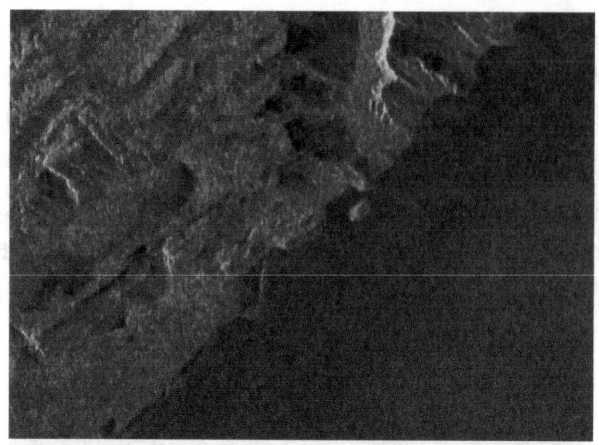

图 5.16　海岛礁海陆界线合成孔径雷达图像特征

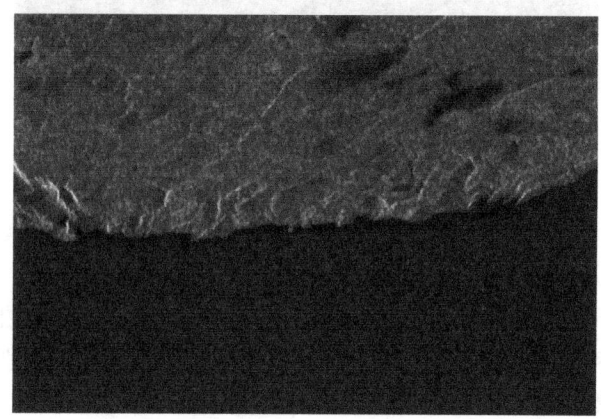

图 5.17　基岩海岸合成孔径雷达图像特征

且含有大量的水分,在合成孔径雷达图像(图 5.18)上常表现为沿海岸线的暗色调的整齐条带,在海滩外侧有时有亮色调的破波带。砂砾质海岸通常情况下有利于登陆作战。

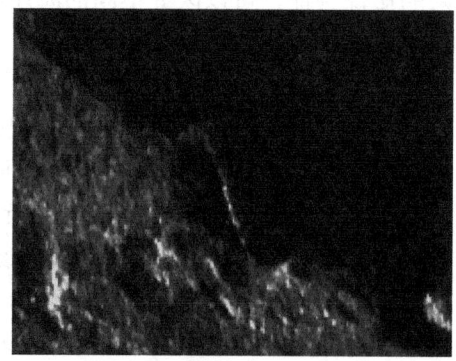

图 5.18　砂砾质海岸光学影像及合成孔径雷达图像特征

(4)沙坝潟湖海岸:在沙源充足的海岸,波浪和沿岸流搬运的沙粒当动能降低时,在滨海带沉积形成线状垅岗,称为沙坝或沙咀。在其内侧形成与外海半封闭的水域,称为潟湖。在合成孔径雷达图像(图 5.19)上沙坝呈亮色调的带状,两侧或一侧与陆地相连，其与浅色调的陆地之间有暗色调的水域（潟湖）相隔。由于沙坝潟湖水面平静，有利于吃水较浅的舰艇停靠，便于装备和人员的转移。

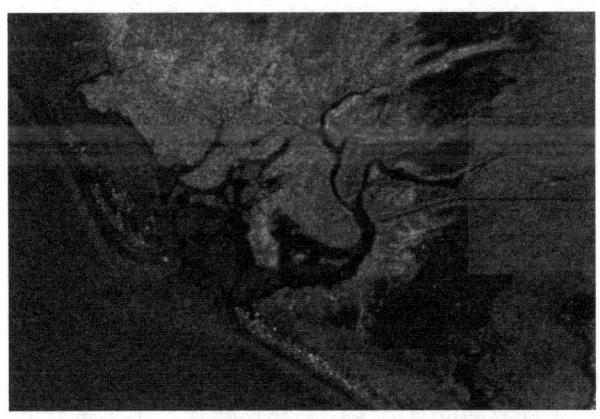

图 5.19　沙坝潟湖海岸合成孔径雷达图像特征

（5）粉砂淤泥质海岸和潮滩：以潮汐作用为主要动力的低能环境岸线，常形成粉砂淤泥质的潮滩。潮滩一般较宽，达几百米至几千米。由于潮汐的冲刷作用，在潮滩上常形成树枝状或线状的潮沟，这些潮沟与海岸或垂直或斜交。由于潮滩上的沉积物粒度较细，经潮水冲刷后表面平坦，且富含水分，在合成孔径雷达图像（图 5.20）上常表现为沿海岸的低色调宽带，潮滩上常有潮沟发育，潮沟有的呈树枝状，有的呈垂直或近平行海岸的线状。

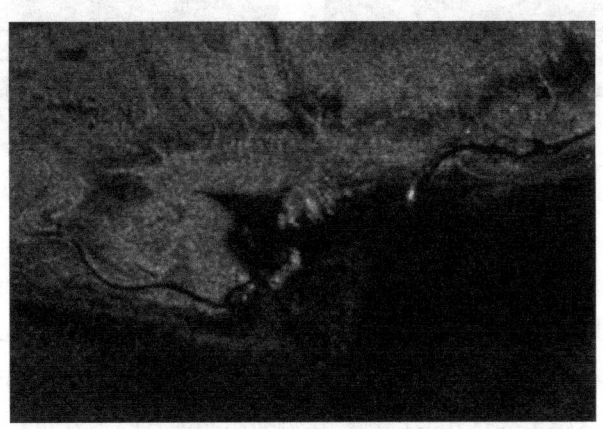

图 5.20　粉砂淤泥质海岸和潮滩合成孔径雷达影像特征

（6）珊瑚礁海岸和礁坪：在盐度高且透明度好的热带和亚热带海岸，往往因珊瑚虫的大量繁殖而形成珊瑚礁海岸，在波浪和潮流的作用下，形成以生物碎屑沉积为主的礁坪。在合成孔径雷达图像（图 5.21）上，珊瑚礁海岸和礁坪的外缘往往有一条亮线，这是由于波浪到达礁坪边缘，水深突然变浅，波浪发生破碎，形成高亮色调的破波带；岸线多曲折，常呈锯齿状。由于珊瑚礁、礁坪可能影响吃水较深的舰艇活动，通常情况下需要补充调查礁体分布位置和深度。

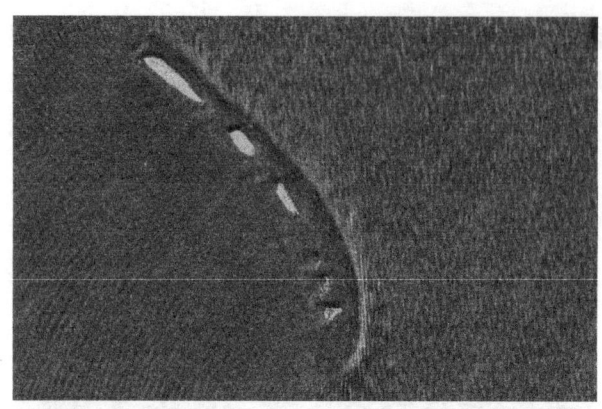

图 5.21 珊瑚礁海岸和礁坪合成孔径雷达图像特征

（7）水产养殖区：在近岸的海域，人们常采用不同的方式进行水产养殖，在合成孔径雷达图像上不同的水产养殖区具有不同的影像特征。由于竹竿/铁网与水流的相互作用，海面后向散射增强，形成点状的影像特征。网箱养殖区是利用浮球悬挂的方式养殖，串联在一起的浮球，在海面形成亮线状影像特征。对于堤塘养殖区，混凝土质的堤塘形成强后向散射，在合成孔径雷达图像（图 5.22）上呈亮线围成的块状。

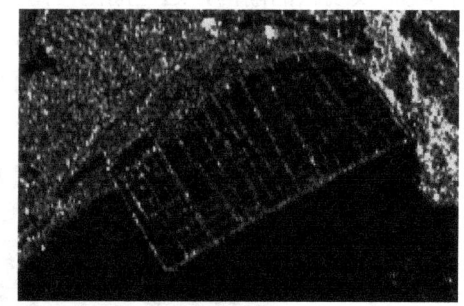

图 5.22 水产养殖区光学影像及合成孔径雷达图像特征

（8）机场码头等人工设施：港口是海岸带最重要的人工设施，是海洋运输的起点和终点。利用高分辨率的合成孔径雷达图像可以清楚地观测到港口的各种码头、港口设施及停泊船只等。机场是海岸带和海岛的又一重要人工设施。图 5.23 为境外某港口，图像上各种码头设施、机场等均清晰可见，其中机场平行于海岸的暗色调跑道，而机场北侧的停机坪和道路等设施呈现较亮的色调。在机场东北部有码头分布。

3）军事地质要素识别

军事地质要素的识别主要包括岩石、土体的识别。利用合成孔径雷达图像，可以识别出不同的沉积岩、变质岩、岩浆岩及不同的土体类型。这里对常见的海岛礁军事地质要素在合成孔径雷达图像识别时常见的类型进行介绍（董玉森 等，2019）。

a. 喷出岩类海岛岩体识别

火山岩一般为喷出的岩浆所形成的岛屿。此类岛屿在地形地貌上具有火山喷出口，且在地形上呈现圆形、椭圆形等特征。

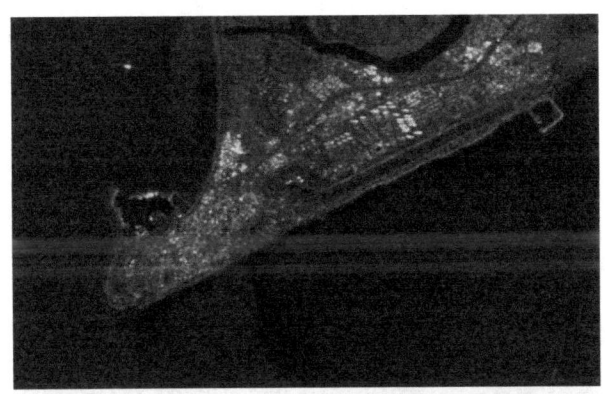

图 5.23 机场码头等人工设施合成孔径雷达图像特征

喷出岩因抗风化能力强,大都构成凸起的正地形。如地形上多呈火山机构、熔岩垄岗、桌状山、熔岩被、舌状熔岩流、熔岩穹丘,以及火山熔岩被破坏后形成的平台、陡壁、猪背岭等。熔岩形状往往受其下方的古地形控制,表面影像多呈绳状流动、海绵结构、熔渣结构及熔岩的冷凝裂隙等。喷出岩覆盖面积较大时,常形成熔岩高原,若系多次喷发,则多形成阶梯状高原。

根据喷出岩的差异,将其分为流纹岩、安山岩、玄武岩类。

流纹岩指酸性喷出岩,其化学成分与花岗岩相同,由于形成时冷却速度较快使矿物来不及结晶,二氧化硅含量大于 69%,其斑晶主要由钾长石和石英组成,有斑状结构和流纹状结构。流纹岩露头颜色一般较浅,大多是灰色、灰白色、浅红色、浅黄褐色等。在合成孔径雷达图像上流纹岩色调相对较浅,且纹理发育。一般情况下流纹岩抗压能力强,硬度等级高,抗打击能力强,岩石的承载力比较大,适合越野机动通行,同时适合地表及地下工事构筑。

安山岩是岩浆岩中分布较广的中性喷出岩,成分相当于闪长岩,呈深灰色、浅玫瑰色、暗褐色等,斑状结构,斑晶主要为斜长石,有时为角闪石或辉石,基质为隐晶质或玻璃质,可具有气孔状或杏仁状构造,有不规则的板状或柱状原生节理。安山岩和玄武岩之间往往呈现过渡关系,在产状上也常共生。安山岩基岩裸露,植被较少,影像一般呈灰白色、深灰色,岩质坚硬,山脊呈锯齿状,沟谷深切,山坡陡峭,可见峻岩、陡壁,水系呈树枝羽毛状,但是在合成孔径雷达图像上,安山岩类形成的海岛多纹理较为平滑,色调较浅。与流纹岩类似,安山岩抗打击能力强,岩石抗压强度为 100~250 MPa,适合越野机动通行。但是安山岩发育有不规则的板状或柱状原生节理,不适合地下工事构筑,但可以进行地表工事构筑。

玄武岩是岩浆岩中分布广泛的基性喷出岩。其化学成分与辉长岩或辉绿岩相似,二氧化硅含量为 45%~52%,岩石呈黑色、褐色或深灰色。主要矿物成分由基性长石和辉石组成,次要矿物有橄榄石、角闪石及黑云母等。具有气孔构造,当气孔被方解石、绿泥石等所充填时,构成杏仁构造。岩石致密坚硬、性脆,岩石抗压强度为 150~294 MPa。玄武岩呈大面积岩盖填充于地势低洼处,一般随着原始地形起伏、熔岩流厚度及后期切割的不同而形成平坦地貌或山地。在强烈侵蚀的厚层玄武岩区,节理发育,常常构成陡峻地形或悬崖陡壁。玄武岩所形成的海岛色调较深,纹理发育,且多形成陡峭的海岸。年轻的玄武岩海岛地形平坦,熔岩被多延伸至海水中(图5.24)。

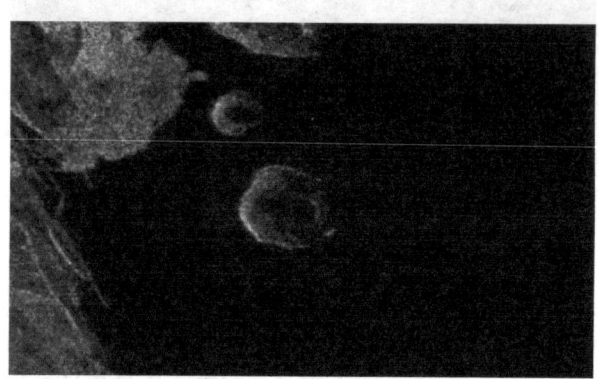

图5.24 吉布提地区玄武岩质海岛合成孔径雷达图像特征

b. 花岗岩类及闪长岩类基岩岛

花岗岩属于酸性(SiO_2含量大于66%)岩浆岩中的侵入岩花岗岩类,石英含量可从20%~50%,少数可达到50%~60%。主要矿物为石英、钾长石和酸性斜长石,次要矿物为黑云母、角闪石。闪长岩类是中性侵入岩,主要由斜长石(中-更长石)和一种或几种暗色矿物组成,后者总量一般为20%~35%。不含或仅含少量的钾长石,一般不超过长石总量的10%。不含或含极少量石英。花岗岩及闪长岩类的岩石抗压强度为98~294 MPa。

在遥感图像上,它们的图形特征却都具有团块状、圆形或其他不规则封闭性图形等基本图像标志。花岗岩岩基多为不规则的块状图像,块状体沿一个或两个方向上延伸,出露面积较大。裸露的岩体具有相同的色调,分布均匀,或受地表环境影响呈不均匀的斑状分布特点(图5.25)。地表水系类型及样式取决于花岗岩基所处的构造单元和地理环境,大型岛屿一般多见为树枝状水系。

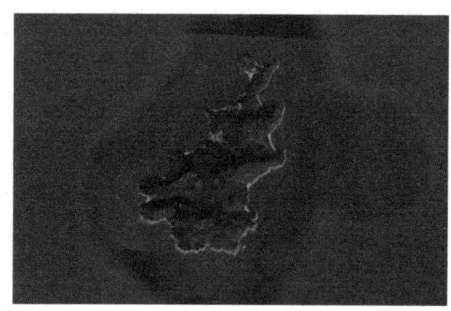 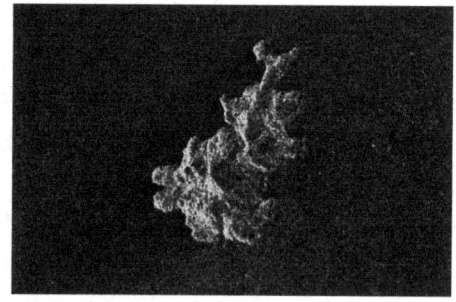

图5.25 花岗岩岛光学及合成孔径雷达图像特征

c. 珊瑚礁类岛屿

对于人工建筑物较多的海岛,如东沙群岛的东沙岛,岛上有各类建筑,人工建筑物二次散射特征明显,后向散射强度较强,因此在L波段的合成孔径雷达影像中,东沙岛影像较背景海水亮。同时,东沙岛上椰子树较多,树干和地面也形成二次散射,因此在合成孔径雷达图像中也较亮。而东沙岛的机场跑道近似于镜面反射,后向散射强度较弱,因此在高分辨率合成孔径雷达图像中发暗(图 5.26)。

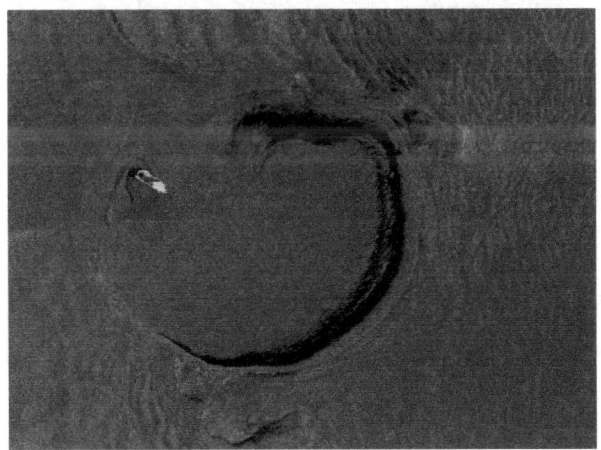

图 5.26 东沙群岛合成孔径雷达图像特征

对于无植被或植被较少的沙洲,如西沙群岛的西沙洲,其是椭圆形沙洲,上面白沙一片,近似于镜面反射,后向散射强度较弱,因此在高分辨率合成孔径雷达图像(图 5.27)中较背景海水暗。

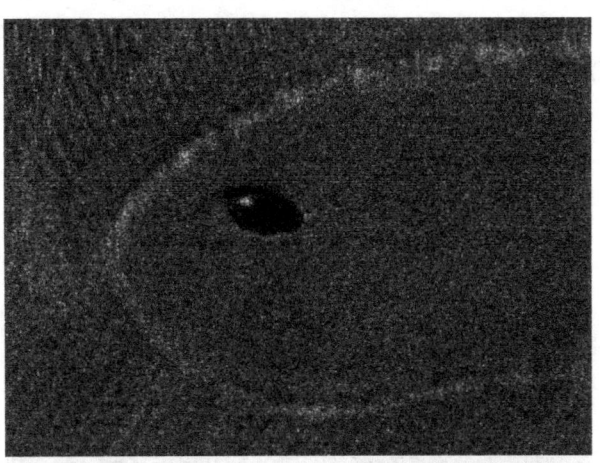

图 5.27 植被稀疏的海岛礁合成孔径雷达图像特征

在热带珊瑚礁上,热带植物丛生、树林茂密,天然植被属于常绿林,植被体散射特征明显,后向散射强度较弱,因此在 L 波段合成孔径雷达影像中,北岛、东岛影像较背景海水暗。

对于珊瑚环礁,如西非的登巴尼岛周边的环礁,因其完全与外海相通,因此在合成孔径雷达影像中(图 5.28),只在礁环部分呈现较暗的色调,礁环内部海水部分与外部外背景海水亮度基本一致。

图 5.28　西非登巴尼岛及周边环礁合成孔径雷达图像特征

4）海岛礁土体识别

巨粒类土：巨粒类土是粒径大于 60 mm 的巨粒组的质量多于总质量 15%的土体。根据巨粒含量的差异，将巨粒类土又分为巨粒土（巨粒含量大于 75%）、混合巨粒土（巨粒含量大于 50%）、巨粒混合土（巨粒含量大于 15%）。巨粒土因其巨粒含量较高，在合成孔径雷达图像上具有较高的亮度特征。由于巨粒土、混合巨粒土、巨粒混合土的巨粒含量差异，其在同一景合成孔径雷达图像上的特征有所差异（图 5.29）。因为巨粒类土一般需要长距离的搬运、混合，所以在海岛礁上出现较少。

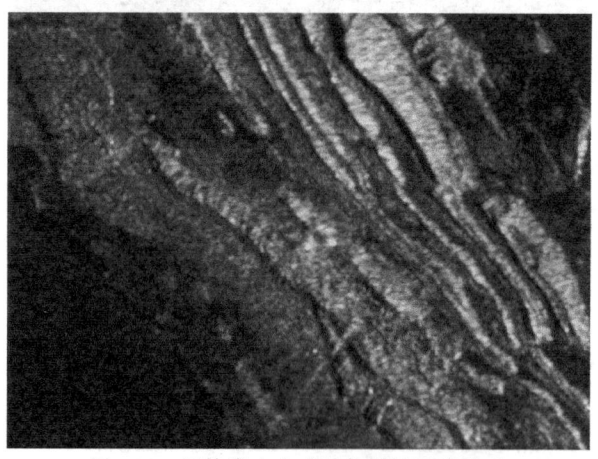

图 5.29　巨粒类土合成孔径雷达图像特征

粗粒类土：粗粒土是直径大于 0.075 mm 的砾粒、砂粒的质量大于总质量的 50%的土体。根据砾粒含量的差异，将粗粒类土又分为砾类土和砂类土。在合成孔径雷达图像上，粗粒类土由于砾粒直径较小，在 L 波段图像上多呈现为黑色的光滑面。因此要进行粗粒类土的解译，最好采用 C 波段或 X 波段的合成孔径雷达图像。

砾类土是粗粒类土中砾粒（直径大于 2 mm）含量多于 50%（即砾粒组含量＞砂粒

组含量）的土。在 C 波段合成孔径雷达图像上，砾类土整体上图像特征较为均一，且在砾类土范围内出现一定的亮斑。砾类土一般出现在基岩岛上，主要是基岩风化物搬运至山前的平原地区所堆积而成。

砂类土是粗粒类土中砾粒（直径大于 2 mm）的含量少于或等于 50%的土。在 C 波段合成孔径雷达图像上（图 5.30），砂类土整体上图像特征较为均一，且在砂类土范围内出现少量的亮斑，但整体出现比较暗淡的色调。砂类土在基岩岛屿和礁上均有出现。

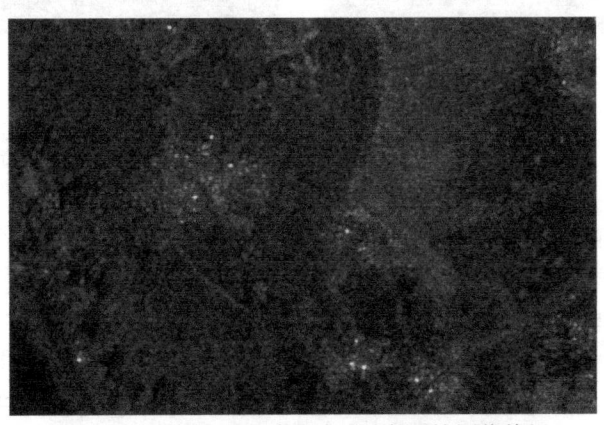

图 5.30　砾类土和砂类土合成孔径雷达图像特征

细粒类土：细粒类土是粒径小于等于 0.075 mm 的颗粒（细粒组）的质量大于或等于总质量 50%的土。在单一的雷达影像上（图 5.31），由于土体颗粒较细，相对于常用的雷达波长均呈现光滑的地表特征，且后向散射非常低。为了提高细粒土的识别效果，一般需要结合光学影像进行综合判读。细粒类土多出现在较大的基岩岛的旱地及较宽的河流两侧。

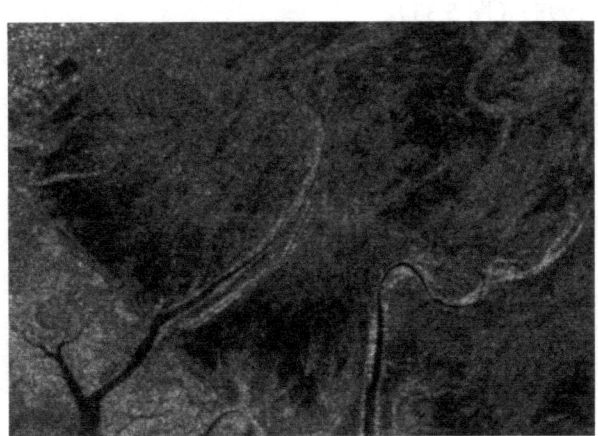

图 5.31　细粒类土合成孔径雷达图像特征

稻田土：稻田土主要分布在热带、亚热带的大型岛屿上（图 5.32），由于土壤经过反复的翻耕晒垡及水的浸泡，土质非常松软，非常不利于人员和装备的通行。在较大的海岛礁上，可能会出现水稻田，对人员装备的通行影响严重。

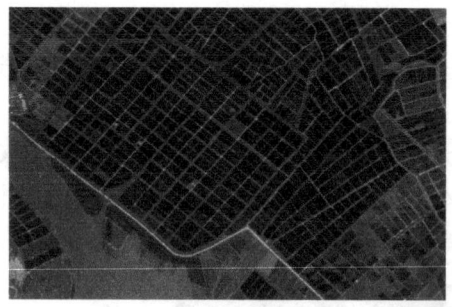

图 5.32 稻田土光学图像及合成孔径雷达图像特征

5.3.2 基于合成孔径雷达干涉测量的海岛礁地形要素获取

1974 年 Graham 首次证实采用干涉模式的合成孔径雷达系统可以实现地形测绘。从 20 世纪 80 年代后半期开始，这个技术逐渐走向实用化。最近 10 多年来，合成孔径雷达干涉测量（SAR interferometric，InSAR）技术已经成为一个新的科学研究热点，代表了合成孔径雷达的又一个最新发展方向。与传统的光学立体照相技术相比，采用 InSAR 技术能够完成高分辨率的地形测绘，在多云多雨地区应用较为广泛，在军事方面能够满足海岛礁快速地形获取的需求。

1. 合成孔径雷达干涉测量技术原理

InSAR 主要用来获取地表高程信息。它的基本原理是利用具有干涉成像能力的两部合成孔径雷达天线（或一部天线重复观测）来获取同一地区具有一定视角差的两幅具有相干性的单视复数图像，并由其干涉相位信息获取地表高程信息，从而重建地表的 DEM（Bamler and Hartl，1998）（图 5.33）。

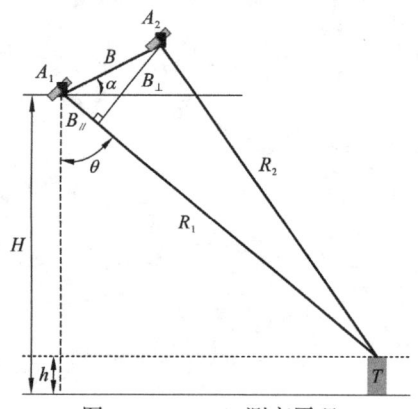

图 5.33 InSAR 测高原理

InSAR 有三种模式：交轨干涉测量、顺轨干涉测量和重复轨道干涉测量。其中重复轨道干涉测量是常用的一种模式，此模式只安装一幅天线，利用两次具有一定时间间隔的重复轨道来实现干涉测量，理论上如果两次轨道完全重合，重复轨干涉等效于顺轨干涉。但是实际情况下,两次轨道是无法完全重合的,干涉相位既带有地形信息又包含了视线向地表形变信息,两次观测的时间间隔称为时间基线,缩短时间基线,可以得到相干性更高的图像,如 ERS1/2 编队飞行。两次天线的空间连线称为空间基线。重复轨干涉既可以用来测量大面积区域的高程,去除地形信息后又可以得到地表形变信息。测量地表形变又称为合成孔径雷达差分干涉测量(Rosen et al., 2002)。

图 5.33 中,A_1 和 A_2 为重复轨观测的天线位置;H 为天线到地面的距离;h 为目标 T 的高程;B 为空间基线;$B_{//}$ 为 B 在 R_1 平行方向上的分量,称为平行基线;$B_\perp$ 为 B 在与 R_1 垂直方向上的分量,称为垂直基线;R_1 和 R_2 分别为 A_1 和 A_2 到 T 的斜距;α 为基线与水平向的夹角;θ 为天线在 A_1 处的视角。天线在 A_1 和 A_2 处接收到 T 的雷达影像为

$$\begin{cases} s_1(R_1) = \mu_1(R_1)e^{j\varphi_1} \\ s_2(R_2) = \mu_2(R_2)e^{j\varphi_2} \end{cases} \tag{5.7}$$

将两个回波信号共轭相乘得到干涉图:

$$s_{\text{int}} = s_1(R_1)s_2(R_2) = |\mu_1(R_1)\mu_2(R_2)| \cdot e^{j(\varphi_1-\varphi_2)} \tag{5.8}$$

干涉相位:

$$\Delta\varphi = \varphi_1 - \varphi_2 = -\frac{4\pi}{\lambda}(R_1 - R_2) \tag{5.9}$$

实际处理中,干涉图 s_{int} 中每个像元信息都是用复数 $a+bi$ 的形式存储。

干涉相位 $\Delta\varphi$ 可以通过三角函数计算,即

$$\Delta\varphi = \tan^{-1}\left[\frac{\text{Im}(s_{\text{int}})}{\text{Re}(s_{\text{int}})}\right] \tag{5.10}$$

实际计算出来的干涉相位只是 $-\pi \sim \pi$ 的相位主值,真实的干涉相位还应包含整数个 2π,这种情况称为相位缠绕,求解出真实相位所包含 2π 的个数称为相位解缠。

如图 5.33 所示,根据天线位置和目标 T 构成的几何关系可知

$$R_1^2 + B^2 - 2BR_1\cos\left(\frac{\pi}{2} - \theta + \alpha\right) = R_2^2 \tag{5.11}$$

假设斜距差 R_1-R_2 为 ΔR,则

$$\begin{cases} R_1^2 + B^2 - 2BR_1\sin(\theta-\alpha) = (R_1-\Delta R)^2 \\ R_1^2 + B^2 - 2BR_1\sin(\theta-\alpha) = R_1^2 - 2R_1\Delta R + \Delta R^2 \end{cases} \tag{5.12}$$

可得

$$R_1 = \frac{B^2 - \Delta R^2}{2B\sin(\theta-\alpha) - 2\Delta R} \tag{5.13}$$

又因为

$$\Delta\varphi = -\frac{4\pi}{\lambda}(R_1-R_2) = -\frac{4\pi}{\lambda}\Delta R \tag{5.14}$$

$$\Delta R = -\frac{\lambda}{4\pi}\Delta\varphi$$

T 的高程 h 为

$$h = H - R_1\cos\theta = H - \frac{\left(\frac{\lambda}{4\pi}\Delta\varphi\right)^2 - B^2}{2B\sin(\theta-\alpha) - \frac{\lambda}{2\pi}\Delta\varphi}\cos\theta \tag{5.15}$$

$$\cos\left(\frac{\pi}{2}-\theta+\alpha\right) = \frac{B_{/\!/}}{B}$$

通常情况下将 $B_{/\!/}$ 近似等于 ΔR，则

$$\theta = \sin^{-1}\left(\frac{\Delta R}{B}\right) + \alpha = \sin^{-1}\left(\frac{\lambda\Delta\varphi}{4\pi B}\right) + \alpha \tag{5.16}$$

式（5.15）中的 H、B、α、λ、$\Delta\varphi$ 可以通过卫星轨道信息、系统参数和干涉图获得，θ 通过式（5.16）求得，这样就完成了干涉相位到高程值的转换。

2. 海岛礁地形信息获取

根据已有数据的分辨率情况，选择西亚的基什岛进行海岛礁地形信息获取。该岛位于霍尔木兹海峡，东西长约 15 km，南北宽约 7 km，呈椭圆形，面积约为 91.5 km²，平均海拔 32 m，最高海拔 45 m。

基什岛是波斯湾的一个度假胜地，有许多购物中心、旅游景点、酒店和度假胜地，岛上有 1 个机场，6 个大型码头（图 5.34）。

图 5.34　基什岛影像

1）数据源

由于岛上建筑密集，植被稀少，适合利用 C 波段或 X 波段的雷达数据进行地形获取，但是该地区气候多变，大气干扰严重，为减少大气效应，需要尽可能地缩短两景数据之间的时间间隔。为此，收集覆盖工作区的哨兵一号雷达数据，选择时间间隔为 12 天的 2019 年 12 月 23 日和 2020 年 1 月 4 日的数据组成干涉像对进行岛礁地形获取。

哨兵系列卫星是欧洲航天局主持的一个环境检测与安全监控计划项目，哨兵一号只

是其中的两颗携带雷达传感器的卫星。哨兵一号 A 星发射于 2014 年，B 星发射于 2016 年。该卫星工作于 C 波段，具有条带模式和干涉测绘模式等 4 种工作方式，具有优良的覆盖性能和重访性能，是当前主要的免费雷达卫星数据来源（龚燃，2014）。

2）数据处理

利用 InSAR 技术获取 DEM 技术流程如图 5.35 所示。利用免费软件 Snap Desktop 进行数据处理工作。哨兵一号的 TOPSAR 模式干涉测量处理在具体的细节上与传统 InSAR 处理有一些差异。

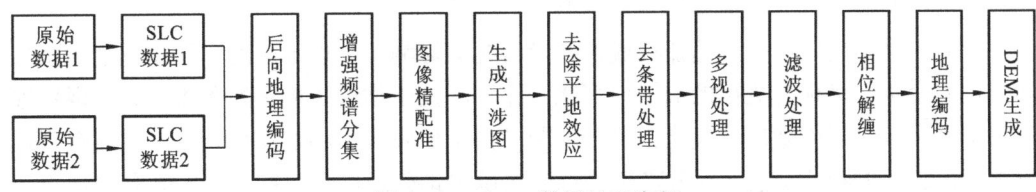

图 5.35　InSAR 数据处理流程

（1）数据成像处理：如果获取的合成孔径雷达数据为 0 级数据，则该数据只记录了传感器所接收的回波信息，是以时间序列排列的原始信号，并非图像数据。通过原始数据，可以进一步加工成为 1 级产品。这里用 ISCE2.0 所提供的成像/聚焦处理功能处理，最终得到两景单视复型图像。SLC 数据（图 5.36）包含了实部和虚部信息，可以转换为幅度和相位信息。一般情况下，从欧洲航天局所获得的数据多为 SLC 数据。因此本次工作不需要进行哨兵一号的成像处理。

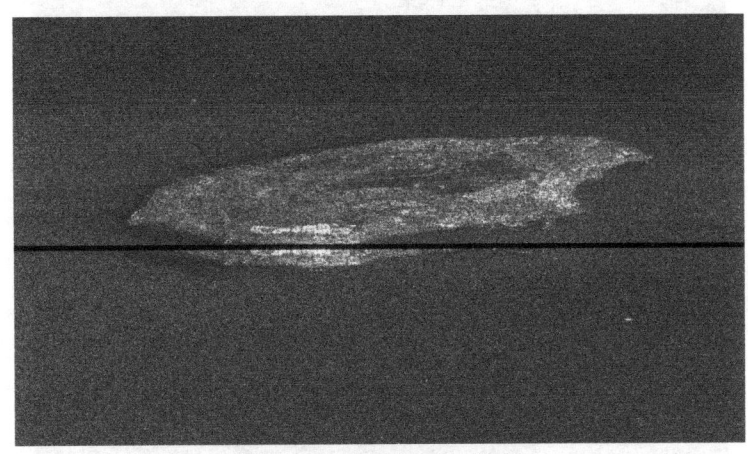

图 5.36　TOPSAR SLC 数据

（2）SLC 配准与重采样：对于重复轨道干涉测量，两次成像过程中合成孔径雷达传感器的飞行轨迹及雷达波束入射角会不可避免地存在偏差，从而会导致主、辅影像在距离向与方位向上存有偏移甚至扭曲。因此，实现对同一研究区域主、辅影像的精确配准是干涉测量的第一步；而逐级配准策略（即基于轨道信息的粗配准和基于相干系数的亚像元级配准）是提高配准质量行之有效的手段。由于亚像元级的配准精度，对于主、辅影像相同的像元位置，其行列号会存在不一致现象，精配准后需进行配准模型的计算，进而通过配准偏移多项式实现辅影像象元的重采样。由于 TOPSAR 模式成像的特殊性，其条带（burst）边缘的方位向多普勒质心快速变化，配准不准确将会导致方位向和距离向存在相位坡面。TOPSAR 数据要求非常严格（约为 1/1 000 像素）的方位向配准，否则条带之间将存在显著的相位跳变。在 TOPSAR 数据的配准中，利用外部 DEM 采用后向地理编码、增强频谱分集处理方法，实现主、辅数据的精确配准。

（3）干涉图生成：在进行精确配准获得配准参数模型后，对主、辅影像的复数值进行重采样，并将两者影像的复数值进行共轭相乘，即可形成干涉条纹；而所得干涉图中的相位值为两幅原合成孔径雷达复数影像的相位差。

（4）去平地效应：受雷达侧视成像及参考椭球影响，平坦地区的干涉相位会随距离和方位的变化而呈现有规律的周期性变化，在干涉图中体现为密集性条纹，这种现象称为平地效应。去平地效应就是指去除干涉图中由平地效应引起的相位变化，进而得到仅反映地形起伏的相位信息。图 5.37 就是尚未去除平地效应的干涉图，图 5.38 是去除平地效应后的干涉图，可将两图进行比较。

图 5.37　尚未去除平底效应的干涉图

图 5.38　经过去平地效应后的干涉图

（5）去除条带效应：由于 TOPSAR 的条带化特征，在进行下一步的处理前，需要去除条带效应，将多个条带进行拼接镶嵌。图 5.39 就是去除条带效应之后的干涉图。

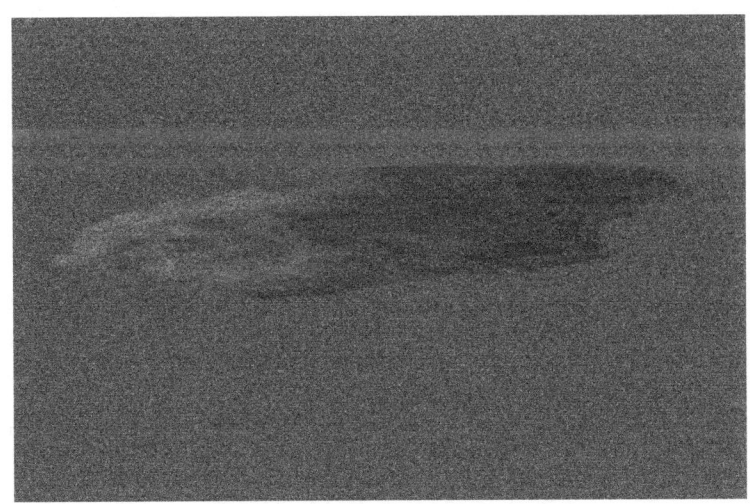

图 5.39　去除条带效应后的干涉图

（6）多视处理及干涉图滤波：大气是雷达波束传播的通道，其对电磁波的吸收与散射必不可免，因此由回波信号得到的干涉相位定会含有大气的特征信息；同时由于受各种噪声、去相干及配准误差的影响，干涉图质量与之后相位解缠的精度会进一步降低。为了提高干涉效果，一般需要进行多视处理和滤波处理。多视处理是对干涉数据方位向和/或距离向做平均，得到的结果数据噪声降低，干涉信息明显，但空间分辨率降低。滤波处理是为了提高信噪比，降低解缠难度。对本研究区而言，采用 Goldstein 滤波。图 5.40 是经多视、滤波及掩膜处理的干涉图。

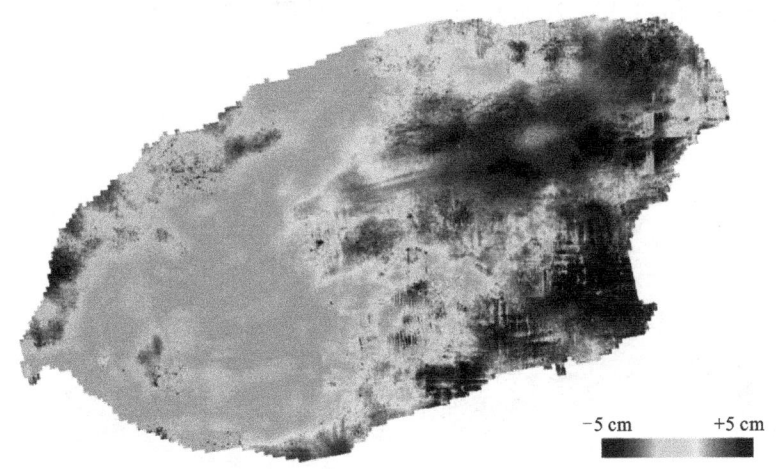

图 5.40　经多视、滤波及掩膜处理的干涉图

（7）相位解缠：干涉相位图中的相位主值处于 $(-\pi, \pi]$，要实现地面点高程值提取的目的，则需知其绝对相位。而由干涉相位恢复到真实相位（确定两者间相位整周数）的

过程称为相位解缠,它是干涉处理中的重要环节。采用 snaphu-v 1.4.2 进行相位解缠处理。图 5.41 就是相位解缠之后的干涉图。

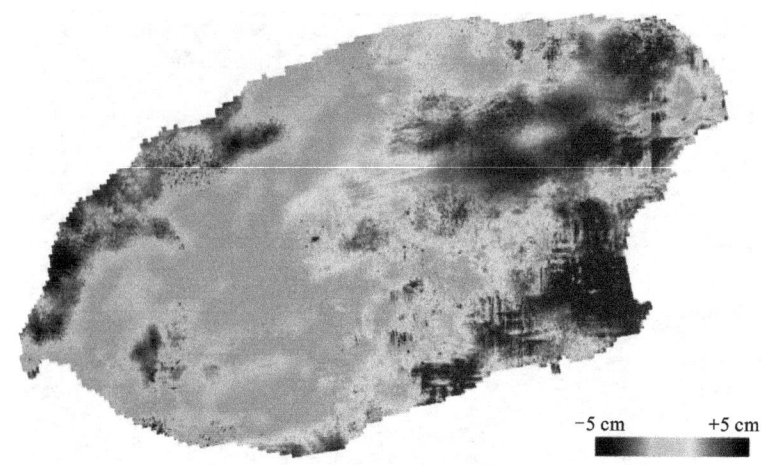

图 5.41　相位解缠后的干涉图

（8）地理编码及相位高程转换：经上述各步骤处理后得到的地形相位处于合成孔径雷达坐标系下,而为实现干涉相位所代表高程值与地面点位间的统一,需将其转换到地理坐标系中,该过程称为地理编码,其目的是实现斜距与地距、合成孔径雷达坐标系与地理坐标系之间的相互转换。

3. 误差来源

利用哨兵一号的 TOPSAR 数据,经过 InSAR 技术处理可以获得基什岛的高程信息,如图 5.42 所示。这一结果与已知的 DEM 较为接近,表明 InSAR 技术可以用来获取海岛礁的地形信息（游洪 等,2020）,但是在处理过程中必须注意误差问题（王超 等,2002）。

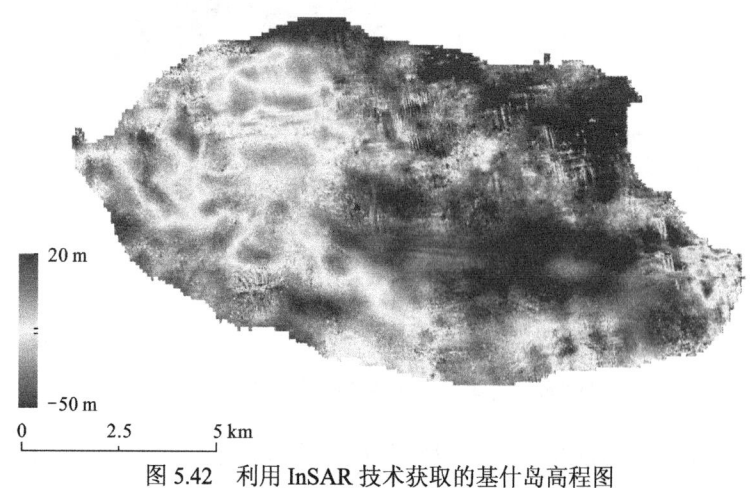

图 5.42　利用 InSAR 技术获取的基什岛高程图

1）InSAR 去相干源和相位噪声

对于重复轨道干涉测量而言，引起影像间去相干的因素主要有时间、空间（几何）、体散射、热噪声、多普勒质心与数据处理等。通常情况下，相干系数低于 0.3 时难以生成干涉条纹，所以在某些地区无法获取干涉信号，导致无法获取地形信息，最终的地形是通过差值获得的，造成了误差。

2）基线误差

准确确定主、辅影像成像时所处轨道的相对位置（空间基线）是干涉测量的基础，而基线计算的准确程度也会直接影响地面高程与形变监测的精度。对于 ALOS-PALSAR 来说，没有精确的轨道信息，所以基线误差一直存在，且误差会直接传递至最终的形变测量结果之中（Heresh and Falk，2014）。

3）大气效应

应用 InSAR 技术进行地面高程及地表变形提取时，大气影响主要表现在延迟雷达信号和信号传播路径弯曲两个方面。大气效应主要对重复轨道的干涉测量而言，大气延迟对每一次的成像都会不同；对流层是影响相位变化的主要因素。对于大气效应，一般情况下可以忽略，但是在天气因素干扰较为严重时，可以利用永久散射体技术、MODIS 或 MERIS 数据进行校正（Li et al.，2005）。

此外，数据处理过程中的复数影像配准误差、相位解缠误差及地理编码误差等均会被引入 InSAR 高程及形变信息提取中，影响最终成果的可靠性及精度。

从当前的结果来看，为了提高海岛礁的地形获取精度，尤其是小型海岛礁的地形精度，需要更高分辨率的雷达数据，如 TerraSAR-X 或 Cosmo。这些数据的分辨率可以达到 1 m，完全能够满足高精度 DEM 的获取需求。

第6章 海岛礁调查实例

6.1 实例一：多光谱遥感水深反演

6.1.1 研究区域

采用 WorldView-2 遥感数据的标准四波段影像，影像为 Ortho Ready Standard2A 等级的产品，此等级的影像经过了辐射定标、系统几何校正和基于影像覆盖范围内的正射校正等处理，可免去部分预处理工作，影像具体参数见表6.1。

表 6.1 WorldView-2 遥感数据信息

波段	波长/nm	分辨率/m	中心波长/nm
蓝	450～510	2	480
绿	510～580	2	545
红	630～690	2	660
近红外	770～895	2	835

蜈支洲岛实测数据是海鹰加科HY1600测深仪辅以广州南方灵锐S86型GPS接收机和中海达K3 GPS信标机测量所得，水深测量时间为2019年10月20日。

分别选择一定数量的实测水深数据进行建模和验证。甘泉岛研究区均匀选择460个样本点用于建模，228个样本点用于验证；蜈支洲岛研究区均匀选择533个样本点用于建模，267个样本点用于验证。

甘泉岛实测水深数据由加拿大Optech公司的SHOAL-3000机载激光雷达测深系统测量所得，数据采集时间为2013年1月9日，数据分布比较均匀。甘泉岛区域水深样本点分布情况如图6.1所示。

6.1.2 遥感影像和实测数据预处理

预处理主要包括辐射定标、大气校正、水陆分离和耀斑校正。实测水深数据需要进行潮汐校正和数据格式的转换等工作。

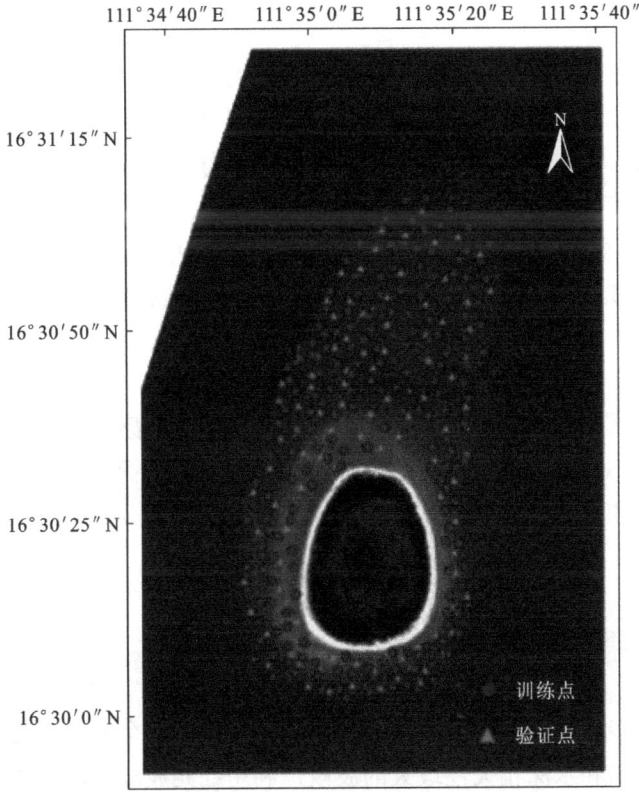

图 6.1 甘泉岛海域水深样本点分布

1. 辐射定标

实验使用绝对定标方法对影像进行辐射定标，得到大气层顶的辐射亮度值。传感器光电转换系统的灵敏特征通常较稳定，其校正一般通过定期地面测定，根据测量值进行校正。其中 WorldView-2 的辐射定标参数可以从其元数据头文件中获取。校正公式为

$$L_\lambda = \text{Gain} \cdot \text{DN} + \text{Offset} \quad (6.1)$$

式中：L_λ 为辐射亮度，$W/(m^2 \cdot \mu m \cdot sr)$；Gain 为各波段的增益；Offset 为各波段的偏置。

2. 大气校正

实验采用 ENVI 软件中的 FLAASH 功能模块实现 WorldView-2 影像高精度大气校正。FLAASH 大气校正方法具有多种优点，包括可以支持多种传感器、采用 MODTRAN5 辐射传输模型，可以直接使用于绝大多数光学遥感影像，并且该算法的精度较高。其中 FLAASH 方法中需要的成像时间、图像的中心经纬度、卫星传感器类、卫星高度、大气模型等可从影像头文件中获得。

3. 水陆分离

实验研究区的陆地边缘部分为白色沙滩，内陆为植被，二者在近红外波段反射率高于可见光波段，而水体在近红外波段反射率低于可见光波段，所以使用阈值法进行研究区的水陆分离是可行的。本节采用归一化水体指数进行水体的提取：

$$\text{NDWI} = (\rho_{\text{Green}} - \rho_{\text{NIR}}) / (\rho_{\text{Green}} + \rho_{\text{NIR}}) \tag{6.2}$$

式中：ρ_{Green} 为绿光波段反射率；ρ_{NIR} 为近红外波段反射率。水体的 NDWI 一般大于 0，其他地物一般小于 0。因此取 0 作为水体提取的阈值，可以提取出大致全部的水体。

4. 水深分区

浅水区和深水区使用不同的耀斑校正参数，故需要对遥感影像进行分区，从而针对分区后的影像使用不同的耀斑校正方法。从甘泉岛的遥感影像中可以直观地看到海底底质的不同，浅水区和深水区的底质差异很明显，故使用监督分类的方法将研究区分为深水区和浅水区。

6.1.3 实验结果与分析

根据以上实验步骤进行相应的耀斑校正实验，在得到各个波段耀斑之间的关系后，计算得到红光波段是和水深相关性最大的波段，利用红光波段求出的耀斑值进行其他三个波段的耀斑去除，耀斑校正前后的结果如图 6.2 所示。从耀斑校正前后的对比图中可以看出，耀斑校正后视觉上的效果很显著，影像上因波浪等引起的耀斑基本上被消除，水底的纹理也变得更加清晰，图像的对比度大大的提高。

 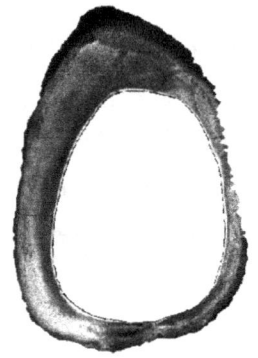 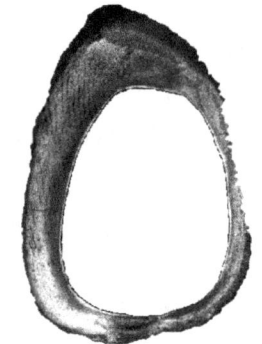

（a）耀斑校正前　　　　（b）近红外耀斑校正　　　　（c）顾及离水辐射的耀斑校正

图 6.2　耀斑校正结果图

如表 6.2 所示，在浅水区使用近红外波段的耀斑校正方法校正影像的水深反演效果并不明显，说明浅水区的耀斑校正问题影响了水深的反演效果；而从顾及离水辐射的耀斑校正影像的反演效果却可以看出很明显的改进。使用近红外波段的耀斑校正方法所得影像进行的水深反演结果与无耀斑校正影像的水深反演结果相比并没有很明显的提高，

其中 R^2 有些许提高，平均绝对误差（mean absolute error，MAE）降低了一点，但是均方根误差（root mean square error，RMSE）和平均相对误差（mean relative error，MRE）几乎没有什么改变。而顾及离水辐射的耀斑校正方法所得的耀斑校正影像的水深反演结果改善效果明显，与近红外波段的耀斑校正方法相比，R^2 提高了 7.928%，提高到 0.776；RMSE 降低了 11.529%，降低到 0.353 m；MAE 和 MRE 分别降低了 15.831% 和 23.891%，分别降低到 0.288 7 m 和 93.046%。总的来说，顾及离水辐射的浅水区耀斑校正方法改善了太阳耀斑对于水深反演结果的影响，提高了浅水区的水深反演精度。

表 6.2 浅水区耀斑校正结果

耀斑校正方法	R^2	RMSE/m	MAE/m	MRE/%
无耀斑校正结果	0.712	0.406	0.346	132.394
一般校正方法	0.719	0.399	0.343	122.254
顾及离水辐射法	0.776	0.353	0.288 7	93.046

表 6.3 为甘泉岛和蜈支洲岛的全局模型和底质分类模型的反演结果。底质分类模型的结果要好于全局模型的结果，尤其是浅水区的提高效果尤为显著，而深水区虽精度有所提高，但是效果甚微。

表 6.3 全局模型和底质分类模型水深反演结果对比

研究区	模型	底质类型	MAE/m	MRE/%
甘泉岛	底质分类模型	浅水区底质	0.289	93.046
		深水区底质	1.376	18.552
	全局模型	浅水区底质	0.697	434.604
		深水区底质	1.391	18.895
蜈支洲岛	底质分类模型	浅水区底质	1.242	12.327
		深水区底质	2.277	10.384
	全局模型	浅水区底质	2.808	27.126
		深水区底质	2.325	10.335

出现这种结果的原因可能是本实验划分底质类型的结果为两类，其中较浅的海域为一类，较深的海域为一类，而较深的海域面积较大，底质划分得不细致，导致空间异质性影响仍然较明显。而较浅的海域结果较好，可能是因为底质划分结果较好，划分的海域底质类型较均一，很好地削弱了空间异质性的影响。总的来说底质分类的结果还是有待提高的。

表 6.4 和表 6.5 统计了甘泉岛和蜈支洲岛分别使用底质分类、地理加权回归（geographically weighted regression，GWR）模型和改进的三维地理加权回归（three-dimentional geographically weighted regression,3GWR)模型的水深反演误差对比情况。如表 6.4 所示,针对甘泉岛浅水区,从整体建模情况看,各模型的决定系数均在 0.80 以上,3GWR 模型的 R^2 最高,达到了 0.956,分别比 OLS 和 GWR 模型提高了 23.196%和 8.390%,说明 3GWR 水深反演算法建立的模型最优。从估计偏差情况看,三个模型的 RMSE 均在 0.4 m 以下,3GWR 模型的 RMSE 为 0.207 m,与 OLS 模型和 GWR 模型相比分别降低了 41.360% 和 33.010%;MAE 为 0.184 m,与 OLS 模型和 GWR 模型相比分别降低了 36.332%和 18.584%;MRE 为 56.406%,与 OLS 模型和 GWR 模型相比分别降低了 39.378%和 23.366%。三种方法在浅水域的反演结果都是平均绝对误差小,而平均相对误差大,其中深水区反演结果显示的情况与浅水区类似,三种方法的对比结果显示,不管从模型建立情况还是估计偏差情况,3GWR 模型的表现都是最好的。模型的 RMSE、MAE、MRE 分别为 0.413 m、0.341 m、1.623%,均小于其他两个模型。

表 6.4 甘泉岛反演结果

研究区域	方法	R^2	RMSE/m	MAE/m	MRE/%
甘泉岛浅水区	OLS	0.776	0.353	0.289	93.046
	GWR	0.882	0.309	0.226 2	73.604
	3GWR	0.956	0.207	0.184	56.406
甘泉岛深水区	OLS	0.601	1.931	1.376	18.552
	GWR	0.833	1.524	1.194	16.294
	3GWR	0.987	0.540	0.596	8.310

表 6.5 蜈支洲岛反演结果

研究区域	方法	R^2	RMSE/m	MAE/m	MRE/%
蜈支洲岛浅水区	OLS	0.268	1.645	1.242	12.327
	GWR	0.564	1.311	0.859	8.800
	3GWR	0.977	0.412	0.353	4.027
蜈支洲岛深水区	OLS	0.407	2.775	2.277	10.384
	GWR	0.993	0.487	0.466	2.185
	3GWR	0.992	0.413	0.341	1.623

同时,为了直观反映三种方法的反演值和水深实测值的偏离情况,以实测值为横轴,反演值为纵轴,将验证点绘制在此坐标系中进行偏离情况的表示,如图 6.3~图 6.8 所示。图 6.3~图 6.8 的散点图分别绘制出了甘泉岛和蜈支洲岛的深水区和浅水区使用底质分类 OLS 模型、GWR 模型和 3GWR 模型的反演值和实测值之间的相关性。

第 6 章 海岛礁调查实例

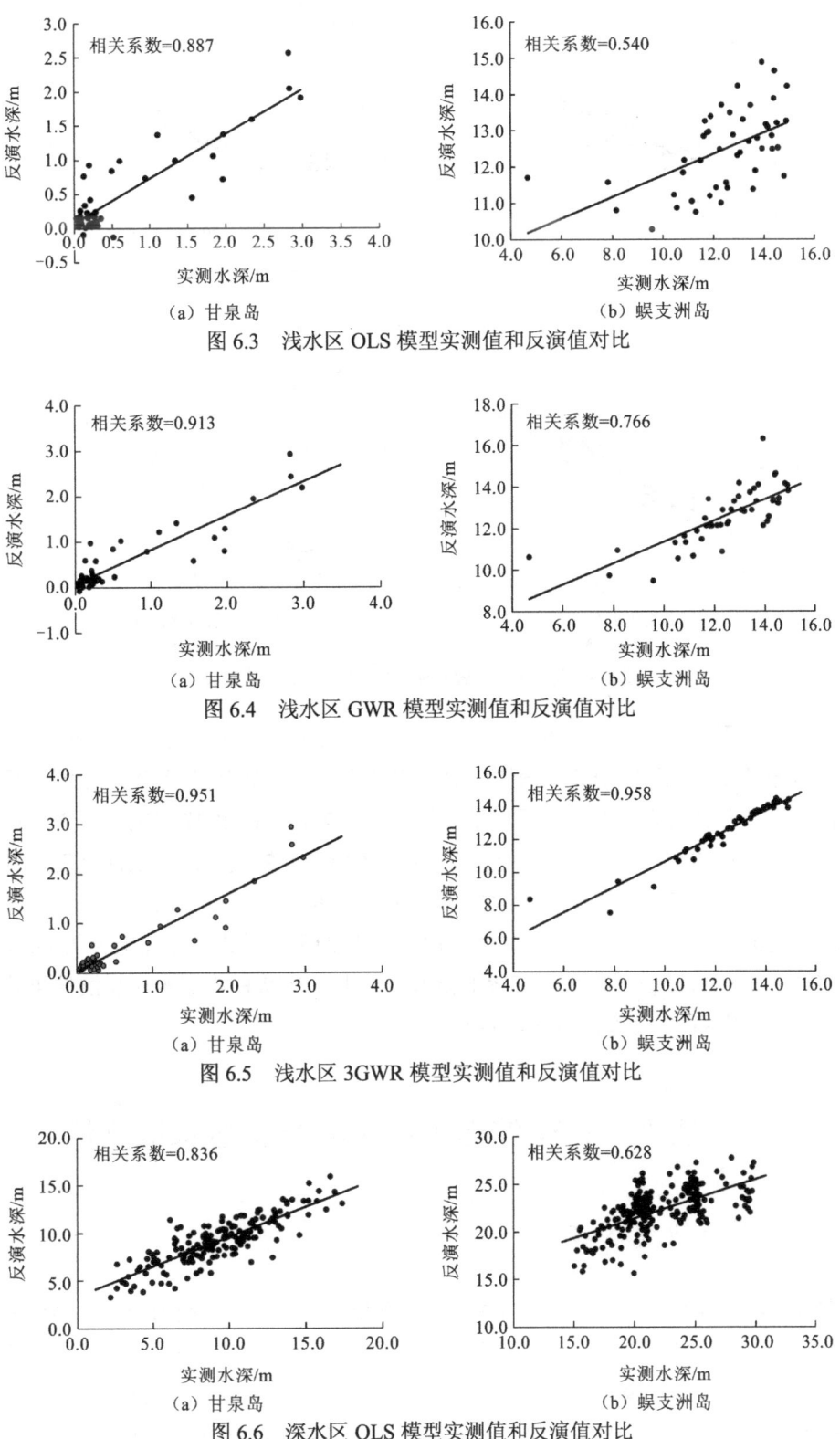

图 6.3 浅水区 OLS 模型实测值和反演值对比

图 6.4 浅水区 GWR 模型实测值和反演值对比

图 6.5 浅水区 3GWR 模型实测值和反演值对比

图 6.6 深水区 OLS 模型实测值和反演值对比

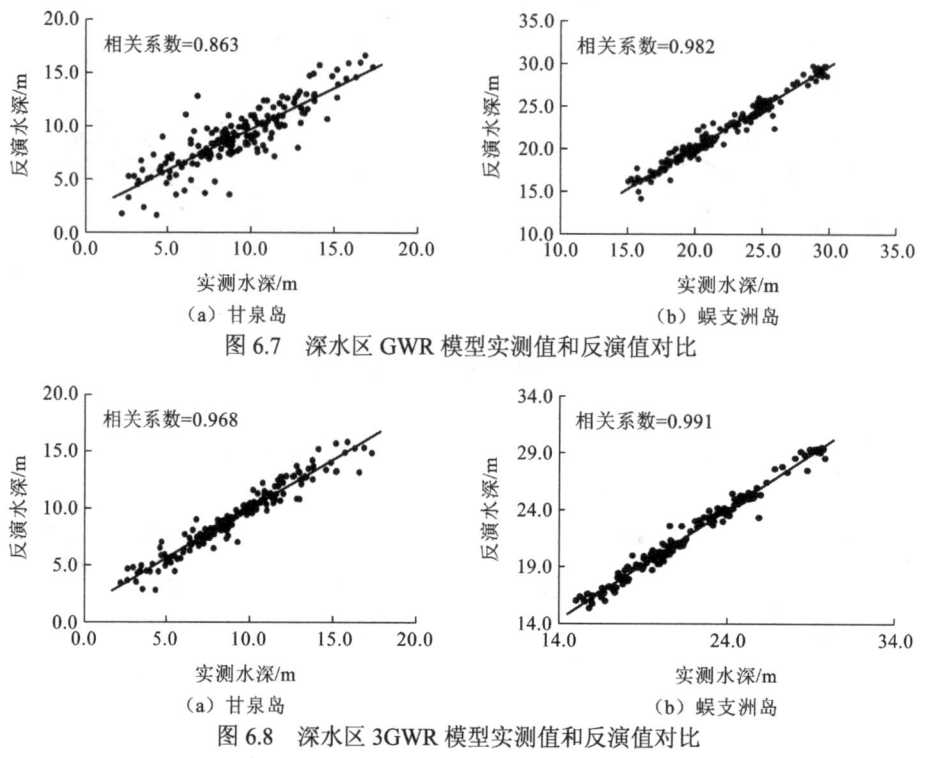

图 6.7 深水区 GWR 模型实测值和反演值对比

图 6.8 深水区 3GWR 模型实测值和反演值对比

在两个不同的研究区，不论从模型拟合情况还是估计误差上分析，3GWR 模型都优于底质分类 OLS 模型和 GWR 模型。在甘泉岛研究区，底质分类 OLS 模型的反演结果相比于另外两种考虑了空间异质性的方法精度稍差，3GWR 模型优于 GWR 模型，说明考虑了变量的空间垂向异质性之后的 3GWR 模型能够提高水深反演精度，甘泉岛研究区的水下地形变化对于模型系数的影响在 3GWR 模型中被有效解释。在整体水深较深的蜈支洲岛研究区，GWR 模型和 3GWR 模型的反演结果优于底质分类 OLS 模型的反演结果，3GWR 模型也优于 GWR 模型。综上，3GWR 模型水深反演结果总体上要优于底质分类 OLS 模型和 GWR 模型。

6.2 实例二：全波形单波束激光雷达水深测量

6.2.1 数据与研究区域

在激光传输过程中，能量和方向通常受到介质条件的影响，因为激光传输通常伴随着反射、折射、散射。回波信号是不同信号、系统噪声和环境噪声的复合波形的叠加。这是全波状激光雷达测深面临的巨大挑战。在基于高斯分解的全波形激光雷达水深测量中，一个困难而关键的问题是如何通过低频滤波器消除来自不同大气和水环境的系统噪声和环境噪声,并从原始波形数据中去除有效部分,以确保和提高处理精度和效率。有必要提高各高斯分量初始参数的精度,对分解后的分量进行验证和优化,提取出水面和海底波形的精确时间位置,以保证测深激光雷达系统的精度和稳定性。

SBLS-1 是一种高分辨率的单波束测深激光雷达扫描仪,配备了 532 nm 波段的激光投影仪。在清澈的水中具有 0.2~30 m 的测深设计能力,任务重复频率为 30 Hz,脉冲宽度为 10 ns。SBLS-1 的有效载荷参数见表 6.6。

表 6.6 SBLS-1 的主要参数

参数	指标
波长/nm	532
任务/重复频率/Hz	30
脉冲宽度/ns	10
激光能量/μJ	5~20

本实例基于 2018 年山东潍坊和日照地区单波束激光雷达测深数据(图 6.9),获取单波束全波形雷达测深结果。为了进行动态水深测试,SBLS-1 设备安装在水陆两用车上,以获得用于测试和验证浅水至深水水深测量能力的线性轨迹数据。最后,利用水深的真实测量数据,验证和评价 SBLS-1 的测深能力,以及所提出的单波束激光雷达测深方法的计算正确性和准确性。在 SBLS-1 中,通过单束 532 nm 激光获得全波形数据。在每个回波波形中,离散采样点数为 320 个。

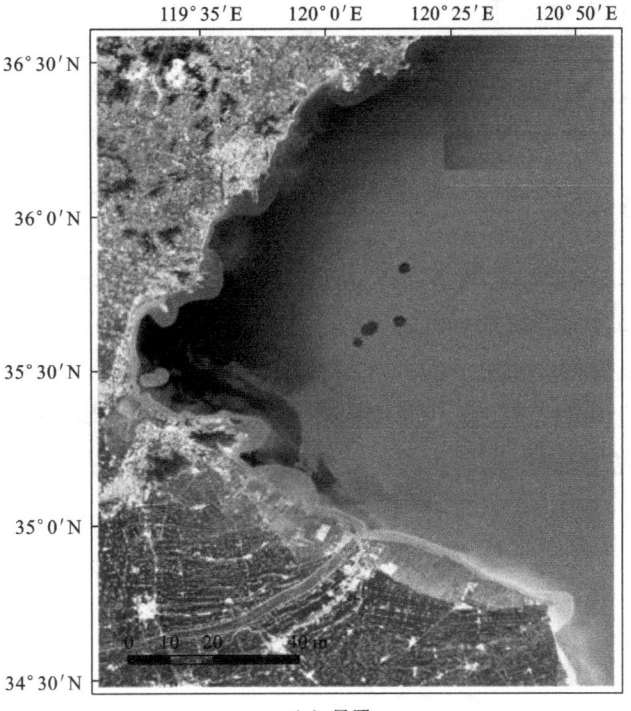

(a) 日照

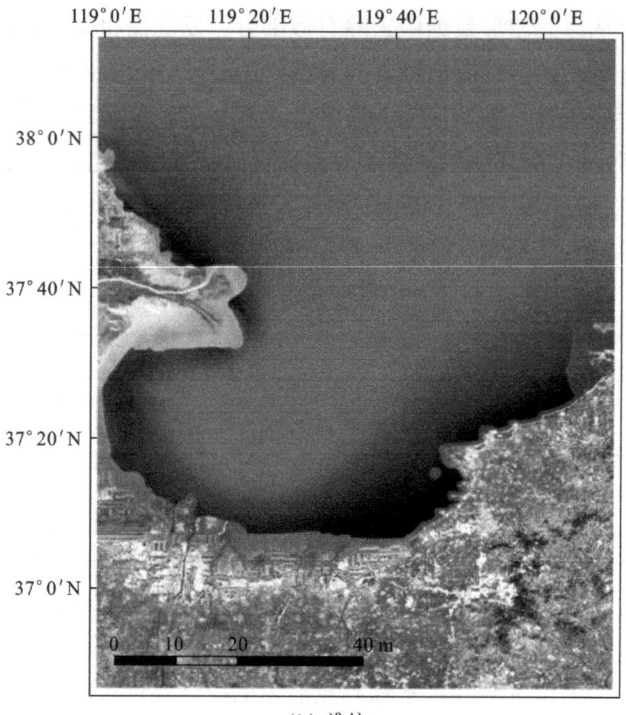

(b)潍坊

图 6.9 日照和潍坊的试验场

6.2.2 实验结果与分析

基于最小半波长高斯迭代算法是一种新型单波束激光雷达测深法,用于 SBLS-1 测深系统,以提高测深精度,获得高精度的水下地形图。其工作流程如图 6.10 所示。

1. 有效波形截取

基于最小半波长高斯迭代算法,对研究区的水深特征进行提取。为了提升波形拟合的效果,采用 3.2.3 小节提出的有效波形截取算法对有效波形进行提取和滤波。有效波形提取和滤波的结果如图 6.11 所示。

此外,对潍坊和日照试验场不同水深的有效波形采样点平均值进行了统计计算,见表 6.7。数据分析结果表明,随着水深和激光脉冲路径的增加,有效波形中平均采样点数有所改善。

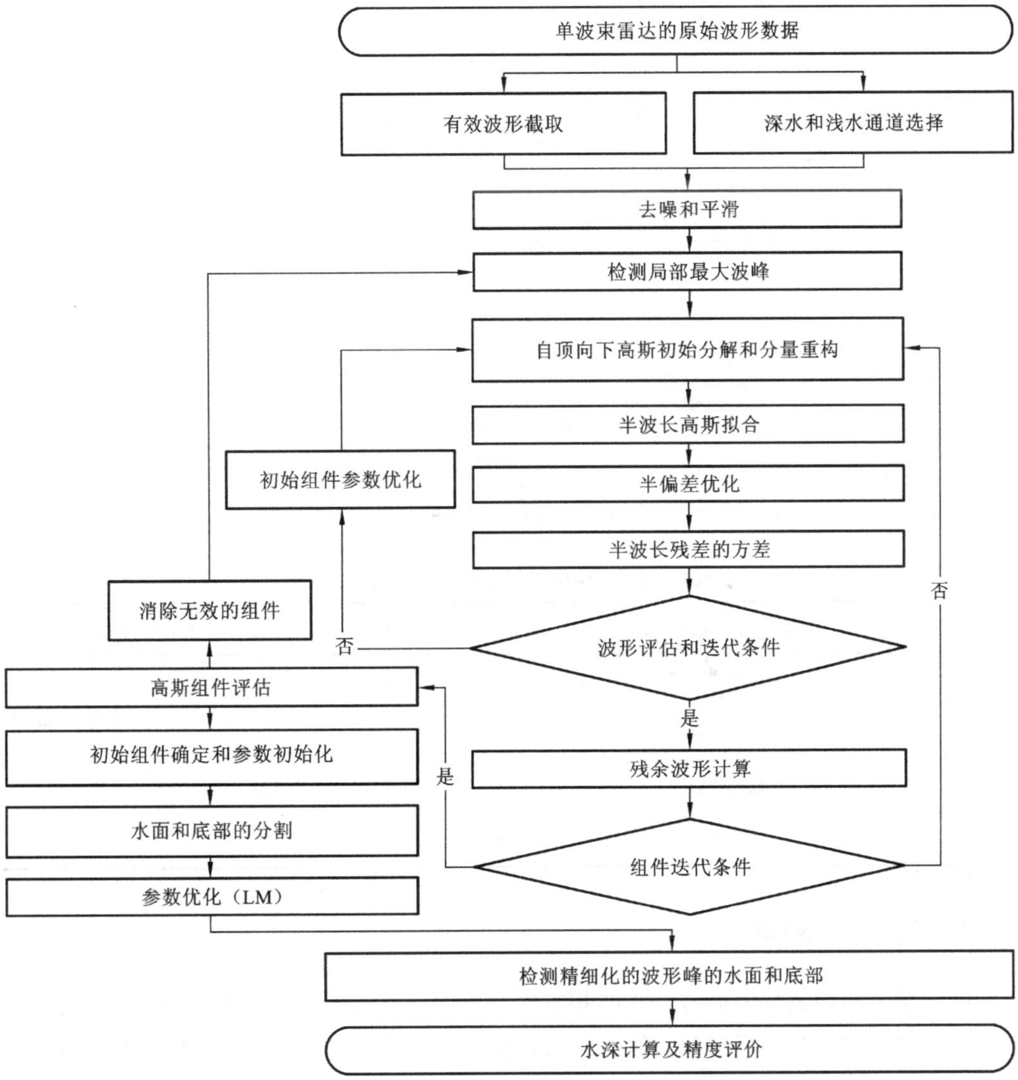

单波束雷达的原始波形数据
有效波形截取
深水和浅水通道选择
去噪和平滑
检测局部最大波峰
自顶向下高斯初始分解和分量重构
半波长高斯拟合
半偏差优化
半波长残差的方差
初始组件参数优化
消除无效的组件
否
波形评估和迭代条件
否
是
高斯组件评估
初始组件确定和参数初始化
水面和底部的分割
参数优化（LM）
残余波形计算
是
组件迭代条件
检测精细化的波形峰的水面和底部
水深计算及精度评价

图 6.10　工作流程

1 000
800
600
400
200
振幅
0
40
80
120
160
200
240
280
320
时间区位/ns

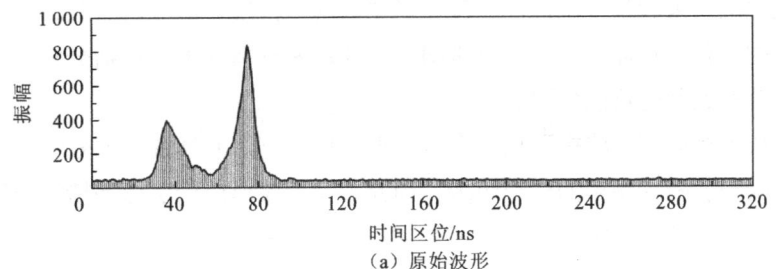

（a）原始波形

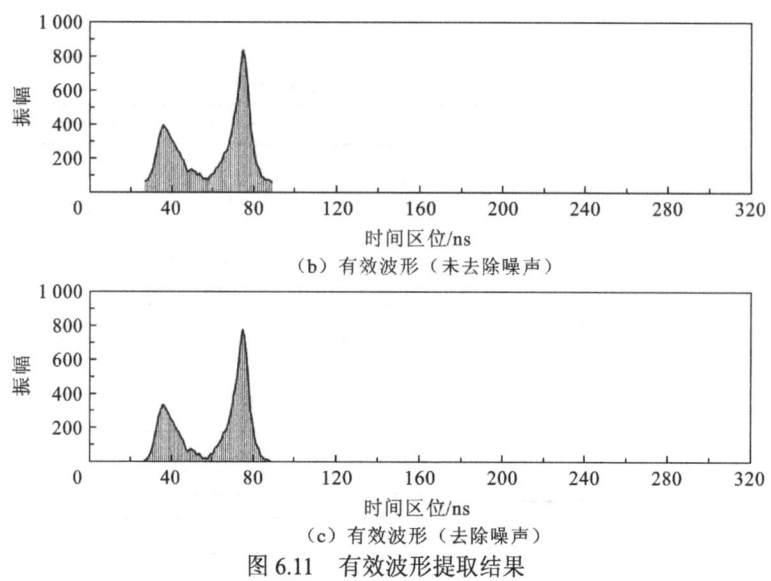

图 6.11 有效波形提取结果

表 6.7 试验场中不同水深下的有效波形点数

试验场	不同水深的平均采样点数	2 m	4 m	6 m	整体平均采样点数
潍坊	原始波形	320	320	320	320
	有效部分	145	181	183	170
日照	原始波形	320	320	320	320
	有效部分	96	142	167	135

2. 波形去噪和平滑

回波信号由镜头反射信号、水面和水底反射信号及水体后向散射组成，系统噪声和环境噪声混合在一起。目前，为了减少噪声的影响，提高测深精度，通常采用高斯滤波器，因为激光脉冲近似服从高斯分布。但是在滤波过程中，需要确定滤波的平滑程度，其很难确定，这就要求选择合适的高斯函数的 sigma 值。滤波结果影响了高斯分解的精度、参数优化的结果和最终测深的精度。当滤波的平滑度较高时，有效信号信息减少，波形形状发生变化。然而，噪声没有被消除。在这两种情况下，高斯分解初始参数的精度会降低，分解过程也可能失败。

为了解决这个问题，将提取出的有效波形之后的剩余波形视为无效波形，该无效波形由系统性噪声和随机噪声的波形组成。因此，无效波形用于引导高斯滤波器对有效波形进行降噪和平滑处理（图 6.12）。在滤波过程中，将使用不同的 sigma 值（范围为 0.1～1.5，间隔为 0.1）执行无效波形的高斯滤波。当无效波形被平滑到水平状态时，可以确定 sigma 值并用于对有效波形进行高斯滤波。

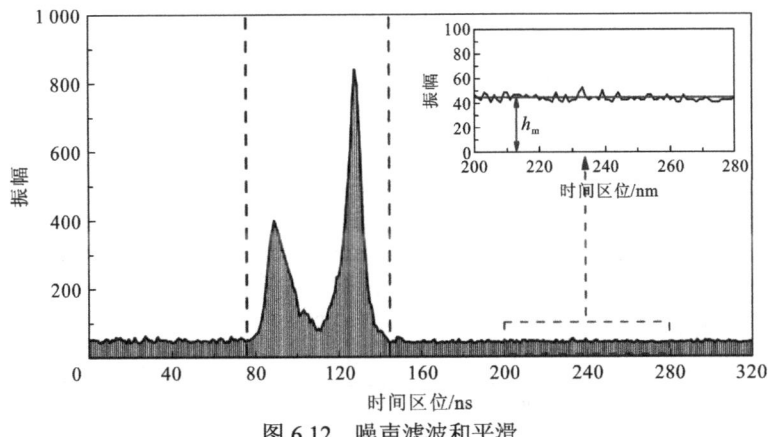

图 6.12 噪声滤波和平滑

在消除环境噪声后,波形仍然包括镜头反射和系统噪声,必须进一步降低。为了达到这个目的,对透镜反射和系统噪声中的波形进行统计分析,计算振幅的平均值。然后从有效波形振幅中减去平均值,以消除镜头反射和系统噪声的影响。另外,原始数据和滤波后的波形数据的标准偏差被计算并由 σ_ε 表示,这被认为是下一节中描述的高斯分解过程中使用的一种判断条件。

3. 半波长高斯迭代波形分解

在高斯分解过程中,很明显每个高斯波形成分有三个未知的参数:振幅、波形峰值的时间位置和波形宽度。关键问题是如何进行高斯迭代分解并获得高精度的高斯波形分量初始参数,以期改善并确保参数优化和测深精度的效果。为了解决这一问题,可以采用半波长高斯迭代分解方法对 SBLS-1 的测深激光雷达系统进行研究。首先,根据上述滤波后的波形数据,利用一阶微分法[式(6.3)]获取波形峰值的局部极大值点。

$$\mu_j^{\max} = t_i [f'(t_i) = 0, f(t_i) = \text{maximum}, f'(t_i) > f'(t_{i+1})] \quad (6.3)$$

式中:$u_j^{\max}$ 为检测到的峰值拐点的时间位置,并描述峰值的局部极值;t_i 为采样点在有效波形数据中的时间位置。

为提高和保证高斯分解的准确性和可靠性,当检测到的波形峰值振幅小于原始数据和滤波波形数据标准差的 3 倍时,σ_ε 和位于最大振幅的波形峰的时间位置之前的波形峰应消除。剩余的波形峰用半波长高斯迭代分解方法进行波形分解。分别用振幅 a_i、时间位置 μ_i 和拐点的波形宽度 σ_i 描述这些点对应的高斯波形参数。波形宽度 σ_i 的确定是必要的,但很困难;因此,最小半波长高斯函数需要确定。对于每个拐点,峰值振幅的一半与峰值波形相交,产生两个交叉点。两个交叉点的时间位置分别位于时间位置 μ_i 的两侧,分别用 t_i^l 和 t_i^r 表示,如图 6.13 所示。曲线表示回波信号的波形,长虚线和短虚线分别表示峰值的时间位置和峰值振幅的一半。

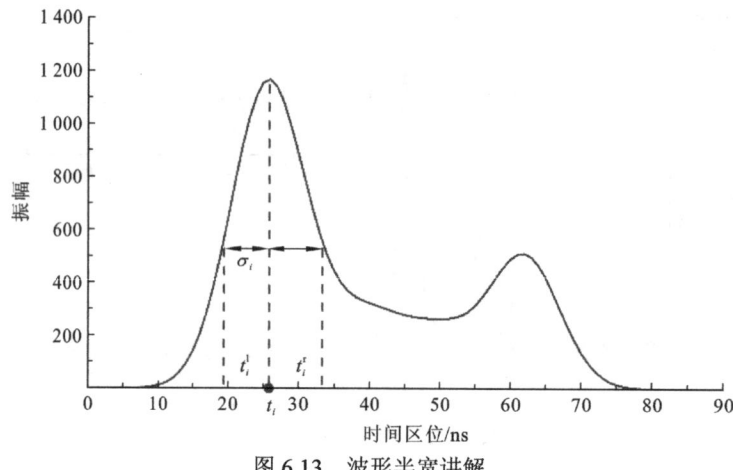

图 6.13 波形半宽讲解

在半波长高斯迭代分解方法中,最小半波长用 $\Delta t_{\min}$ 表示,用 u_i 与 t_i^l、t_i^r 差值之间的绝对最小值表示。随后,用式(6.4)计算波形宽度 σ_i:

$$\begin{cases} \sigma_i(\Delta t) = \dfrac{\Delta t_{\min}}{\sqrt{2\ln 2}} \\ \Delta t_{\min} = \min(|u_i - t_i^l|, |u_i - t_i^r|), \quad i=1,2,\cdots,n \end{cases} \quad (6.4)$$

为了提高 σ_i 的准确性,该值应通过左半波形的标准差(the standard deviation of the left half waveform,SDLHW)σ_{half} 进一步细化,由图 6.14 中的黑色虚线区域显示。回波信号的波形和拟合的高斯曲线分别表示在曲线和虚线曲线中。$\Delta\sigma$ 表示波形宽度 $\sigma_i(\Delta t)$ 的变化范围为 0~0.5,间隔为 0.05。间隔越小,波形宽度的精度越高,计算量越大。当 σ_{half} 最小化时,通过式(6.5)计算并得到相应的细化波形宽度 σ_{r_i}。

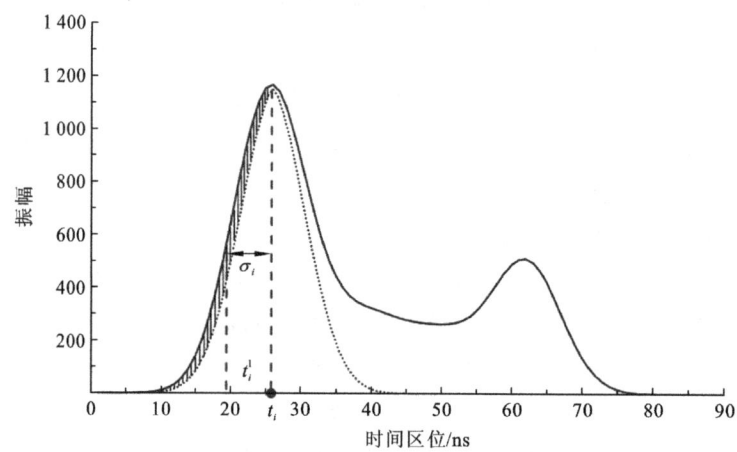

图 6.14 基于左半边波形标准差的参数优化

$$\begin{cases} \sigma_{r\_i} = \min(\sigma_{\text{half}}) \\ \sigma_{\text{half}}(\sigma_i \pm \Delta\sigma), \quad -0.5 \leqslant \Delta\sigma \leqslant 0.5 \end{cases} \quad (6.5)$$

在第一高斯波形分量中,a_1 和 μ_1 分别等于最大振幅峰值的振幅和时间位置。波形宽

度 σ_1 由与峰值振幅 μ_1 的一半对应的两个时间位置 t_1^l、t_{li}^r 决定，第一个高斯分量的高斯曲线由其三个参数构成，并利用其三个参数构造了第一高斯分量的高斯曲线。在此基础上，利用有效滤波后的波形减去第一个高斯分量的高斯曲线，得到残余和新的波形数据，再次检测峰值拐点，计算和构造第二个高斯分量。基于此方法，根据回波信号的序列，将全波形分解为几个高斯分量，如式（6.6）所示。在该方法中，提高了高斯分解与有效滤波波形的拟合精度，克服了峰值左移的影响。

$$G(t) = a_1 \exp\left[\frac{-(t-\mu_1)^2}{2\sigma_{r\_1}^2}\right] + \cdots + a_i \exp\left[\frac{-(t-\mu_i)^2}{2\sigma_{r\_i}^2}\right] + \cdots + a_n \exp\left[\frac{-(t-\mu_n)^2}{2\sigma_{r\_n}^2}\right] \quad (6.6)$$
$$(i = 1, 2, \cdots, n)$$

1）水面和底部区域的分离

在全波形测深激光雷达系统中，激光回波信号经过有效的波形提取和滤波平滑后由水面反射组成，根据半波长高斯迭代分解方法，将水体反散射、水底反射和残余随机噪声分解为一系列高斯波形分量。为了获得高精度的水深测量，一个关键的问题是识别水面和海底的波形分量，减少水体后向散射波形分量的影响，因此需要从一系列的高斯波形分量中检测和分离出水面和水底的分量，特别是识别和提取水底的分量。一般情况下，由于反射在水面上的激光能量较强，相应的波形分量具有最大的振幅。而反射到水底的激光能量较弱，其波形分量容易与水体后向散射分量、残余噪声分量等其他分量混合。根据 SBLS-1 的特点，提出一种分离水面和水底波形的方法，该方法通过一阶微分检测拐点，并在水面波形的两侧提取拐点，并提取水面波形两侧的有效滤波后的波形数据。检测到的拐点用图 6.15 中间两点表示。然后计算两个拐点的导数，确定对应的拐点，用两边两点表示。同一侧点的导数之差的绝对值小于五分之一，表示为

$$\begin{cases} \Delta v_l = \left|d_g^l - d_o^l\right| \leqslant 1/5 \\ \Delta v_r = \left|d_g^r - d_o^r\right| \leqslant 1/5 \\ \Delta t = \left|t_o^r - t_o^l\right| = \left|t_o^r - t_o^l\right| \end{cases} \quad (6.7)$$

式中：d_g^l 和 d_g^r 分别是中间左右两点的导数；d_o^l 和 d_o^r 分别为两边左右两点的导数；Δt 为两个两边两点之间的时间位置的差异。在 Δt 间隔中，相应的波形分量包括水面分量和水体反散射分量的反射。确定了水面波形分量的时间位置，从而识别和分离了水体后向散射波形的时间位置。此外，通过围绕在水底波形周围的残余波形分量来检测和区分水底波形的时间位置，这些残余波形分量在某些情况下具有近似的波形大小。

2）高斯参数验证与评价

由于其传输过程中信号衰减，系统接收的反射回波信号波形变宽，强度减小。减弱程度一般由介质类型、传播距离等环境因素决定。因此，接收波形的宽度应大于发送波形的宽度，分解后的高斯波形应满足以下条件。

$$\sigma_{r\_i} \geqslant \sigma_{sys} \quad (6.8)$$

式中：σ_{sys} 表示 SBLS-1 中透射激光脉冲的半宽度。

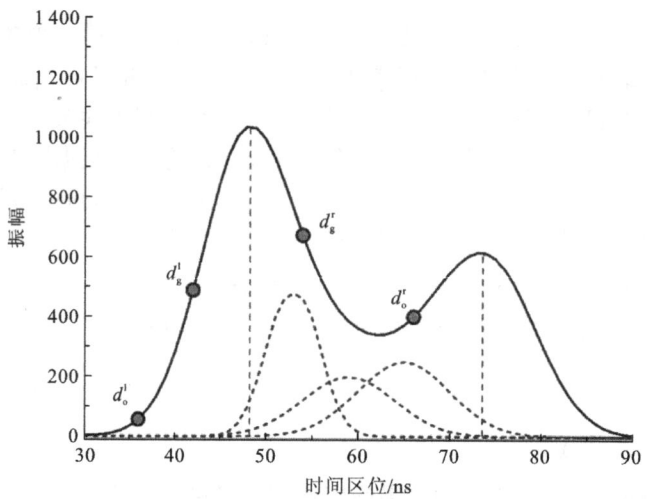

图 6.15 用于分离水面和水底回波的拐点选择

由于各种信号的相互作用，回波信号是反射、后向散射和传输过程中噪声的复杂叠加。分解后的回波信号分量应遵循波形的物理规律和原理。根据实验研究，相邻波形之间的间隔应小于一个激光脉冲的长度，且应有一个明显的波形峰。当相邻波形间隔小于脉冲长度的一半时，很难区分不同波形的时间位置。波形叠加原理及相邻波形分量的评定见表 6.8。

表 6.8 相邻高斯分量的计算

相邻波形关系	相邻波形评价
$(\mu_{i+1} - \mu_i) < \sigma_{sys}$	只检测到一个明显的高斯分量
$\sigma_{sys} < (\mu_{i+1} - \mu_i) < 2\sigma_{sys}$	由于两个波形的重叠，可能会导致波峰检测的失败
$(\mu_{i+1} - \mu_i) > 2\sigma_{sys}$	可以检测出拨通的回波峰值点，不存在明显的重叠现象

在表 6.8 中，高斯波形分量用 μ_i 表示，下一个波形用 μ_{i+1} 表示。根据相邻高斯波形分量的评价，相邻高斯分量中的区间约束条件应满足

$$(\mu_{i+1} - \mu_i) > \sigma_{sys} \tag{6.9}$$

考虑表 6.8 所示的评价条件和区间约束条件，对不满足要求的波形分量进行调整，并与相邻分量相结合，得到新的波形分量。根据约束条件和融合原理，对每个高斯波形分量进行多次迭代调整，直到满足上述条件和原理。

3）高斯参数与波形拟合优化及水深计算

在完成波形分解及验证之后，即可对高斯参数进行优化，可以根据 5.2.3 小节给出的 LM 优化方法对参数进行优化，以提高高斯波形分量和全波形数据的拟合精度，确保并提高水面和水底波形时间位置的提取精度。在完成参数优化并确定从水面反射到水底的回波信号的时间间隔之后，即可通过以下公式对水深 D 进行计算：

$$D = \frac{\Delta t c_0 \cos\left[\arcsin\left(\frac{\sin\theta}{n_w}\right)\right]}{2n_w} \quad (6.10)$$

式中：c_0 为光速；Δt 为水面反射到水底的回波信号的时间间隔；$n_w=1.34$ 为水的折射率；θ 为激光的入射角。

图 6.16 给出了利用半波长高斯迭代分解方法获取的高斯波形分量，并用其重构拟合曲线。对于一个回波信号的有效波形，不同颜色的虚线描述了分解的高斯波形分量。它们的拟合曲线用黑色虚线表示，原始有效波形用黑色实线表示。图 6.16 给出了分解过程和分解后的高斯波形。

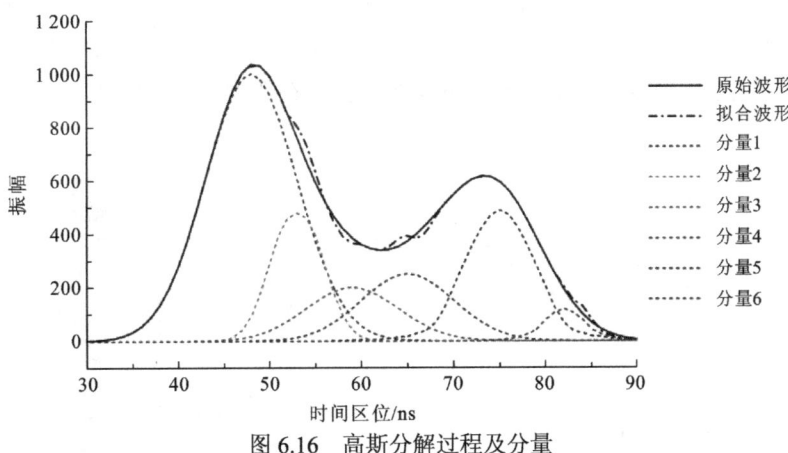

图 6.16　高斯分解过程及分量

使用半波长高斯迭代分解方法对所有波形进行处理，并对接收的波形分解后的分量变化进行统计。表 6.9 列出了不同水深的平均值。水深从 0 m 增加到 10 m，这是试验场中的最大测量深度，波形分量的数量也增加了。潍坊水深范围的平均总数和每个水深区间的平均值均大于日照的相应值，表明潍坊试验场水体的后向散射较大，且浑浊程度较大。

表 6.9　两个试验场中不同水深下的高斯分量数量

试验场	不同水深下的高斯分量数量/m					
	0～2	2～4	4～6	6～8	8～10	平均数量
日照试验场	3.81	5.41	5.87	6.39	7.01	5.70
潍坊试验场	4.47	6.54	6.99	7.55	8.10	6.72

为了验证半波长高斯迭代分解方法的正确性和准确性，计算了整个水深范围和每个水深间隔振幅的平均值和标准差。结果见表 6.10，整个水深范围的平均振幅分别为 9.65 和 9.57，相应的标准差分别为 15.56 和 15.28。这两个试验场中，在整个水深范围和每个水深间隔中都发现了类似的结果。振幅较小，随着水深的增加而减小，验证了半波长高斯迭代分解方法的正确性和准确性。

表 6.10　试验场中不同水深下的平均振幅

试验场	参数	水深/m					
		0~2	2~4	4~6	6~8	8~10	均值
日照试验场	平均振幅	9.98	9.93	9.61	9.37	8.94	9.57
	标准差	17.35	14.98	15.21	14.55	14.31	15.28
潍坊试验场	平均振幅	10.06	10.01	9.85	9.35	9.06	9.65
	标准差	17.54	15.16	15.73	14.79	14.58	15.56

根据波形测算出水深之后，即可获取试验场的水深数据。图 6.17 显示了日照试验场和潍坊试验场的水深轨迹结果。水深分布与实际轨迹情况相对应，从海滩逐渐移至深水区，然后又回到海滩。在非常浅的区域，有效水深始于约 0.25 m，该深度范围达到了 SBLS-1 的识别极限。0.25 m 以下水深的数据未包括在数据统计分析中。

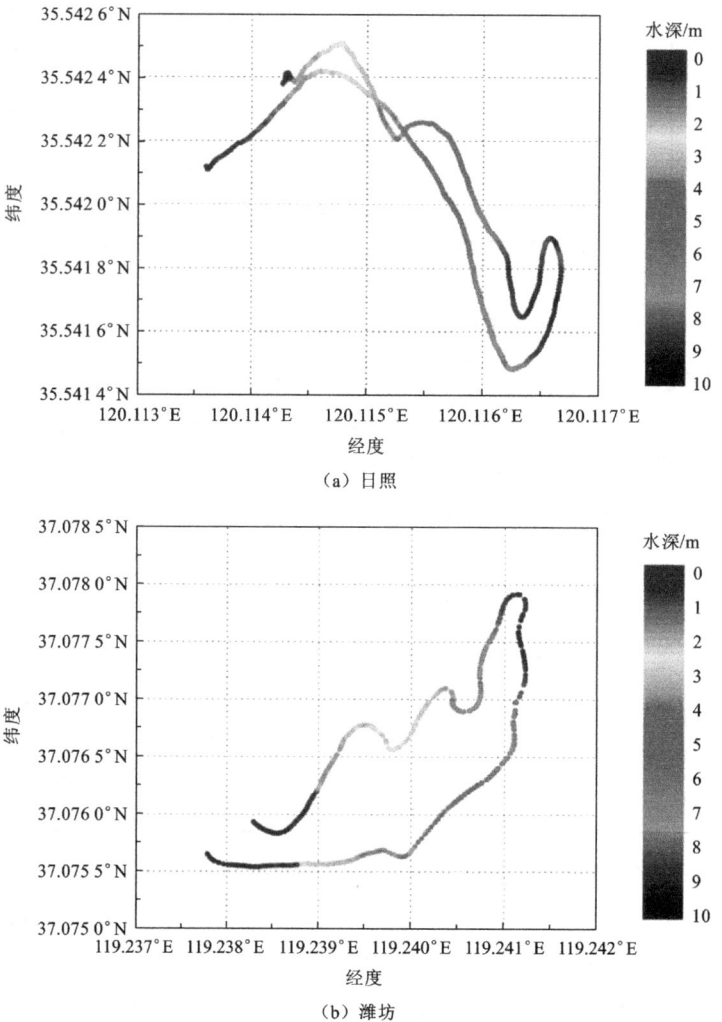

（a）日照

（b）潍坊

图 6.17　日照、潍坊试验场的水深轨迹结果

6.3 实例三：基于自适应可变椭圆滤波的光子计数激光雷达测深

6.3.1 数据与研究区域

南海是中国三大边缘海域之一，位于中国南部，包括东沙群岛、西沙群岛、中沙群岛和南沙群岛，它由各种沙洲、海、浅滩、岛屿等组成。研究区域包括永乐群岛和七连屿群岛两个区域。图 6.18 显示了永乐群岛和七连屿群岛的图像，以及分别用白色和灰色星星标记的位置。在研究区域中选择了 4 个地面轨迹，如图 6.18 所示，20190222GT3L、20190421GT1L 和 20190524GT2L 位于永乐群岛的珊瑚岛，20190819GT1L 位于七连屿群岛的南岛。

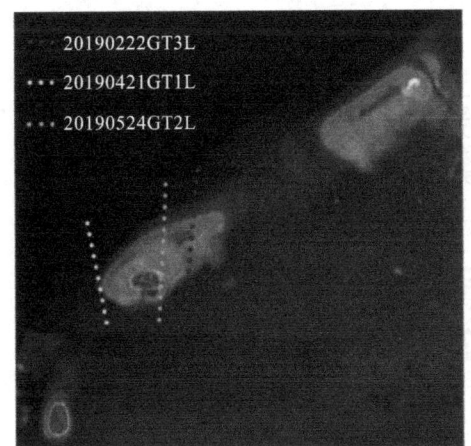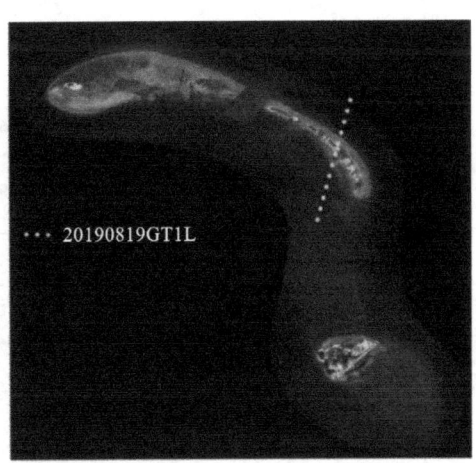

图 6.18 研究区域的位置和图像

为了验证和估计自适应可变椭圆密度滤波（adaptive variable ellipse-filtering bathymetry method，AVEBM）模型的准确性和稳定性，选择并使用了三个 ATL03 数据集，即光子的低、中和高密度分布。图 6.19 给出了以黑色表示的水面有效光子的检测结果，确定了水面光子的上下边界。

根据检测结果，AVEBM 能够准确地检测和提取不同密度数据集的水面光子及其上下边界。此外，ATL03 数据集的光子被划分为三种类型，即水面以上、水面和水下光子。与高密度光子数据相比，低密度和中密度数据的提取水面光子具有更高的精度和连续性，从而导致水面边界的提取精度更高，光子的分离精度更高。对于高密度数据的结果，检测到的水面光子中的几个区域是不连续的，其中噪声和信号光子在内部混合。由于光子密度高，存在更多的噪声光子并与信号光子混合，从而增加了光子滤波的复杂度和难度，并相对降低了光子信号的检测精度。

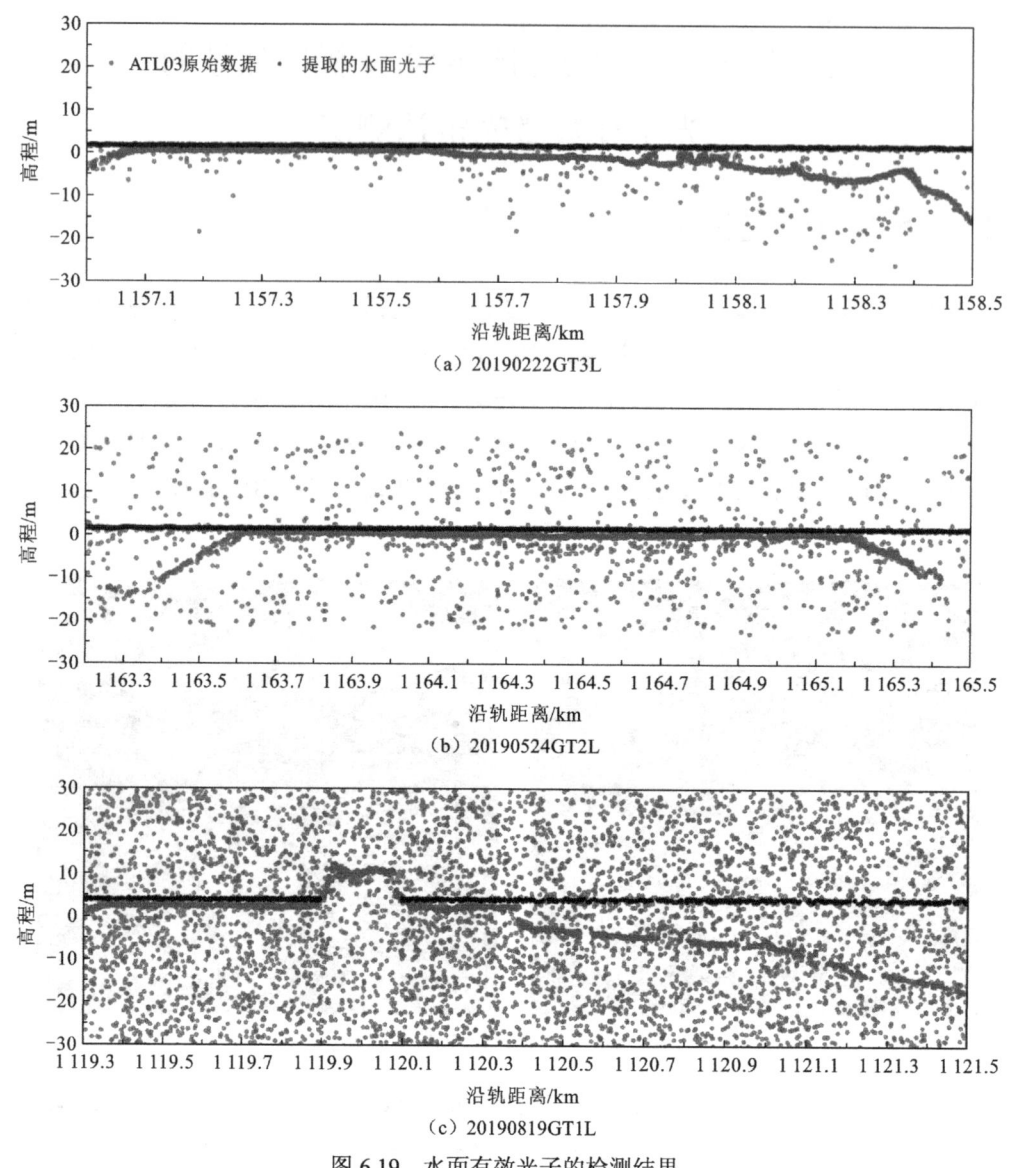

图 6.19 水面有效光子的检测结果

利用椭圆密度滤波及其初始参数值，分别对描述岛屿地形和水面的信号光子进行滤波和提取。对于三个不同密度的数据集，图 6.20 中分别显示了不同类型光子的滤波和检测结果。水面信号光子用黑色表示。

结果表明，AVEBM 能够针对不同的密度分布数据，自动、精确地检测和提取位于不同区域的信号光子。对于水面的信号光子检测，这三个数据的结果相似并且都很好。这三个数据中的水底信号光子也可以与水下噪声光子有效分离。与低密度和中密度数据的结果相比，图 6.20（c）所示的高密度数据的结果在视觉上检测到的水面和水底光子中具有一些不连续的区域。与水面信号光子相对应，检测到的水底光子中不连续区域的间隔更宽。另外，在检测到的水面以上光子中也存在不连续区域，在图 6.20（c）中用虚线框表示。

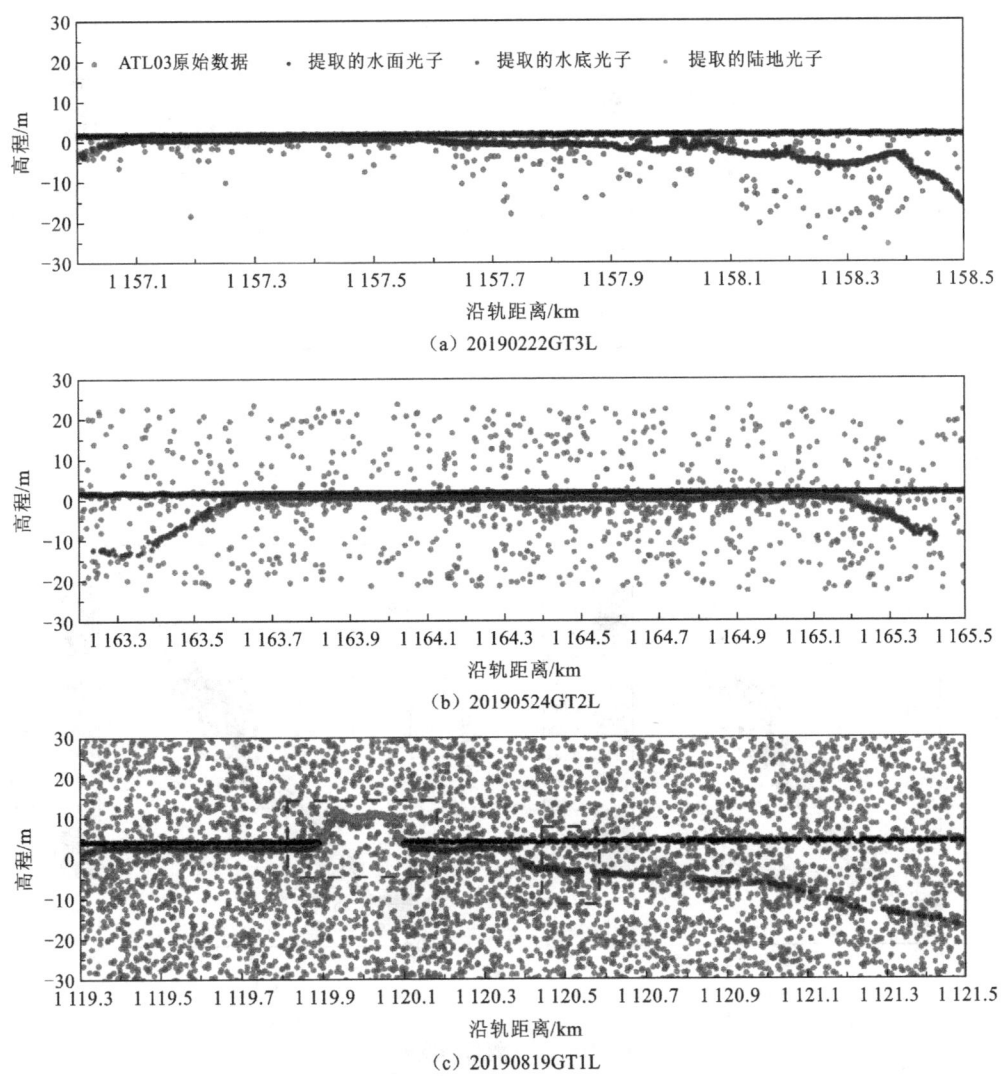

图 6.20 水面以上、水面和水底的信号光子有效光子的检测结果

为了验证 AVEBM 的测深正确性和准确性,在水深测量过程中,考虑水体折射效应,对每一个水底信号光子进行折射校正,消除位置误差。最后,将得到的三个测深结果与通过原始数据和 WorldView-2 图像进行遥感水深反演的结果进行比较。两种水深测量结果之间关系的确定系数(R^2)、均方根误差(RMSE)和斜率,如图 6.21 所示。

在图 6.21 中(a)、(b)和(c)分别给出了 20190222GT3L、20190421GT1L 和 20190504GT2L 的水深结果,并对三个数据的整体结果进行了统计计算后在(d)中表示。从图 6.21 可以看出,AVEBM 和遥感反演得到的水深结果具有很强的相关性,其中 20190222GT3L、20190421GT1L 和 20190504GT2L 的 R^2 高达 0.91 以上,相应的斜率分别为 0.89、0.92 和 0.96。20190222GT3L 数据精度最高,RMSE 为 0.63 m,20190421GT3L 的 RMSE 为 0.87 m,高于 20190504GT2L 的 0.75 m,20190222GT3L、20190421GT1L 和 20190504GT2L 的最大测量深度分别为 13.34 m、12.82 m 和 17.93 m,见表 6.11。在三个数据的总体结果中,

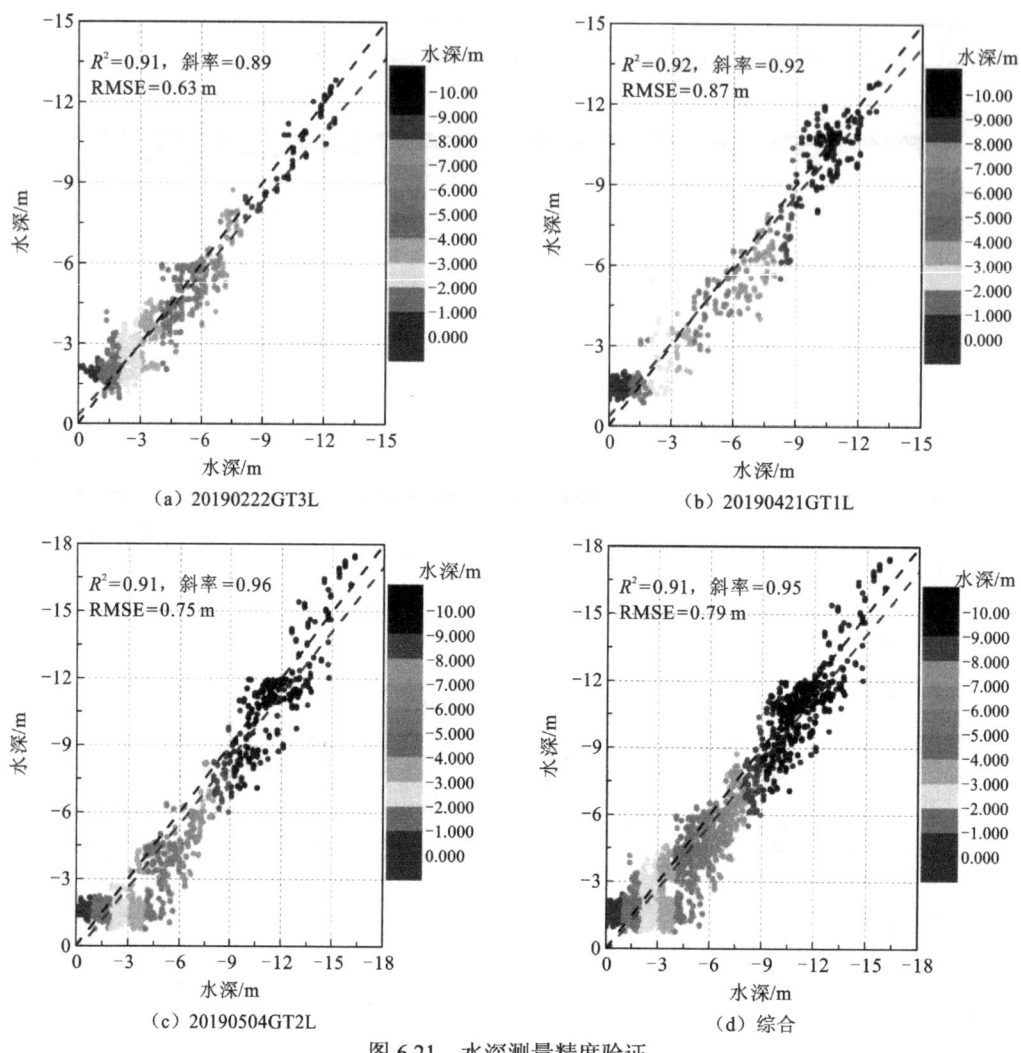

图 6.21 水深测量精度验证

对水深精度进行了统计计算，其中 R^2、斜率和 RMSE 分别达到 0.91、0.95 和 0.79 m，分析结果表明，水深结果具有较高的精度和可靠性。

表 6.11 水深折射校正后测量精度验证

ATLAS 数据集	R^2	斜率	RMSE /m	最大水深/m
20190222GT3L	0.91	0.89	0.63	13.34
20190421GT1L	0.92	0.92	0.87	12.82
20190524GT2L	0.91	0.96	0.75	17.93
综合	0.91	0.95	0.79	17.93

6.3.2 海浪波拟合与折射校正

单光子激光雷达（光子计数激光雷达）进行水深测量时，激光光子在水气交界面处产生水体折射，在水体中的传播速度发生变化，两者导致水下地形测量出现误差。

以七连屿海域为研究区，利用上节内容所介绍的方法对水面和水底光子进行高精度识别、分离和提取，其中提取的水面光子信号用于海浪波建模，水下光子信号用于点位的深度改正及坐标改正。理想情况下，海面可假设为水平面用于后续折射改正实验，当考虑到海面真实海浪的起伏变化时，常采用多个正余弦波的叠加来拟合海浪的形态，也可在局部采用曲线拟合的形式拟合海浪形态，如三次多项式、B样条等（图6.22）。

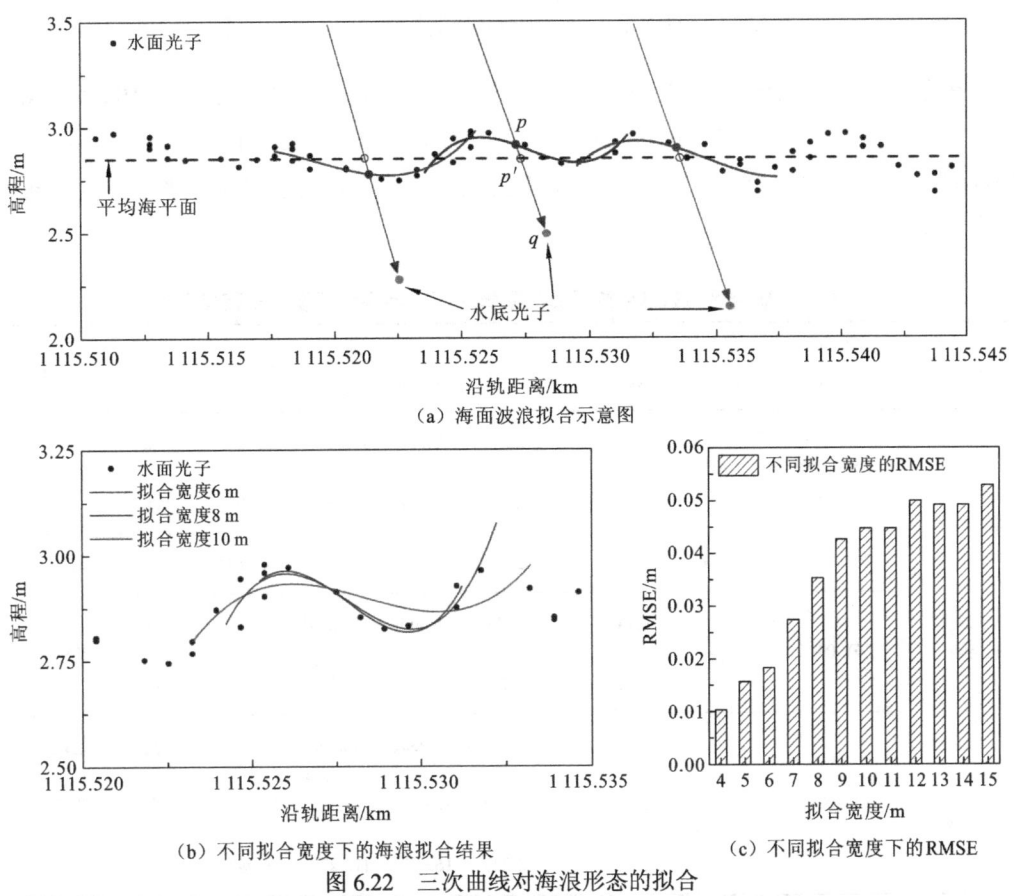

图 6.22 三次曲线对海浪形态的拟合

对于水体光子信号，利用其空间坐标及光子发射指向角构建空间直线，计算获取光子与海浪波的空间交点坐标，以及交点处的波面斜率与法向量（图 6.23）。最后基于光子与水气交界面交点的空间坐标、波面斜率和法向量，以及水底光子的空间坐标，通过水体折射和光子水下传播路径的空间结构关系，对水下光子进行点位和测深误差校正，可有效地对二维和三维结构的光子数据，实现瞬时海浪波引起的水体折射和水体光子速度变化导致的点位和测深偏移误差问题。

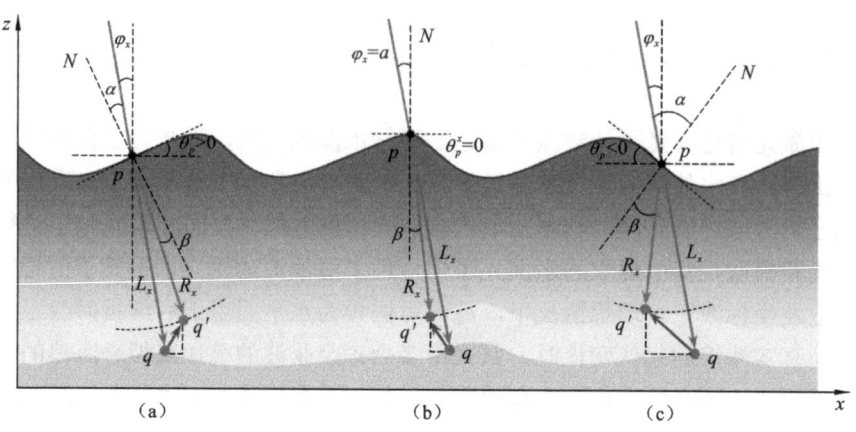

图 6.23 不同海浪位置处折射效应所构成的空间几何关系

在七连屿研究区选用了 8 条 ATLAS 数据集进行试验，分别为 20181021GT1L、20181021GT1R、20190117GT1L、20190421GT1L、20190421GT1R、20190819GT1L、20190819GT2L、20190819GT3L，8 条数据集的采集时间、地理坐标、光子密度分布及地点见表 6.12。

表 6.12 研究区 ATLAS 数据集的采集时间、地理坐标及光子密度分布

研究区域	ATLAS数据集	采集时间	使用轨道	地理坐标（经度，纬度）	光子密度	分布
七连屿	20181021	19:46	GT1L	112.214°, 16.961°~112.217°, 16.994°	低	西沙洲
			GT1R	112.213°, 16.961°~112.216°, 16.994°	高	
	20190117	03:31	GT1L	112.335°, 16.929°~112.338°, 16.954°	高	南岛
	20190421	11:06	GT1L	112.206°, 16.963°~112.209°, 16.989°	高	西沙洲
			GT1R	112.205°, 16.963°~112.208°, 16.990°	低	
	20190819	05:22	GT1L	112.333°, 16.933°~112.335°, 16.953°	高	赵述岛
			GT2L	112.334°, 16.942°~112.335°, 16.954°	高	北岛
			GT3L	112.277°, 16.972°~112.279°, 16.988°	高	南岛

图 6.24（a）为 20181021GT1L 和 20181021GT1R 波束的轨道足迹，（c）、（d）是利用三次多项式进行海浪拟合之后水下光子信号的折射改正情况，（b）是 20190819GT1L 波束的轨道足迹，（e）是其水下光子信号改正前后对比。黑色圆点是利用滤波算法提取的水面光子信号，深灰圆点为水下光子信号，浅灰圆点表示改正后的水下光子信号。

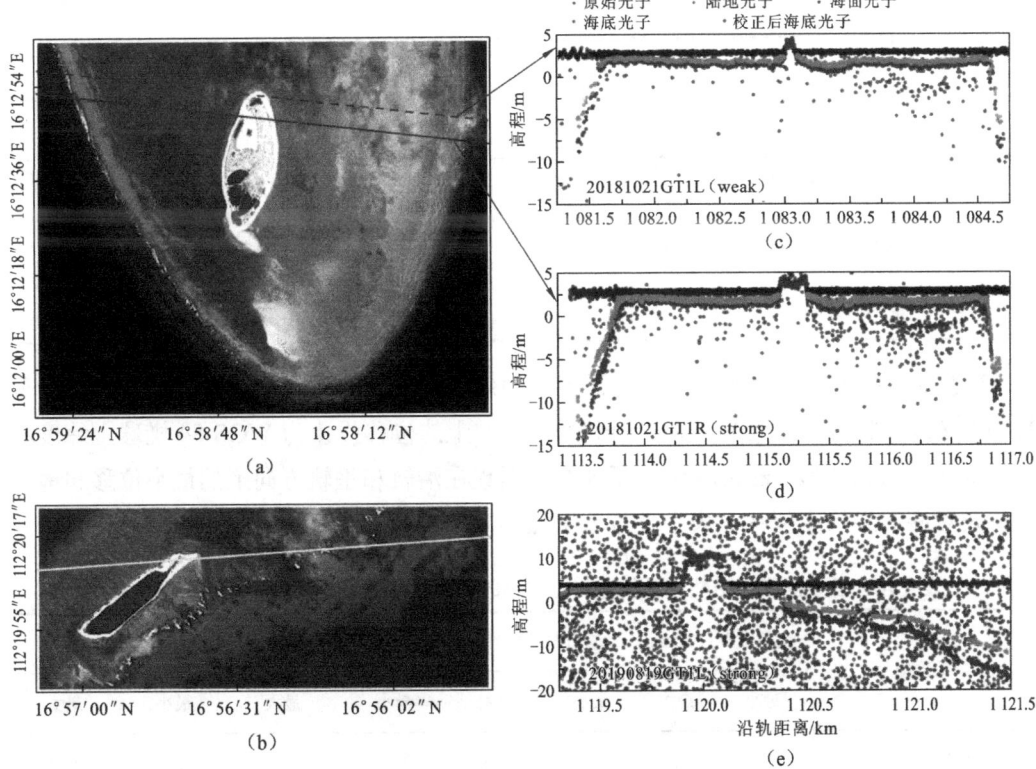

图 6.24 水下光子信号折射前后变化

表 6.13 列出了所用 8 条轨道数据集折光校正前后的最大最小水深,以及高程方向上的最大最小位移。表 6.13 中对各测深结果进行了潮汐校正,以提高不同结果比较的准确性和可靠性。折光校正前测得的最小水深为 20190117GT1L 的-0.15 m,最大水深为 20190819GT1L 的-21.47 m。折射修正后的最小水深为 20190117GT1L 的-0.12 m,20190819GT1L 的-16.01 m,对应的折射位移在高程方向分别为 0.03 m 和 5.46 m。从图 6.24 和表 6.13 可以看出,采用 ATLAS 数据集进行近岸测深时,随着水深的增加,高程位移增加,高程位移变化范围从几厘米到几米不等。

表 6.13 各数据集折射改正前后最大、最小水深值及相应的高程位移比较

数据集	改正前水深值/m		改正后水深值/m		高程位移/m	
	最小	最大	最小	最大	最小	最大
20181021GT1L(弱)	-0.26	-11.40	-0.19	-8.50	0.07	2.90
20181021GT1R(强)	-0.36	-14.46	-0.26	-10.77	0.09	3.68
20190117GT1L(强)	-0.15	-9.83	-0.12	-7.33	0.03	2.50
20190421GT1L(强)	-0.17	-15.38	-0.13	-11.47	0.04	3.91
20190421GT1R(弱)	-0.16	-15.11	-0.12	-11.25	0.04	3.86

续表

数据集	改正前水深值/m		改正后水深值/m		高程位移/m	
	最小	最大	最小	最大	最小	最大
20190819GT1L（强）	-0.51	-21.47	-0.38	-16.01	0.13	5.46
20190819GT2L（强）	-0.52	-7.68	-0.39	-5.73	0.14	1.95
20190819GT3L（强）	-0.35	-9.23	-0.27	-6.88	0.12	2.35

基于本节提出的折射改正法，统计了折射效应在沿轨方向和垂轨方向上所引起的位移Δx和Δy，并将每个海底光子在沿轨和垂轨方向上的位移投影为WGS-84椭球上纬度和经度的变化ΔB和ΔL。表6.14给出了8个数据集在沿轨和垂轨方向上的最小位移和最大位移及对应的经纬度位移，表中负号表示位移方向与沿轨或垂轨正方向相反。

表6.14 各数据集在沿轨、垂轨方向上位移的最大最小值及相应的经纬度位移比较

数据集	沿轨方向(Δx)/m		垂轨方向(Δy)/m		纬度位移(ΔB)/10^{-8}°		经度位移(ΔL)/10^{-8}°	
	最小	最大	最小	最大	最小	最大	最小	最大
20181021GT1L（弱）	-0.04	0.24	≈0	0.05	-217.1	36.2	1.1	49.4
20181021GT1R（强）	-0.10	0.27	≈0	0.07	-244.1	88.2	1.4	64.0
20190117GT1L（强）	-0.20	0.34	-0.01	≈0	-190.2	298.9	0.5	105.5
20190421GT1L（强）	-0.22	0.19	≈0	0.05	-177.6	198.8	0.3	68.2
20190421GT1R（弱）	-0.07	0.22	≈0	0.07	-201.2	57.5	-0.3	70.5
20190819GT1L（强）	-0.54	0.47	-0.22	≈0	-396.6	503.8	-230.5	-4.7
20190819GT2L（强）	-0.17	0.29	-0.08	-0.01	-253.8	161.5	-92.3	-5.2
20190819GT3L（强）	-0.16	0.14	-0.15	-0.02	-119.1	146.6	-139.3	-14.2

如表6.14所示，Δx、Δy、ΔB和ΔL的位移数值均较小。沿轨方向上，20190819GT1L和20181021GT1L航迹最大和最小位移范围分别为-0.54~0.47 m和-0.04~0.24 m，最大相对位移和最小相对位移分别达到1.01 m和0.28 m。垂轨方向上，20190819GT1L轨道位移很小，最大位移范围为-0.22~0 m。相应地，经纬度上的位移值也很小，在10^{-8}°的水平。经纬度最大位移发生在20190819GT1L航迹上，范围分别为-396.6×10^{-8}°~503.8×10^{-8}°和-230.5×10^{-8}°~-4.7×10^{-8}°。在20181021GT1L轨迹中，经纬度位移最小，分别为-217.1×10^{-8}°~36.2×10^{-8}°和1.1×10^{-8}°~49.4×10^{-8}°。

6.4 实例四：WorldView-2 影像双介质水陆一体三维建模

在广阔的南海区域，众多岛屿远离大陆，水质清晰，水体能见度高，十分有利于开展中远海岛礁周围浅海区域的水下地形测绘研究工作，为海军登岛作战、浅海航行、发展海洋经济等提供重要的基础地理空间信息数据和有力的科研技术支持。利用高分辨率的卫星多光谱遥感影像，如 WorldView-2 等，可开展远海岛礁浅海区域的双介质水陆一体三维建模研究。

6.4.1 数据与研究区域

根据 WorldView-2 影像数据的海岛礁覆盖情况、成像质量、云层覆盖、像对间隔时间等情况的综合比较考虑，选择 2017 年 3 月的赵述岛立体像对作为双介质水陆一体三维建模的研究区域（表 6.15）。

表 6.15 赵述岛 WorldView-2 卫星遥感影像相关参数

影像	WorldView-2
赵述岛	类型：4 波段立体（蓝、绿、红、近红外波段） 时间：2017.03.11 左影像：03:03:27（无明显耀斑） 右影像：03:04:46（无明显耀斑）

6.4.2 实验结果与分析

基于高分辨率卫星多光谱立体像对双介质测深方法，利用有理函数模型构建测区原始 DEM，并使用水陆边界对其内插获得水面高程，然后采用近似折射改正模型消除水下目标点的垂直坐标偏移，得到真实的水深数据。最后对水体部分进行折射改正，陆地部分保留直接计算结果，生成水陆一体化 DEM，其工作流程如图 6.25 所示。

1. 辐射处理

由于赵述岛左右立体像对均无明显的太阳耀斑，在辐射处理阶段，只需进行辐亮度转换和大气校正处理，消除大气分子、气溶胶散射和光照等因素对地物反射的影响，获得地物反射率、辐射率、地表温度等参数，如图 6.26 所示。

2. 水陆分离

由于海水对于近红外波段的强烈吸收，水域在近红外波段显示接近黑色，因此双介质水陆一体化三维建模，可以利用 WorldView-2 多光谱数据中的近红外波段的特性来开展水陆分离和岸线边缘提取，结果如图 6.27、图 6.28 所示。

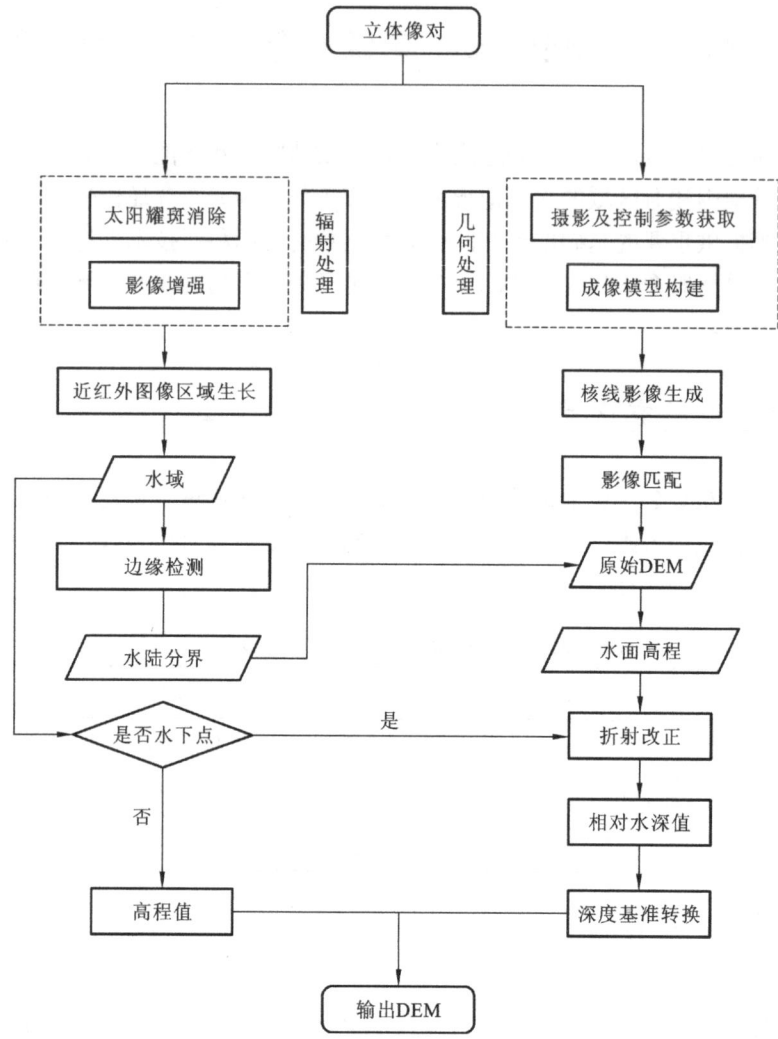

图 6.25 卫星立体双介质测深处理总体技术流程图

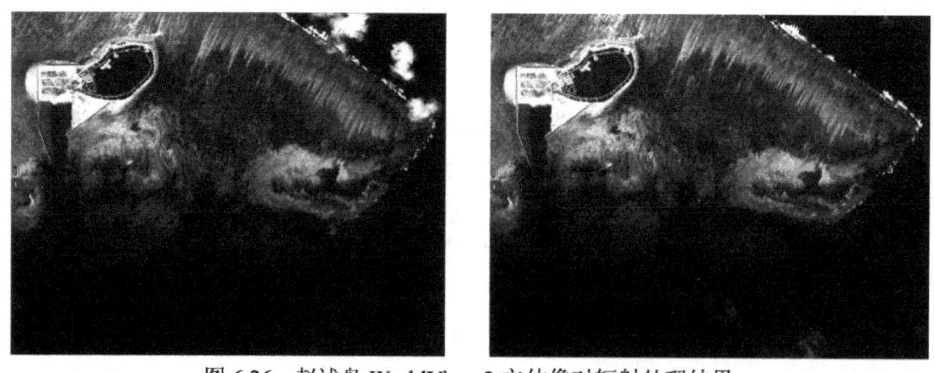

图 6.26 赵述岛 WorldView-2 立体像对辐射处理结果

 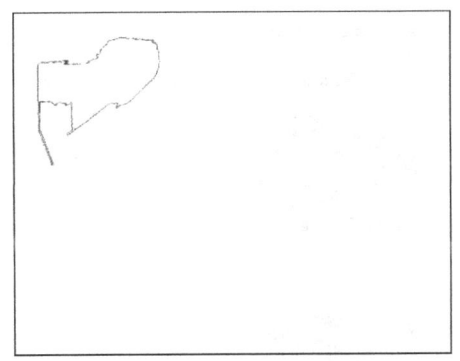

图 6.27　水陆分离二值影像　　　　　图 6.28　岸线边缘影像

3. 核线影像生成

在可见光范围内，水体的反射主要集中在蓝绿波段。蓝绿波段具有良好的水体穿透性，能够表达较为清晰丰富的水下纹理，因此常选取 WorldView-2 多光谱影像中的蓝波段进行核线影像的制作。WorldView-2 立体像对的核线被验证具有良好的直线性，基于核线平行特征可以用于制作赵述岛的核线影像，如图 6.29 所示。

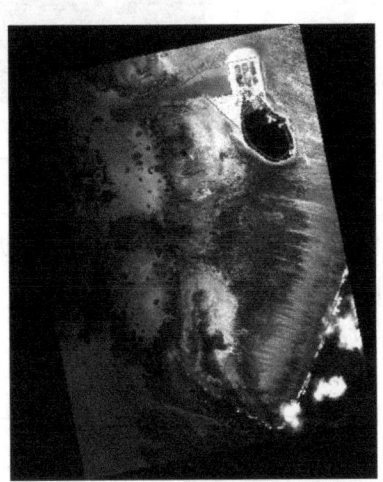 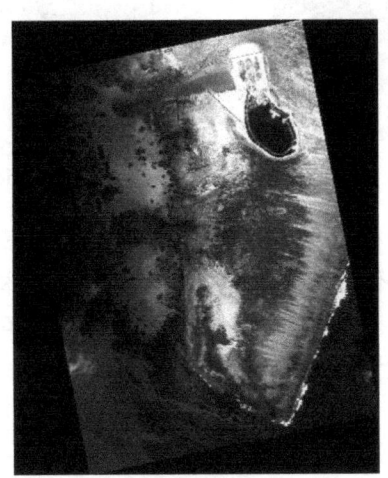

图 6.29　赵述岛 WorldView-2 立体像对核线影像图

4. 影像匹配

影像匹配的目的是得到水体图像高精度密集视差图，从而获取立体像对左右同名点，用于构建水陆一体化三维模型。但经过初始化的密集匹配得到的视差影像常存在孔洞现象，因此还需进行孔洞填充，得到逐像素的致密视差图，如图 6.30 所示。

5. 水陆一体三维展示

由原始影像对进行匹配和前方交会得到原始 DEM，将水陆分离得到的水边线坐标映射到原始 DEM 中并插值即可获取海面的平均高程。与陆地测绘不同，海洋地形测绘还必须考虑光线的折射问题。因此，海平面高程值以下部分，还需要经过折射改正，进行水

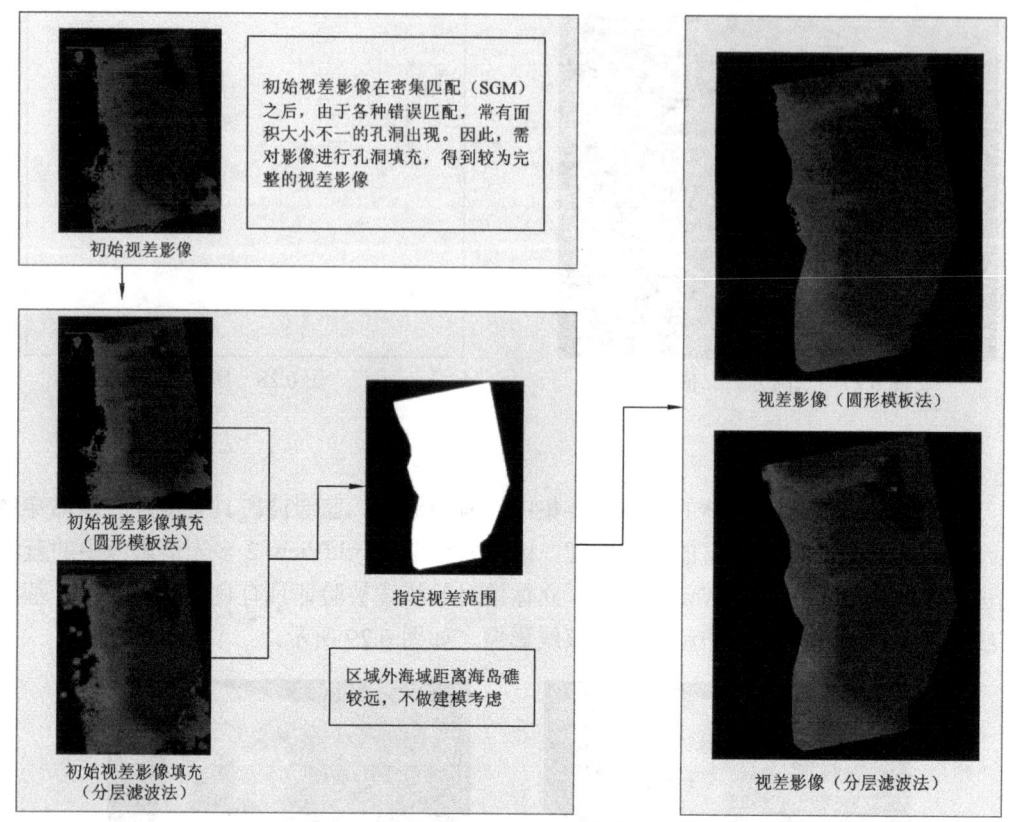

图 6.30　赵述岛 WorldView-2 立体像对影像匹配

下地形坐标的校正；海平面以上部分的 DEM 则保持不变。最后对水体部分进行折射改正，陆地部分保留直接计算结果，生成水陆一体化 DEM。由此，可以得到海岛礁水陆一体 DEM 数据，同时将对应的遥感影像进行叠加，可以较好地展示出海岛礁浅海区域地形高低起伏的三维效果（图 6.31）。

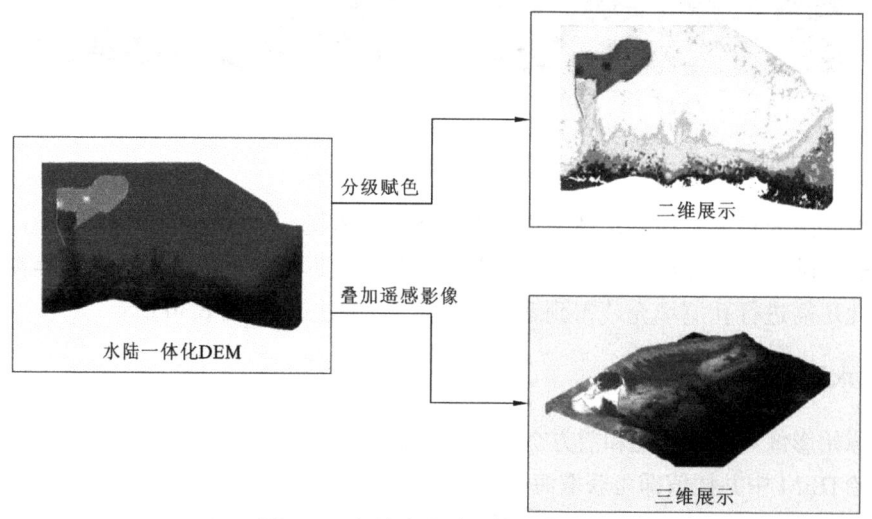

图 6.31　赵述岛水陆一体三维展示

6. 实验结果及分析

采用实测数据对水深测量精度进行定量分析和评估，得到测量水深与实际水深对比散点图（图 6.32）及测深结果相对误差分布图（图 6.33）。由实验结果可知，在赵述岛 5~18 m 内，均方根误差、相对误差和相关系数这三个参数分别为 1.76 m、14%和 0.92，达到了较高的测量精度，这表明卫星立体双介质测深技术适合于 5 m 以深的水深测量。

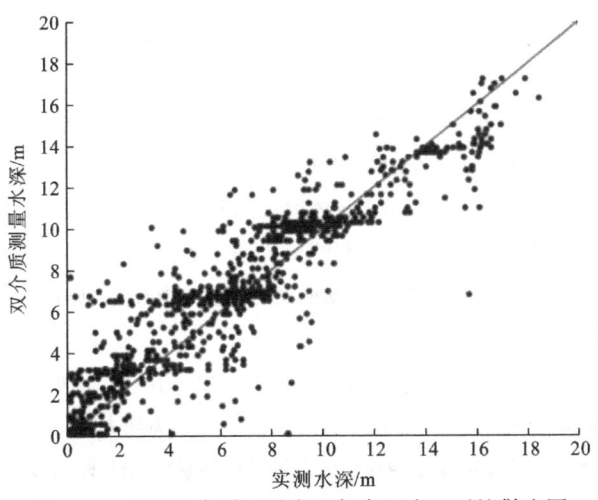

图 6.32 卫星双介质测量水深与实际水深对比散点图

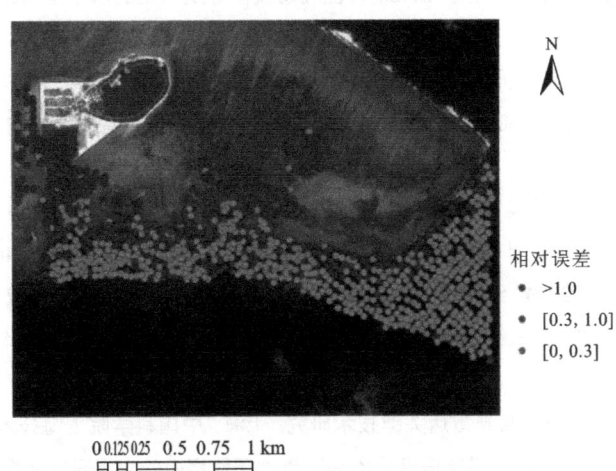

图 6.33 赵述岛双介质测深结果相对误差分布情况

赵述岛的定量分析和目视判断结果表明：利用高分辨率多光谱立体影像，采用双介质摄影测量的方法测量浅海水深，在水面平静、底质纹理丰富的条件下，可以获得 14%相对误差的测量精度，达到与传统多光谱反演相同的水平。同时，由于立体双介质测深技术无须实测水深值，在远海岛礁浅海水深测量、水下三维景观构建等方面都具备应用前景。

参 考 文 献

曹彬才, 2017. 遥感测深数据处理方法研究. 郑州: 战略支援部队信息工程大学.

曹彬才, 邱振戈, 朱述龙, 等, 2016. 高分辨率卫星立体双介质浅水水深测量方法. 测绘学报, 45(8): 952-963.

陈华胜, 2013. 基于辐射传输模型的机载高光谱遥感图像大气校正研究. 南京: 南京理工大学.

陈玲, 陈理, 李伟, 等, 2019. 基于 FLAASH 模型的 WorldView3 大气校正. 国土资源遥感, 31(4): 26-31.

陈晓英, 张杰, 崔廷伟, 2018. 基于高分四号卫星的黄海绿潮漂移速度提取研究. 海洋学报, 40(1): 29-38.

陈志华, 2005. 1957—2000 年中国地面太阳辐射状况的研究. 北京: 中国科学院研究生院.

邓智天, 孙永华, 邱琦, 等, 2019. 基于 QAA 算法的辽河口悬浮物浓度遥感反演. 首都师范大学学报(自然科学版), 40(6): 75-82.

丁凯, 2018. 单波段机载测深激光雷达全波形数据处理算法及应用研究. 深圳: 深圳大学.

丁宁, 2009. 激光雷达探测海面油荧光信息提取研究. 青岛: 中国海洋大学.

董玉森, 吴春明, 安志宏, 等, 2019. 军事地质合成孔径雷达遥感调查技术. 北京: 科学出版社.

冯士筰, 1999. 海洋科学导论. 北京: 高等教育出版社: 384-405.

冯义楷, 丁继胜, 杨龙, 等, 2019. 基于 GNSS 方位辅助惯性导航系统的水下地形精密测量技术. 海洋技术学报, 38(5): 43-48.

高抒, 1986. 美国伍兹霍尔海洋研究所. 自然杂志, 9(9): 702-706.

高玮, 吕志伟, 何伟明, 等, 2008. 盐度和压强对布里渊雷达遥测海洋温度的影响. 哈尔滨工业大学报, 40(3): 354-357.

龚燃, 2014. "哨兵"卫星家族概览. 国际太空(7): 23-28.

巩丹超, 万明英, 2014. 卫星立体像对核线影像生成方法研究. 测绘科学与工程, 34(1): 21-25.

巩丹超, 张永生, 邓雪清, 2004. 线阵推扫影像的核线模型研究. 遥感学报, 8(2): 97-101.

郭锴, 刘焱雄, 徐文学, 2020. 机载激光测深波形分解中 LM 与 EM 参数优化方法比较. 测绘学报, 49(1): 117-131.

郭颖, 2011. 光子计数三维成像激光雷达关键技术研究. 上海: 中国科学院上海技术物理研究所.

韩天成, 龙凡, 冯雨林, 等, 2006. 遥感信息技术在军事水源侦察中的应用研究初探// 国家安全工程地球物理研究: 第二届国家安全地球物理学术研讨会论文集.

韩孝辉, 2018. 西沙岛礁海洋环境地质研究. 西安: 西安地图出版社: 53-57.

何海舰, 2006. 基于辐射传输模型的遥感图像大气校正方法研究. 长春: 东北师范大学.

贺世杰, 于会录, 王传远, 2013. 烟台海岸带开发战略的社会经济影响评价. 海洋开发与管理, 30(11): 100-106.

贺岩, 吴东, 2004. 机载海洋激光雷达测量叶绿素 a 浓度、悬移质浓度和浅海深度的性能估计. 中国海洋大学学报(自然科学版), 34(4): 649-654.

侯利冰, 2013. 运动平台条件下光子计数激光成像雷达关键技术研究. 上海: 中国科学院上海技术物理研究所.

胡娜胥, 徐瑞琦, 黄伟彬, 2018. 海岛植被生态系统特征概述. 智库时代(24): 278-279.

黄筱灿, 2019. 天宫二号宽波段成像光谱仪Ⅱ类水体大气校正算法对比研究. 天津: 国家海洋技术中心.

金琦, 2018. 基于激光诱导荧光及拉曼散射的海水油污检测方法研究. 哈尔滨: 哈尔滨工业大学.

景敏, 华灯鑫, 乐静, 2016. 荧光激光雷达技术探测水面油污染系统仿真研究. 物理学报, 65(7): 70704.

李登秋, 周艳莲, 居为民, 等, 2014. 太阳辐射变化对亚热带人工常绿针叶林总初级生产力影响的模拟分析. 植物生态学报, 38(3): 219-230.

李建平, 2007. 高等分析化学. 北京: 冶金工业出版社.

李万伦, 吕鹏, 孟庆奎, 等, 2020. 国外军事地质学热点问题. 地质论评, 66(1): 189-197.

李晓明, 黄冰清, 贾童, 等, 2020. 星载合成孔径雷达海洋遥感与大数据. 南京信息工程大学学报(自然科学版), 12(2): 191-203.

李瑶, 2017. 内陆水体水色参数遥感反演及水华监测研究. 北京: 中国科学院大学.

李远华, 2012. 陆域遥感军事地质图件编制方法研究. 科技通报(2): 36-38.

林媛, 2013. 基于多源遥感的海水表面温度反演研究. 上海: 华东师范大学.

林忠华, 2007. 激光分析法在生物化学分析中的应用. 济南: 山东大学.

刘军, 2003. 高分辨率卫星CCD立体影像定位技术研究. 郑州: 中国人民解放军信息工程大学.

刘晓华, 陈思颖, 张寅超, 2014. 基于激光诱导荧光的常见机油快速识别方法. 光谱学与光谱分析, 34(8): 2148-2151.

陆祖康, 臧侃, 李培勇, 1999. 激光雷达三维成像系统的研究. 浙江大学学报(工学版), 33(4): 418-421.

欧阳永忠, 黄谟涛, 翟国君, 2003. 机载激光测深中的深度归算技术. 海洋测绘, 23(1): 1-5.

皮亦鸣, 杨建宇, 付毓生, 等, 2007. 合成孔径雷达成像原理. 成都: 电子科技大学出版社.

秦海明, 王成, 习晓环, 2016. 机载激光雷达测深技术与应用研究进展. 感技术与应用, 31(4): 617-624.

任秀云, 2016. 基于激光散射的海水温度遥感技术研究. 哈尔滨: 哈尔滨工业大学.

沈强, 鄂栋臣, 周春霞, 2019. ASTER卫星影像自动生成南极格罗夫山地区相对DEM. 测绘信息与工程, 31(4): 26-31.

施建成, 杜阳, 杜今阳, 等, 2012. 微波遥感地表参数反演进展. 中国科学D辑: 地球科学, 42(6): 814-842.

宋建社, 郑永安, 袁礼海, 2008. 合成孔径雷达图像理解与应用. 北京: 科学出版社.

孙佳扬, 2013. 遥感原理与应用. 武汉: 武汉大学出版社.

唐新明, 张过, 祝小勇, 等, 2012. 资源三号测绘卫星三线阵成像几何模型构建与精度初步验证. 测绘学报, 41(2): 191-198.

陶剑浩, 2020. 基于全波形与光子计数激光雷达的水深探测技术研究. 武汉: 中国地质大学(武汉).

万佳馨, 任广波, 马毅, 2019. 基于WorldView-2和GF-2遥感影像的赵述岛礁坪底质变化研究. 海洋科学, 43(10): 43-54.

王超, 张红, 刘智, 2002. 星载合成孔径雷达干涉测量. 北京: 科学出版社.

王超, 张红, 陈曦, 等, 2008. 全极化合成孔径雷达图像处理. 北京: 科学出版社.

王丹菂, 徐青, 邢帅, 2018. 一种由粗到精的机载激光测深信号检测方法, 测绘学报, 47(8): 1148-1159.

王志华, 杨晓梅, 苏奋振, 等, 2019. 我国海岸带海岛礁遥感研究进展及建议. 中国工程科学, 21(6): 59-63.

魏志强, 2004. 机载海洋激光荧光雷达测量海表层叶绿素浓度的实验和算法研究. 青岛: 中国海洋大学.

吴绍渊, 吴永森, 张士魁, 2013. 黄、东海海洋黄色物质的卫星反演. 海洋与湖沼, 44(5): 1223-1228.

夏健, 2011. 水中受激布里渊散射和受激拉曼散射特性研究. 南昌: 南昌航空大学.

谢寿生, 1987. 微波遥感技术与应用. 北京: 电子工业出版社.

熊宇虹, 温志渝, 陈刚, 2005. 基于小波包分析的光谱识别方法研究. 光谱学与光谱分析, 25(8): 1332-1335.

宿殿鹏, 2018. 机载 LiDAR 测深数据处理关键技术研究. 青岛: 山东科技大学.

许惠慧, 2016. 激光雷达技术及应用. 山东工业技术(5): 233.

许可, 高鹏冲, 谢云开, 2013. 浅析合成孔径雷达遥感图像海岸带应用. 科学技术与工程, 13(17): 4860-4865.

薛重生, 张志, 董玉森, 等, 2011. 地学遥感概论. 武汉: 中国地质大学出版社.

杨洋, 张永生, 2008. 一种改进的基于坡度变化的机载激光雷达点云滤波方法. 测绘科学, 33(10): 13-15.

杨子健, 陈锋, 2015. 微脉冲激光雷达中的光子计数死区时间瞬态效应. 光学精密工程, 23(2): 408-414.

姚春华, 陈卫标, 臧华国, 2003. 机载激光测深系统中的精确海表测量. 红外与激光工程, 32(4): 351-355.

游洪, 米鸿燕, 左小清, 等, 2020. 利用 Sentinel-1A/-1B 升降轨 SAR 数据提取 DEM 与精度分析. 工程勘察, 48(9): 46-51, 78.

于德浩, 龙凡, 杨清雷, 等, 2017. 现代军事遥感地质学发展及其展望. 中国地质调查, 4(3): 74-82.

于洋, 2020. 基于编码的光子计数激光雷达技术研究. 北京: 中国科学院大学.

袁一, 2018. 南沙岛礁光学遥感影像自动检索技术. 南京: 南京大学.

苑媛媛, 王书涛, 孔德明, 2017. 水质痕量石油类污染物分类识别方法. 光子学报, 46(11): 161-167.

张过, 2005. 缺少控制点的高分辨率卫星遥感影像几何纠正. 武汉: 武汉大学.

张荷霞, 2014. 南沙群岛岛礁战略价值评价研究. 南京: 南京大学.

张剑清, 胡安文, 2007. 多基线摄影测量前方交会方法及精度分析. 武汉大学学报(信息科学版), 32(10): 847-851.

张剑清, 潘励, 王树根, 2009. 摄影测量学. 武汉: 武汉大学出版社.

张亮, 2016. 机载蓝绿激光雷达水深信息获取与处理方法. 大连: 大连海事大学.

张为华, 汤国健, 文援兰, 等, 2013. 战场环境概论. 北京: 科学出版社.

张修宝, 袁艳, 景娟娟, 2011. 信息散度与梯度角正切相结合的光谱区分方法. 光谱学与光谱分析, 31(3): 853-857.

张源榆, 黄荣永, 余克服, 等, 2020. 基于卫星高光谱遥感影像的浅海水深反演方法. 地球信息科学学报, 22(7): 1567-1577.

郑崇伟, 李崇银, 2015. 中国南海岛礁建设: 重点岛礁的风候、波候特征分析. 中国海洋大学学报(自然科学版), 45(9): 1-6.

郑贵洲, 熊良超, 廖艳雯, 等, 2020. 利用 MODIS 数据反演南海南部海表温度及时空变化分析. 遥感技术与应用, 35(1): 132-140.

郑向阳, 2016. 运动条件下光子计数激光雷达数据处理技术研究. 上海: 中国科学院上海技术物理研究所.

周健阳, 2018. 光波经过多类新型随机介质散射的光学特性研究. 杭州: 浙江大学.

周水庚, 周傲英, 曹晶, 2000. 一种基于密度的快速聚类算法. 计算机研究与发展, 37(11): 1287-1292.

朱峰, 2015. 深入学习习近平边海防论述. 党政视野(6): 51.

朱磊, 2008. 光子计数成像激光雷达回波探测技术研究. 上海: 中国科学院上海技术物理研究所.

ABADY L, BAILLY J S, BAGHDADI N, et al., 2013. Assessment of quadrilateral fitting of the water column contribution in LiDAR waveforms on bathymetry estimates. IEEE Geoscience & Remote Sensing Letters, 11(4): 813-817.

ABDALATI W, ZWALLY H J, BINDSCHADLER R, et al., 2010. The ICESat-2 laser altimetry mission. Proceedings of the IEEE, 98(5): 735-751.

ABDALLAH H, BAILLY J S, BAGHDADI N N, et al., 2013. Potential of space-borne LiDAR sensors for global bathymetry in coastal and inland waters. IEEE Journal of Selected Topics in Applied Earth Observations & Remote Sensing, 6(1): 202-216.

ALBOTA M A, AULL B F, FOUCHE D G, et al., 2002. Three-dimensional imaging laser radars with Geiger-mode avalanche photodiode arrays. Lincoln Laboratory Journal, 13(2): 351-370.

ALPERS W, HENNINGS I, 1984. A theory of the imaging mechanism of underwater bottom topography by real and synthetic aperture radar. Journal of Geophysical Research Oceans, 89(C6): 10529-10546.

BAMLER R, HARTL P, 1998. Topical review: Synthetic aperture radar interferometry. Inverse Problems, 14(4): 1.

BARRICK D, 1968. Rough surface scattering based on the specular point theory. IEEE Transactions on Antennas and Propagation, 16(4): 449-454.

BECKER W, BERGMANN A, BISKUP C, 2007. Multispectral fluorescence lifetime imaging by TCSPC. Microscopy Research and Technique, 70(5): 403-409.

BELGIU M, DRAGUT L, 2016. Random forest in remote sensing: A review of applications and future directions. ISPRS Journal of Photogrammetry and Remote Sensing, 114: 24-31.

BRETAR F, MALLET C, JUTZI B, 2008. Full waveform LiDAR data: A challenging task for the forthcoming years. Proceedings of XXIst ISPRS Congress, 37: 415-420.

CAO Z, DUAN H, FENG L, et al., 2017. Climate and human-induced changes in suspended particulate matter over Lake Hongze on short and long timescales. Remote Sensing of Environment, 192: 98-113.

CHAUVE A, MALLET C, BRETAR F, et al., 2008. Processing full-waveform lidar data: Modelling raw signals// International Archives of Photogrammetry, Remote Sensing and Spatial Information Sciences: 102-107.

COVA S, GHIONI M, LACAITA A, et al., 1996. Avalanche photodiodes and quenching circuits for single-photon detection. Applied Optics, 35(12): 1956-1976.

COX C, MUNK W, 1954. Measurement of the roughness of the sea surface from photographs of the Sun's glitter. Josa, 44(11): 838-850.

DEGNAN J J, 2002. Photon counting multi-kilohertz microlaser altimeters for airborne and spaceborne topographic measurements. Journal of Geodynamics, 34(3): 503-549.

DEMPSTER A P, LAIR N M, RUBIN D B, 1997. Maximum likehood from incomplete data ria the EM algorithm. Journal of the Royal Statistical Society: Series B(Methodological), 39(1): 1-22.

EISAMAN M D, FAN J, MIGDALL A, et al., 2011. Invited review article: Single-photon sources and detectors. Review of Scientific Instruments, 82(7): 202-134.

FARR T G, ELACHI C, HARTL P, et al., 1986. Microwave penetration and attenuation in desert soil: A field experiment with the shuttle imaging radar. IEEE Transactions on Geoscience & Remote Sensing, GE-24(4): 590-594.

FITCH P, 1976. Synthetic Aperture Radar. Fitchburg: Artech House.

FORFINSKI-SARKOZI N A, PARRISH C E, 2016. Analysis of MABEL bathymetry in Keweenaw Bay and implications for ICESat-2 ATLAS. Remote Sensing, 8(9): 772-793.

FRANCESCHETTI G, LANARI R, 1999. Synthetic aperture radar processing. Boca Raton: CRC Press.

GAO J, 2009. Bathymetric mapping by means of remote sensing: Methods, accuracy, and limitations. Progress in Physical Geography, 33(1): 103-116.

GATT P, HENDERSON S W, 2001. Laser radar detection statistics: A comparison of coherent and directdetection receivers. Proceedings of SPIE-The International Society for Optical Engineering, 4377: 251-262.

GATT P, JOHNSON S, NICHOLS T, et al., 2007. Dead-time effects on Geiger-mode APD Proceedings of SPIE - The International Society for Optical Engineering, 6550: 1-12.

GRAU E, DURRIEU S, ANTIN C, et al., 2015. Modelling full waveform Lidar data on forest structures at plot level: A sensitivity analysis of forest and sensor main characteristics on full-waveform simulated data. SilviLase: 146-148.

GWENZI D, LEFSKY M A, SUCHDEO V P, et al., 2016. Prospects of the ICESat-2 laser altimetry mission for savanna ecosystem structural studies based on airborne simulation data. ISPRS Journal of Photogrammetry & Remote Sensing, 118: 68-82.

HA M N, KWON H, CHEONG H K, 2012. Urinary metabolites before and after cleanup and subjective symptoms in volunteer participants in cleanup of the Hebei Spirit oil spill. Science of the Total Environment, 429(7): 167-173.

HADFIELD R, 2009. Single-photon detectors for optical quantum information applications. Nature Photonics, 3(12): 696-705.

HEDLEY J D, HARBORNE A R, MUMBY P J, et al., 2005. Technical note: Simple and robust removal of sun glint for mapping shallow-water benthos. International Journal of Remote Sensing, 26(10): 2107-2112.

HERESH F, FALK A, 2014. InSAR uncertainty due to orbital errors. Geophysical Journal International, 199(1): 549-560.

HIRSCHBERG J G, BYRNE J D, WOUTERS A W, et al., 1984. Speed of sound and temperature in the ocean by Brillouin scattering. Applied Optics, 23(15): 2624-2628.

HOCHBERG E J, ANDREFOUET S, TYLER M R, 2003. Sea surface correction of high spatial resolution Ikonos images to improve bottom mapping in near-shore environments. IEEE Transactions on Geoscience

& Remote Sensing, 41(7): 1724-1729.

HU Y, STAMNES K, VAUGHAN M, et al., 2008. Sea surface wind speed estimation from space-based lidar measurements. Atmospheric Chemistry and Physics, 8(13): 3593-3601.

IDRISSA M, BEUMIER C, 2016. Generic epipolar resampling method for perspective frame camera and linear push-broom sensor. International Journal of Remote Sensing, 37(15): 3494-3504.

JAWAK S, VADLAMANI S, LUIS A, et al., 2015. A synoptic review on deriving Bathymetry information using remote-sensing technologies: Models, methods, and comparisons. Advances in Remote Sensing, 4(2): 147-162.

JUTZI B, STILLA U, 2006. Range determination with waveform recording laser systems using a Wiener Filter. ISPRS Journal of Photogrammetry and Remote Sensing, 61(2): 95-107.

KIM M, FEYGELS V, KOPILEVICH Y, et al., 2014. Estimation of inherent optical properties from CZMIL LiDAR. Proceedings of SPIE-The International Society for Optical Engineering, 9262(3): 865-872.

KIM T, 2000. A study on the epipolarity of linear pushbroom images. Photogrammetric Engineering & Remote Sensing, 66(8): 961-966.

KOTILAINEN A T, KASKELA A M, 2017. Comparison of airborne LiDAR and shipboard acoustic data in complex shallow water environments: Filling in the white ribbon zone. Marine Geology, 385(1): 250-259.

LI Z H, 2005. Interferometric synthetic aperture radar (InSAR) atmospheric correction: GPS, Moderate Resolution Imaging Spectroradiometer (MODIS), and InSAR integration. Journal of Geophysical Research: Solid Earth, 110(B3): B3410.

MA H C, LI Q, 2009. Modified EM algorithm and its application to the decomposition of laser scanning waveform data. Journal of Remote Sensing, 13(1): 35-41.

MASON T, RAINBOW B, MCVEY S, et al., 2006. Colouring the "white ribbon": Strategic coastal monitoring in the south-east of England. Hydro International, 10(4): 19-21.

MASSA J S, BULLER G S, WALKER A C, et al., 1998. Time-of-flight optical ranging system based on time-correlated single-photon counting. Applied Optics, 37(31): 7298-7304.

MASSA J, BULLER G, WALKER A, et al., 2002. Optical design and evaluation of a three-dimensional imaging and ranging system based on time-correlated single-photon counting. Applied Optics, 41(6): 1063-1070.

MASSONNET D, SOUYRIS J C, 2008. Imaging with synthetic aperture radar. Boca raton: CRC Press.

MATASCI G, HERMOSILLA T, WULDER M A, et al., 2018. Large-area mapping of Canadian boreal forest cover, height, biomass and other structural attributes using Landsat composites and lidar plots. Remote Sensing of Environment An Interdisciplinary Journal, 209: 90-106.

MCFEETERS S K, 1996. The use of the normalized difference water index (NDWI) in the delineation of open water features. International Journal of Remote Sensing, 17(7): 1425-1432.

MCMILLIN M L, 1975. Estimation of sea surface temperature from two infrared window measurement with different absorption. Journal of Geophysical Research, 80(36): 5113-5117.

MEMARSADEGHI N, RINCON R, 2014. NASA computational case study: SAR data processing-groundrange projection. Computing in Science & Engineering, 15(6): 92-95.

MURASE T, TANAKA M, TANI T, et al., 2008. A Photogrammetric correction procedure for light refraction effects at a two-medium boundary. Photogrammetric Engineering & Remote Sensing, 74(9): 1129-1136.

NEUENSCHWANDER A L, 2008. Evaluation of waveform deconvolution and decomposition retrieval algorithms for icesat/glas data. Canadian Journal of Remote Sensing, 34(2): S240-S246.

NEUENSCHWANDER A, PITTS K, 2019. The ATL08 land and vegetation product for the ICESat-2 Mission. Remote Sensing of Environment, 221: 247-259.

NIE S, WANG C, DONG P, et al., 2017. A revised progressive TIN densification for filtering airborne LiDAR data. Measurement, 104: 70-77.

NIE S, WANG C, XI X, et al., 2018. Estimating the vegetation canopy height using micro-pulse photon-counting LiDAR data. Optics Express, 26(10): A520-A540.

OH J, LEE W H, TOTH C K, et al., 2010. A piecewise approach to epipolar resampling of pushbroom satellite images based on RPC. Photogrammetric Engineering & Remote Sensing, 76(12): 1353-1363.

POPESCU S C, ZHOU T, NELSON R, et al., 2018. Photon counting lidar: An adaptive ground and canopy height retrieval algorithm for ICESat-2 data. Remote Sensing of Environment, 208: 154-170.

PRESS W H, FLANNERY B P, TEUKOLSKY S A, et al., 1990. Savitzky-golay smoothing filters. Computers in Physics, 4(6): 669-672.

ROBERTS M S, DANCIK Y, PROW T W, et al., 2011. Non-invasive imaging of skin physiology and percutaneous penetrationusing fluorescence spectralb and lifetime imaging with multiphoton and confocal microscopy. European Journal of Pharmaceutics and Biopharmaceutics, 77(3): 469-488.

ROSEN P A, HENSLEY S, JOUGHIN I R, et al., 2002. Synthetic aperture radar interferometry. Proceedings of the IEEE, 88(3): 333-382.

SAMWEL S W, METWALLY Z, MIKHAIL J S, et al., 2005. Analyzing the ranging residuals of the SLR data using two different methods. NRIAG Journal of Astronomy and Astrophysics, 4(1): 1-14.

SCHWARZ R, MANDLBURGER G, PFENNIGBAUER M, et al., 2019. Design and evaluation of a full-wave surface and bottom-detection algorithm for LiDAR bathymetry of very shallow waters. ISPRS Journal of Photogrammetry and Remote Sensing, 150: 1-10.

STABEN G, Lucieer A, Scarth P, et al., 2018. Modelling LiDAR derived tree canopy height from Landsat TM, ETM+ and OLI satellite imagery: A machine learning approach. International Journal of Applied Earth Observation and Geoinformation, 73: 666-681.

SU W, SUN Z, ZHAO D, et al., 2009. Hi-erarchical moving curved fitting filtering method based on LiDAR data. Journal of Remote Sensing, 13(5): 827-839.

TEICH M C, SALEH B E A, 1982. Effects of random deletion and additive noise on bunched and anti-bunched photon-counting statistics. Optics Letters, 7(8): 365-367.

TOBIAS U, ANDREAS S, ACHIM R, et al., 2014. Land cover characterization and classification of arctic tundra environments by means of polarized synthetic aperture X-and C-Band Radar (PolSAR) and Landsat 8 multispectral imagery: Richards Island, Canada. Remote Sensing, 6(9): 8565-8593.

WADMAN H M, MCNINCH J E, FOXGROVER A, et al., 2014. Environmental metrics for assessing optimal littoral penetration points and beach staging locations: Amphibious training grounds, Onslow Beach, North Carolina, USA. GSA Reviews in Engineering Geology, 22(12): 187-203.

WAGNER W, RONCAT A, MELZER T, et al., 2007. Waveform analysis techniques in airborne laser scanning. International Archives of Photogrammetry and Remote Sensing, 36(3): 413-418.

WAGNER W, Ullrich A, Melzer T, et al., 2004. From single-pulse to full-waveform airborne laser scannerss: Potential and practical challenges. International Archives of Photogrammetry, Remote Sensing and Spatial Information Sciences, 35(B3): 201-206.

WANG C S, LI Q Q, LIU Y X, et al., 2015. A comparison of waveform processing algorithms for single-wavelength LiDAR bathymetry. ISPRS Journal of Photogrammetry and Remote Sensing, 101: 22-35.

WITTE W G, WHITLOCK C H, HARRISS R C, et al., 1982. Influence of dissolved organic materials on turbid water optical properties and remote-sensing reflectance. Journal of Geophysical Research: Oceans, 87(C1): 441-446.

WU J, 1972. Sea-surface slope and equilibrium wind-wave spectra. The Physics of Fluids, 15(5): 741-747.

WU J, VAN AARDT J A N, ASNER G P, et al., 2011. A comparison of signal deconvolution algorithms based on small-footprint LiDAR waveform simulation. IEEE Transactions on Geoscience and Remote Sensing, 49(6): 2402-2414.

XIE F, YANG G, SHU R, et al., 2017. An adaptive directional filter for photon counting LiDAR point cloud data. Infrared Millim, 36(1): 107-113.

ZHANG G, GANGULY S, NEMANI R R, et al., 2014. Estimation of forest aboveground biomass in California using canopy height and leaf area index estimated from satellite data. Remote Sensing of Environment, 151(8): 44-56.

ZHAO L, SHI G, 2018. A method for simplifying ship trajectory based on improved Douglas-Peucker algorithm. Ocean Engineering, 166: 37-46.

ZHU X, NIE S, WANG C, et al., 2018. A ground elevation and vegetation height retrieval algorithm using micro-pulse photon-counting LiDAR data. Remote Sensing, 10(12): 1962.